中国高等教育学会工程教育专业委员会新工科"十三五"规划教材

SYSTEM ANALYSIS AND DESIGN

From the Perspective of Product Manager

系统分析与设计

——产品经理视角

项益鸣 —— 编著

ZHEJIANG UNIVERSITY PRESS
浙江大学出版社

图书在版编目（CIP）数据

系统分析与设计：产品经理视角 / 项益鸣编著. —
杭州：浙江大学出版社，2019.6
ISBN 978-7-308-19198-2

Ⅰ.①系… Ⅱ.①项… Ⅲ.①产品设计—系统设计
Ⅳ.①TB472

中国版本图书馆CIP数据核字（2019）第112682号

系统分析与设计——产品经理视角

项益鸣　编著

责任编辑	吴昌雷
责任校对	刘　郡
封面设计	北京春天
出版发行	浙江大学出版社
	（杭州市天目山路148号　　邮政编码　310007）
	（网址：http://www.zjupress.com）
排　　版	杭州林智广告有限公司
印　　刷	杭州杭新印务有限公司
开　　本	787mm×1092mm　1/16
印　　张	14.25
字　　数	352千
版 印 次	2019年6月第1版　2019年6月第1次印刷
书　　号	ISBN 978-7-308-19198-2
定　　价	45.00元

自20世纪90年代以来，以互联网为代表的信息技术及其相关理论的迅猛发展使人类社会开始步入互联网时代。在此背景下，我们所使用的产品和服务开始发生变革，追求个性化和用户体验等需求开始被注入产品和服务的创造过程中，而指导新一代互联网产品产出的指导思想便是IS理论。IS理论即information system theory（信息系统理论），它具有庞大的体系和丰富的内涵，能够应用于互联网产品、服务、平台等的构建。我们追踪了科罗拉多大学人类行为项目和杨百翰大学马里奥特管理学院关于IS理论的研究，积极探索在互联网产品产出过程中IS理论所具备的指导思想，整理互联网背景下出现的IS理论新内涵、新主张，以期为现阶段互联网产业提供一定的借鉴。

本书分为5章，前4章分别对应了产品的概念及规划、设计、研发和市场化4个主要流程，第5章对整个产品生产过程进行梳理后提出了共性特征和理论。

第1章：美国著名管理学大师柯维博士在《成功人士的7个习惯》中提出了一个有趣的观点——任何创造都需要两个层次，一个是"心智的创造"，另一个才是"实际的创造"。其中心智的创造尤为重要，因为它是创新的源头和起始，难度更大，更为难能可贵。在产品开发中，为解决某种能引起消费者共鸣的需求而提出的产品概念就是"心智的创造"的环节——这个过程中需要根据不同情况选择不同的媒介，从政策、心理学、系统开发等多个角度与用户沟通，深入用户心理，了解用户需求。产品概念的提出对产品开发而言至关重要，但同时也是一个巨大的挑战。而产品规划则是根据产品概念去确定在产品开发过程中什么是"正确的事情"，进行"实际的创造"规划的过程，是公司战略落实到产品战略上的具体体现。本章将基于与产品概念与规划有关的IS理论，提供如何获取用户关注，采用什么样的沟通媒介来实现与用户更好的沟通，进而理解、挖掘用户需求，最终完成一次成功的创造，提出令用户满意的产品概念及规划的解决方案。

第2章：在生活中产品设计无处不在，产品设计是一个将某种目的或需要转化为一个具体的物理形式或工具的过程，是把一种计划、规划设想、问题解决的方法，通过具体的载体表达出来的一种创造性活动过程。本书所说的产品设计专门指的是互联网产品设计，这个产品的载体可以是一个网站或者是App，甚至是可以实现产品功能的小程序等。通俗地说，我们这里提到的产品设计就是产品功能的设计以及对能实现产品功能的界面的设计。本章通过"认知拟合理论"说明信息呈现方式的重要性，通过多动机信息系统连续性模型（MISC）、理性行动理论（TRA）和享乐动机系统采用模型（HSMAM），从"人性"的角度对产品的商业模式设计、功能设计等提出理论性建议，通过设计理论指导信息系统开发，最后是基于认识拟合理论对产品界面设计提出要求。

第3章：产品研发是一个将产品概念实物化、具象化的过程，为了让新产品能够更好地投入市场、更快地抢占先机，就需要有一个清晰而高效的研发流程体系。因此产品研发在新产品开发中显得愈发重要，但同时产品研发也在不断面临着新的挑战，产品研发效率低下、部门协同管理存在困难、需求转换存在障碍等问题都亟待解决。本章将针对产品研发中的问题，结合IS理论分析其在产品研发中的应用。针对产品研发过程中组织架构不合理的问题，适应性结构化理论（adaptive structuration theory，AST）回答了如何为组织注入新活力，让新技术更适合产品组织架构，从而提高实操效率的问题；从交易成本经济学（transaction cost economics，TCE）角度出发为降低产品研发的交易成本提供一套完整的解决方案；从语言行为理论（speech act theory）角度探讨在系统研发工作中，如何建立协调、沟通高效的工作系统；利用接受与使用统一技术理论（unified theory of acceptance and use of technology，UTAUT）将需求更好地融入产品研发，从而打造更适合用户的软件；最后借助过程虚拟化理论（process virtualization theory，PVT）明确信息技术在研发过程中的意义，发掘更适合虚拟化的流程。

第4章：古有"酒香不怕巷子深"的说法，但在商品全球化、信息爆炸的现代，产品贵在质量，同样也重在推广和运营，经历了从产品规划到产品研发，一款优质的成品已然展现，那么如何制定运营、推广、销售等策略呢？本章就将结合8个经典的IS理论来呈现，在新产品推广过程中，"技术威胁规避理论"可以帮助我们了解如何在避免用户反感的前提下获取产品信息，同时"信号理论"能够让我们制定更好的推广策略从而提高推广效率及其价值。在获取用户后如何有效运营从而提高其使用过程中的满意度以及活跃度，对产品的用户黏性都有着很大的影响，在该环节中，合理运用"差异理论"能够减小用户对产品认知和感知的差异。同时"前景理论"和"期望确认理论"的应用能够使产品满足用户的预期并提高用户对产品的满意度。关于如何激励用户参与从而提高产品使用过程中的用户活跃度则可以参考"体现社会存在理论"和"凯特的激励模型"。最后的产品销售环节中，"行为决策理论"将基于用户行为探讨产品销售的技巧。综合来看，多种理论的合理应用及结合，将为新产品的市场化提供较大帮助。

前4章基于互联网产品的开发流程，分别从产品概念与规划阶段、产品设计阶段、产品研发阶段、产品市场化阶段4个阶段切入，结合经典的IS理论和具体的产品案例来介绍其应用价值。而事实上，产品开发的4个阶段并非完全独立，例如如何沟通、如何联系各参与方、如何整体把控、如何面对生态圈竞争……这些问题贯穿产品整个开发流程，值得我们去注意和思考。

第5章：在本章中，首先，对于产品沟通问题，将基于"媒体同步性理论"更好地了解沟通媒介的特点和作用，从而提升组织沟通绩效。其次，对于产品开发过程中不同参与方之间的相互联系、相互作用，将立足于"行动者网络理论"，探究产品在市场化的不同发展阶段，其各参与方如何进行有效价值传递而构建成为高效运作的协同网络。再次，对于产品开发内部各类信息和资源的整体把控，将基于"工作系统理论"，通过将一个组织视为一个工作系统并采用优化方法来解决组织整体效率不高的问题，从而使得整个产品团队内部运作更加有序，提高自主化调节能力。最后，对于企业外部竞争，将结合"一般系统理论"，以微信搭建的生态圈为例，论述企业打造产品生态圈的重要性。

编者

2019年5月

目录
Contents

第 3 章 产品研发阶段

第4章 产品市场化阶段

第5章　产品研发全流程管理

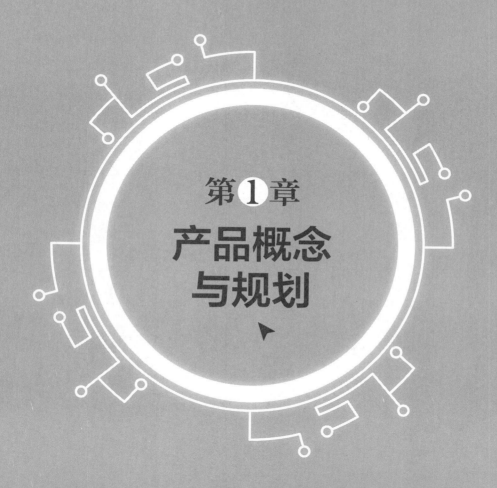

第1章

产品概念
与规划

1.1 基于客户信息和需求收集的客户关注点的形成——客户关注理论

1.1.1 理论背景

在当代项目管理研究中普遍同意：与客户建立良好的工作关系是项目成功的关键，项目在规划概念阶段，需参考客户的相关信息，客户在项目规划阶段的作用非常大。然而，尽管研究人员在沟通方面做了一些努力，但客户与开发团队之间的信息交互问题仍然是项目经理需面临的一个特殊挑战。项目经理在确定如何管理和促进客户参与以提高客户满意度方面面临许多困难。

1.1.2 理论内容

◎ 1. 理论简介

客户关注理论提出客户要求、客户信息、客户反馈、客户关系、客户身份、客户位置、客户个性、客户的先前经验等因素都需要被企业所关注。在项目规划阶段，企业的项目团队需要关注客户的各类信息以及团队和客户的关系，形成一个客户关注点，以此为依据来规划产品。"客户"一词包括客户代理或产品所有者，并指订购该产品或为该产品支付的实体或代表，而不一定是最终用户。

许多信息系统规划开发、管理和市场营销领域的研究表明，客户关注点是一个复式的、多维的概念，有许多子结构。然而，现有研究通常集中在客户与团队关系方面。例如，探讨客户沟通、客户满意度、客户参与和客户与开发团队之间的互动等方面。虽然这些研究很有价值，但客户关注点的研究价值超过了客户和团队关系的研究价值。考虑到客户的重要性，研究人员以客户为重点构建了一个框架模型。

学术界和从业人员都重视这一专题。虽然正在形成一种共识，越来越多的人认为以客户为中心是一项战略性的任务，但如何才能实现这一任务却没有得到充分的理解。到目前为止，许多公司"不知道如何实施这种转变"。不过，另一些研究人员则认为，客户关注一个创新的重要特点是"能够将客户输入的特性和价值转化为产品"，根据客户的关注来创造和改造产品。

◎ 2. 框架原型

为了开发客户关注理论的研究框架，使客户关注的概念更成熟，研究人员通过对客户中心和对客户关注的关键词进行搜索，发现企业是通过满足客户当前和未来的需求来实现客户关注点的。通过客户关系、客户参与、客户知识和客户反馈来衡量客户的关注，通过与客户进行协调、合作，发展和分析与客户的联系形成客户的关注点。以客户关注为中心的规划活动大大增加了产品和客户需求的贴合度。在此模型的概念框架中把收集和理解客户需求作为衡量项目团队客户关注点的措施。接收客户意见是保证产品质量的基础，让客户参与项目的各个阶段，从而满足客户明确、含蓄和愉悦的需求。如图 1-1 所示，该模型通过合理的区分子结构，以 4 项主要的分项框架

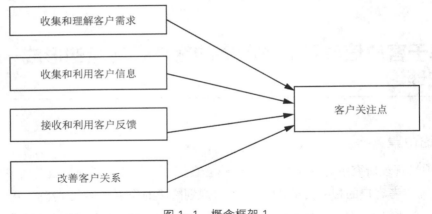

图 1-1　概念框架 1

来确定客户关注点。

　　第一项是收集和理解客户需求。收集需求是开发产品的关键活动，但是获取正确的用户需求是困难的。非结构化访谈是收集和理解需求的主要方式，需要项目参与者和客户之间持续的交流。

　　第二项是收集和利用客户信息。收集客户信息与收集客户需求不同，因为客户信息可能包含客户在需求收集阶段没有明确表示的数据。例如，了解客户的文化程度可能会对客户潜在的需求有所了解。首先对客户信息进行识别和收集，然后对此进行整合和分析，以便从过去的行为了解客户，随后用来发展对未来行为的可能理解。为了达到客户关注的组织所需的协调与合作水平，需要建立正确的结构机制、流程和激励措施。这将使公司能够通过协调各部门的信息和活动，鼓励公司各部门的人员共同为客户的需求而合作。成功的组织都有特定的、集中的、有关客户知识的存储库，可以用来收集客户信息。

　　第三项是接收和利用客户反馈。客户反馈是从产品开发过程中获取的，而不是简单地在开始的时候收集一下。反馈是一种手段，以确保一个组织有依据地提供以客户为中心的解决方案。反馈系统应该同时捕获正式和非正式的投诉以及隐藏的需求和新奇的想法。团队可以主动征求来自特定客户的反馈，也可以被动地接收客户的反馈，所有这些都有助于确定和改进产品思路。

　　第四项是改善客户关系。改善客户关系与其他3个子结构不同，因为这种关系是在人的层面上发展的，涉及人与人之间的交往和感情。为了改善关系，客户应该参与产品设计的过程，成为开发过程的一个组成部分，影响产品的构思、开发和传播。通过原型设计、实施和审查，让客户参与项目启动工作，并在整个开发过程中不断了解项目状态，使产品更加贴合客户。

　　客户关注点构建的4项子框架摘要如表1-1所示。

表 1-1　客户关注点构建的 4 项子框架摘要

子框架	描述
收集和理解客户需求	及时收集客户需求；团队获得足够和高质量的客户需求

子框架	描述
收集和利用客户信息	根据客户需求收集信息;分析的信息可供团队使用;提供客户需求的前瞻性信息;团队激励分享客户知识;存在着传播知识和满足客户需求的机制
接收和利用客户反馈	团队接收客户反馈;向团队提供客户投诉信息;反馈是用来训练团队成员的;反馈用于改进过程
改善客户关系	客户参与开发过程;直接客户联系以会议和现场访问的形式进行;客户不断了解项目的状态

　　然后再通过获取的客户关注点结合市场情况就能更好地把握目标用户的需求,从而更好地完善产品。后续框架如图1-2所示。

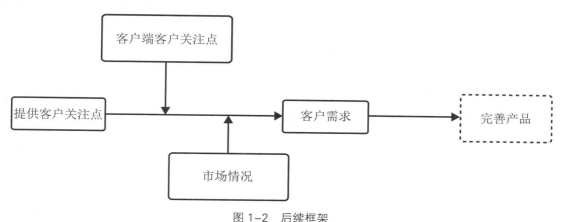

图1-2　后续框架

　　在团队获取客户关注点之后,将此客户关注点作为其中一个依据,结合产品投入市场之后客户端的客户关注点和整个市场的情况,实时更新客户需求,发掘客户未满足的需求,基于此不断地完善产品、创新产品。

1.1.3　案例研究

◎ 1.案例介绍

　　以下以一家跨国经营的大型金融服务业公司为例,来加深理解公司获取客户关注点的流程。

　　该公司通过预先要求文档指导了开发过程,在需要时通过客户代理寻求清晰的需求,以此收集和理解客户需求。公司有许多协作网站,可以用于收集和传播客户信息。但是该公司没有专门用于收集和分享客户信息的正式机制、结构或奖励措施。该公司通过每周演示和每月回顾给客户代理和客户团队的成员进行反馈。同时客户参加了诸如常规软件演示和迭代回顾等敏捷实践,这有助于改善客户关系,进一步获取客户信息。

　　我们确定了4个其他因素,使4个子结构对客户关注点产生影响。这些调节因素是客户身份、客户位置、团队所感知的客户个性,以及团队与同一客户以前合作的经验。所以概念模型在案例中进行迭代优化如图1-3所示。

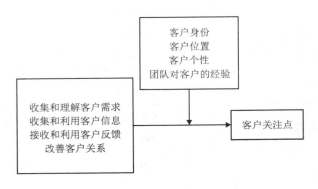

图 1-3 概念框架 2

客户身份：在案例中，客户被明确认定为产品所有者，他们有客户代理。团队成员清楚地知道谁代表了客户的声音，在确定任何项目的客户时没有混淆。明确客户的好处就是：顾客能清楚地谈论他们关心什么和他们喜欢什么，更能指导我们前进。

客户位置：客户更容易与一个在现场的人沟通。当客户在现场时，正式或非正式地讨论与客户有关的问题是更容易和更有效的。

客户个性：感知客户个性与客户关注点有直接的影响。通过分析客户代理在处理需求和提供反馈方面的有效性，一些开发人员发现，在案例中，"非常涉及，非常好，非常有用"的客户代理，都和团队关系较好，从而影响了他们对产品的感知。而他们中一些被描述为"冷漠""无私""不知道自己想要什么"或"在获得反馈时完全缺席"的则是和团队关系不是很好的。客户和开发团队的关系影响了客户对产品的感知，在客户关注中扮演着重要的角色。

团队对客户的经验：关系是随着时间的推移而发展的，团队与客户以前合作的经验似乎对团队的客户关注产生了影响。该团队与客户代理合作，他们与客户有3~4年的共事经验。客户代理代表了实际的客户团队，并向开发团队提供了需求。当团队与客户取得经验时，关系得到改善，他们对客户代理的依赖性就会降低。团队也可以从以前的项目中获取、保留和使用有关客户或产品的信息。由此，梳理可得如表1-2所示的4个影响客户关注的调节因素。

表 1-2　4 个调节因素如何影响子结构的客户关注点

子结构	客户需求	客户信息	客户反馈	客户关系
身份 积极影响	团队确信需求来自正确的来源	团队确定他们需要收集哪些信息；团队确定他们需要从何处收集信息	团队有信心的反馈是正确的来源	团队了解与项目相关事项的联系人
身份 消极影响	不明确的要求缺乏对需求的信心	混淆团队应该收集的信息	反馈周围的不确定性；来自不正确来源的反馈	周围的团队有不确定性

子结构	客户需求	客户信息	客户反馈	客户关系
位置积极影响	及时收集客户的需求;通过实时解决不明确需求,深刻理解需求	密切的信息来源;可观察的客户行为	及时和面对面的反馈;反馈质量良好	持续、高度互动地与客户接触
位置消极影响	缺乏及时的需求	客户信息质量可能不好;难以访问客户信息	缺乏及时反馈;反馈质量不良	与客户同步困难;缺少直接的客户联系
个性积极影响	客户提供及时的质量需求	客户为团队提供的信息关于他们的业务领域	客户及时提供质量反馈	客户在开发过程中具有前瞻性
个性消极影响	要求含糊,没有及时收到	客户很少或根本不提供有关其业务领域的信息	反馈是极少的,缺乏质量	客户对参与发展进程的兴趣不大
团队经验积极影响	团队知道如何与客户一起收集和理解需求	团队有以前的信息、客户的业务领域;团队拥有客户的无形信息	团队可以引出有用的反馈	团队知道如何让客户参与进来
团队经验消极影响	团队对客户的需求理解不清楚	团队没有客户以前的信息系统	由于缺乏了解,收到有用的反馈可能是个问题	团队需要时间建立关系

◎ 2.案例讨论

通过确定更广泛的客户关注维度,制定和测试有关客户重点的框架,以进一步了解如何实现客户关注。最初的客户关注结构包含4个子结构,即收集和理解客户需求、收集和利用客户信息、接收和利用客户反馈以及改善客户关系。需要考虑的其他影响因素有:客户身份、客户位置、客户个性以及团队对客户的经验。

举个例子,在我们设计开发一个系统的时候,我们最需要做的就是调查目标用户的需求。一般会以问卷及访谈的形式进行,也可以通过公司自有的目标客户资源(依靠已有的系统聚集的客户),让这批客户跟进整个系统开发,不断提供需求和建议,这样收集用户的需求和反馈就会较为便利。而如何找寻这一部分目标客户,需要通过对用户的身份、位置、个性进行筛选,这样筛选出来的客户更有效,针对性更强。

从表1-3和表1-4所示的案例研究中我们可总结出获取准确的客户关注点的方法有:

表1-3 客户关注点实践

客户关注点组件	本研究观察到的做法	理论客户关注点实践
客户需求的收集和理解	前期要求文件指导流程;与客户密切合作确保及时性和满足质量要求	及时收到客户需求;团队获得足够和高质量的客户需求

续 表

客户关注点组件	本研究观察到的做法	理论客户关注点实践
客户信息的收集和利用	项目网站收集客户信息； 团队接受客户业务培训； 在项目开始之前收集和分析了信息	收集、分析和提供有关客户需求的信息； 提供客户需求的前瞻性信息； 团队激励分享客户信息； 存在着传播知识和满足客户需求的机制
客户反馈的接收和利用	团队给予足够的时间来演示给他们的客户看并收到反馈； 客户参加冲刺回顾； 冲刺回顾需要改进的地方	团队收到客户满意度调查反馈； 为团队提供客户投诉信息； 反馈是用来训练团队成员的； 反馈用于改进流程
改善客户关系	团队每月向客户演示； 客户参加了每一次冲刺审查	参与开发过程，与团队直接会面，了解项目进展情况

表 1-4 影响因素

影响因素	本研究观察到的做法	理论客户关注点实践
客户身份	明确界定了客户的角色和职责； 在项目启动阶段,客户在项目团队中花费了3周时间	明确定义的客户角色
客户位置	客户与团队位于同一楼层； 团队通过视频链接与非现场客户沟通； 客户每月访问该团队的网站	现场客户
客户个性	向团队分派有知识的客户或代理； 客户有权做出发展决定； 客户有良好的沟通能力	客户代理被告知、激励,并授权做出决定
团队对客户的经验	团队在一段时间内建立了与同一客户的关系	与客户长期持续的关系

（1）支持客户和开发人员直接交流。当有更多的客户和开发人员直接交流和较少使用客户代表时,项目会更加成功。这是因为,客户和开发人员之间的信息交流对于发展相互了解很重要,当沟通渠道多一个环节时,这种理解就会减弱。但是,在许多组织中,客户代表或代理可能是唯一的选择。所以能够有效地与开发团队进行沟通的客户代理非常重要。

（2）获取收集客户信息。有特定的客户存储库来存储客户信息,并提供激励措施来共享和传播客户信息。

（3）清楚认识客户。明确识别客户是一个重要的影响因素。项目经理应该明确项目的客户是谁,以及哪些沟通渠道是开放给他们与客户互动的。

（4）感知客户个性。感知客户的个性影响到团队的客户关注。客户可能出于多种原因而不感兴趣或无法提交项目。如果客户无法或不愿意向项目提交足够的资源,那么团队的客户关注将受到影响。

（5）建立长期持久的客户关系。团队给客户的体验也是需要注意的点。与客户长期合作的大多数团队都与客户建立了良好的沟通渠道。他们了解客户的需求,和客户的关系随着时间的推移而改善。

1.1.4　结论启发

◎ **1. 结论**

团队必须寻求通过收集和利用客户信息的方式来改善客户关系,收集和理解客户需求并接收和利用客户反馈。他们还必须考虑到客户身份、客户位置、感知客户个性和团队先前与客户合作的经验。我们的发现表明,客户关注点是一个复杂的、多维的概念。

◎ **2. 启发**

研究人员已经注意到,以往缺乏将其他学科的知识与客户关注结合在一起的研究。这项研究有助于填补这一缺口,我们带来了从其他领域得到的重要洞察力,以帮助我们进一步了解客户关注点。

该部分描述了客户关系的重要性和如何收集和利用客户信息、收集和理解客户需求以及接收和利用客户反馈。当项目经理试图创建一个更注重客户的环境时,他们应该设法清楚地识别客户及其在开发项目中的角色。虽然客户的选择可能并不总是在项目经理的控制范围内,但他们应该清楚不同的客户个性和能力会影响团队的客户关注。这将使团队能够建立客户的个人资料,以便管理他们对该客户的期望。项目经理还需要知道,客户的位置和可访问性会影响客户关注,在可能的情况下,他们应该尝试在团队和客户之间建立长期持久的关系。

1.2　理解信息不对称现象及互联网解决方案——信息不对称理论

1.2.1　理论背景

◎ **1. 研究背景**

在互联网产品概念设计与规划阶段,我们会经常提到"信息不对称"这个痛点。例如在招聘行业中,招聘者与应聘者由于缺乏沟通途径、缺乏信任而导致招聘困难;在信贷行业中,由于不真实的用户个人信息而导致坏账;在保险行业中,保险人（保险公司）与投保人之间因专业知识的不对等而引起高保险销售成本……事实上,信息不对称的现象是伴随着信息的生成而产生的,几乎每个领域、行业都会存在交易中某一方因为获取信息不完整或是不真实而受到利益损害的问题。信息不对称理论描述了由隐藏信息（逆向选择）以及隐藏行动（道德风险）所产生的两种信息不对称,从而产生可能导致市场崩溃的"劣币驱逐良币"问题。研究信息不对称理论,了解信息不对称产生的原因及其带来的不良影响有助于理解各个行业中的"信息不对称"痛点,在产品概念设计与规划阶段更好地设计功能,减少信息不对称带来的交易效率低、交易成本高的问题。

◎ 2. 信息不对称理论的诞生

信息不对称理论（information asymmetry theory）起源于经济学家乔治·阿克罗夫（George Akerlof）1970年在哈佛大学的一篇论文《"柠檬"市场：质量的不确定性和市场机制》（"The Market for Lemons: Quality Uncertainty and the Market Mechanism"）。该论文研究了在买卖双方之间存在信息不对称的情况下，市场交易的商品质量如何被降低，使得最终只留下"柠檬"（美国俚语，指低质量的汽车）。阿克罗夫在文中以次品车市场为例，建立了一个简单的模型并阐明了信息不对称导致的"逆向选择"以及它如何影响市场的有效运作问题。

自此，学术界开始对信息不对称的问题进行系统的研究，多位经济学家对这一理论进行了广泛研究，并将其应用于经济生活的各个领域，包括阿罗（Arrow）、赫什雷弗（Hirshleifer）、斯彭斯（Spence）、格罗斯曼（Grossman）、斯蒂格利茨（Stiglitz）等，他们分别在劳动力市场、保险市场以及金融市场等很多领域对这一理论进行了拓展性研究，并提出了"逆向选择"理论、"市场信号"理论以及"委托–代理"理论等信息不对称经济学的基本理论。因此，信息不对称理论被西方学者称为是最近20年微观经济学理论最活跃的研究领域。2001年，斯彭斯、阿克罗夫、斯蒂格利茨3位美国经济学家由于对信息不对称理论的研究被授予诺贝尔经济学奖。

1.2.2 理论内容

◎ 1. 信息不对称理论的概述

（1）信息不对称及其表现形式。根据信息不对称发生的时间来划分，信息不对称有两种表现形式：发生在交易双方签约之前的事前信息不对称和发生在交易双方签约之后的事后信息不对称。研究事前信息不对称的理论称为逆向选择理论，研究事后信息不对称的理论称为道德风险理论。事前信息不对称产生的原因是占据信息优势的一方隐藏了信息，事后信息不对称产生的原因是占据信息优势的一方隐藏了行动，这两种形式的隐藏对另一方都是不利的。

①事前信息不对称：逆向选择。阿克罗夫于1970年提出"柠檬市场"的概念，来描述在旧车市场上，交易双方之间存在非对称信息，卖方比买方掌握更多的产品质量信息，买方无法区分次品和好车。买方只知道车的平均质量，因此只愿意根据平均质量支付价格。这导致提供质量高于平均水平的二手车卖方退出交易，只有质量差的卖方才愿意进入市场，导致"劣币驱逐良币"现象的出现，低质量产品驱逐高质量产品，从而使市场上出现产品质量持续下降的情形。而在市场充斥次品的情况下，买方与其承担风险还不如直接不买，这样需求下降又使价格下降，又进一步提高了次品的比例，引发一种恶性循环。最终，卖方选择销售次品而买方选择不买，"逆向选择"由此产生。

逆向选择（adverse selection）指在合同签订之前，进行市场交易的一方已拥有了另一方所不具有的某些信息，而这些信息有可能影响后者的利益，于是占据信息优势的一方就很可能利用这种信息优势做出对自己有利而对另一方不利的事情，市场效率和经济效率会因此而降低。

②事后信息不对称：道德风险。道德风险是在信息不对称条件下，不确定或不完全确定合同使得负有责任的经济行为主体不承担其行动的全部后果，在最大化自身效用的同时，做出不利于

他人行动的现象。道德风险产生的原因主要有代理人隐藏行动、代理人和委托人的目标差异以及信息不对称等。该概念起源于海上保险，1963年美国数理经济学家阿罗将此概念引入经济学中来，指出道德风险是个体行为由于受到保险的保障而发生变化的倾向，是一种客观存在的，相对于逆向选择的事后机会主义行为，是交易的一方由于难以观测或监督另一方的行动而导致的风险。

（2）信息不对称产生的原因。信息不对称是普遍、长期存在的。产生信息不对称的原因有以下3个方面：

①交易者的知识是有限的。交易者知识的有限性是由其所掌握和能支配的资源的有限性所决定的，其中最重要的是交易者所拥有的时间资源的有限性。市场交易是由人所形成的，而人的时间都是有限的，人们所从事的经济活动或其他活动在时间上是具有竞争性和排斥性的，这就造成市场交易中一个普遍的现象：生产者或卖方所拥有的信息要多于消费者或买方。因为消费者可能熟知自己专门从事的活动或职业，经常接触到的只是一种产品或少数几种产品，对于大多数产品和交易内容则完全不知道或只拥有少量知识。

②搜寻信息要花费成本。要了解某一方面的信息或知识是必须花费成本的，这包括人力、物力、财力等资源的投入。例如，要知道交易对方的资信状况，就必须进行调查或委托中介机构进行调查，这都需要花费高昂的成本，这就构成了市场交易者搜寻信息的障碍。一些人没有能力搜寻信息，因为付不起搜寻信息的费用；一些人不愿意搜寻信息，因为信息搜寻成本可能会超过其所能获得的收益，从而使搜寻信息变得无利可图。这样，在市场交易中，许多交易者便不可能具有和交易对方一样多的信息。

③信息的优势方对信息的垄断。在市场交易中，交易者拥有的信息越多越有利。因此信息的优势方为获取最大化的经济利益就会隐藏信息或者向市场提供虚假的信息，这样交易对方就无法获取影响其经济利益的有关信息。在现实中，很多情况是在交易达成之后，消费者或信息的弱势方才能了解真实的信息，但是交易却已经完成。

◎ 2. 信息不对称理论架构

处于信息不对称环境中的双方存在信息差别而达成了一种社会契约，即双方如何均衡的问题，而较为均衡的合同必须满足参与约束条件和激励相容条件。于是均衡问题就转化为激励机制的设计问题。因此，信息不对称理论的研究基础是处于信息不对称条件下市场参与者之间的经济关系，主要内容是市场参与者之间由于信息不对称而导致的信息行为，即掌握信息较少的一方如何利用激励手段来缓解或消除另一方信息优势对自己造成的影响。

为了实现交易双方的均衡，而不使市场机制失灵、社会资源配置效率降低，就必须采取相应的措施来解决逆向选择和道德风险问题。具体来说，对于逆向选择问题，不同领域响应的措施是利用市场信号（信号显示和信息筛选）、第二价格拍卖、最佳所得税制等；对于道德风险问题，应对的措施包括经营者持股，设置股票期权、效率工资、风险分担机制等，如表1-5所示（以社会契约或均衡合同的达成为中心，从左至右按时间先后顺序排列）。

表1-5　信息不对称理论分类

事前信息不对称				事后信息不对称			
产生原因	隐藏信息	逆向选择理论	社会契约或均衡合同	道德风险理论	产生原因	隐藏行动	
应对措施	市场信号第二价格拍卖最佳所得税制等				应对措施	经营者持股票期权、效率工资、风险分担机制等	

由表1-5我们可以较为清晰地看出两种不同的信息不对称问题产生的原因及其相应的规避措施。值得注意的是,措施的选择需与领域相关,在合适的领域选择合适的应对措施。

1.2.3　理论体系

两种信息不对称问题及其对应的解决方案如表1-6所示。

表1-6　信息不对称引起的问题及其解决方案

问题			市场信号理论		委托－代理理论
			信号显示	信号筛选	
信息不对称	隐藏信息	逆向选择	√	√	
	隐藏行动	道德风险			√

◎ 1. 逆向选择

在销售市场、保险市场、信贷市场等市场上,逆向选择的影响更大,经常出现"劣币驱逐良币"的现象,而且有时会使市场崩溃。缓解或消除这种影响的方法很多,不同的市场有不同的方法,利用市场信号是较为理想的一种方法。

◎ 2. 市场信号理论

市场信号理论萌芽于阿克罗夫的有关信息经济学的著作,但一般认为阿罗克夫贡献了信号模型的思想,而斯宾塞被看成是第一个正式提出信号模型的学者,他将信号模型发展成一种均衡理论模型,随后赖利、洛思恰德和斯蒂格利茨等人又对其加以了扩展。市场信号理论包括两个方面的内容:一是代理人占主动地位的信号显示,二是委托人占主动地位的信号筛选。

（1）信号显示。指为了解决逆向选择问题,占据信息优势的一方（代理人）为了把自身的某些优秀特性或自己的某些优质物品显示出来,不被埋没,而通过某种方式向处于信息劣势的一方（委托人）发出市场信号以表明自身与众不同或自己拥有优质物品的行为。

（2）信号筛选。指在交易之前,处于信息劣势的一方（委托人）首先以某种方式给出区分不同类型的市场信号以求获得自己所需要的信息,并且成本很低,借此来弥补或解决自己在交易中所处的信息劣势的状况。

◎ 3. 道德风险

道德风险。指在委托人和代理人签订合同后，代理人在使自身利益最大化的同时损害了委托人的利益，而且并不承担由此造成的全部后果。道德风险产生的原因主要有代理人隐藏行动、代理人和委托人的目标差异以及信息不对称等。

◎ 4. 委托–代理理论

委托–代理理论是过去 30 多年里契约理论最重要的发展之一。它是 20 世纪 60 年代末 70 年代初一些经济学家通过深入研究企业内部信息不对称和激励问题发展起来的。委托–代理理论的中心任务是研究在利益相冲突和存在道德风险的环境下，委托人如何设计最优契约激励代理人。

委托人要确保代理人努力工作，要么就要"仔细地监督"代理人的工作状态，要么就必须提供足够的工作诱因来鼓励代理人努力工作，依其努力程度支付工资。此时，代理人就不会有浑水摸鱼的情形，资源配置的效率性可以充分发挥出来。

如果委托人监督代理人的成本很高，委托人就没有能力也没有必要监督代理人，那么如何处理呢？这时委托人就可以通过设计"诱因机制"（或激励机制）来鼓励代理人努力工作，并争取好的工作成绩，同时减少委托人的监督管理成本。在设计道德风险防范对策、诱因机制时应考虑以下 3 个主要因素：①为避免代理人出现道德风险，委托人所提供的报酬必须与代理人努力程度成正比；②为避免代理人出现道德风险，报酬必须与最终工作成果成正比；③在双方分担风险成本时，厌恶风险程度较大者应承担较少的风险，而对风险较不在意者应承担较多的风险。以下是常见的一些规避道德风险的措施。

（1）效率工资。效率工资是指企业付给员工高于市场平均水平的工资，这样的工资能够起到有效激励专业人员的作用，可以提高生产率与企业经营绩效，因此，这样的高工资就是效率工资，也就是在这样的工资水平下，劳动力成本的相对收益是最高的。简单地说，效率工资，就是企业或其他组织支付给员工比市场平均水平高得多的工资以促使员工努力工作的一种激励与薪酬制度。效率工资并不是按照员工的工作效率支付工资，而是给予员工高于市场平均水平的工资以提高员工的工作效率。

其实质在于效率工资的存在使代理人觉得留在位子上是一件有价值的事，从而使其产生失去较大利益的危机感，不敢冒着失去工作的风险不努力工作或做出其他不利于委托人的事情。如果所有企业都采用效率工资，就会导致市场平均工资高于原来的市场平均工资，劳动力市场对劳动力的需求将低于供给，产生失业现象，代理人因怕失业而会更加努力工作。

（2）股票期权。股权激励指权利人依据法律规定和协议约定在公司中享有全部或部分股东权益的权利，是一种长期激励的实现形式，本质上是处理人力资本与物质资本矛盾的方式，可以形成代理人与股东之间共担风险的机制，是对人力资本价值的承认，是有效激励人才的手段，也是将隐性的控制权收益透明化、货币化的方法。股权激励收益是企业全面薪酬的组成部分，属于薪酬结构中的长期激励部分。股权激励以公司治理理论和人力资本理论为依据。为解决企业委托代理问题，调动管理层经营管理的积极性，企业通过股权激励计划将代理人和委托人的利益捆绑在一起,促使代理人切实关注企业长期发展和股东的利益,以降低代理成本。

1.2.4　应用与启发

◎ **1.信息不对称理论的应用案例** --

瓜子二手车:去中心化模式打破"柠檬市场"

二手车市场是典型的信息不对称市场,也是阿克罗夫提出信息不对称理论所采用的论述场景。

(1)二手车市场的信息不对称。在二手车买卖过程中,由于买方缺少车辆检查的专业知识,以及车辆状况的具体情况,往往会处于信息劣势,从而使得中介有可乘之机。中介公司在交易过程中,不断对买方抬高卖方要求的价格,而对卖方则不断强调买方所能给的价钱。交易一旦形成,买方则要多付钱给卖方,而卖方实际拿到的比买方所付价钱要少,中介公司利用买卖双方信息不对称的情况赚取利润,加剧了双方的逆向选择。

(2)信息不对称的解决新方案。2015年互联网二手车交易平台"瓜子二手车直卖网"首创二手车直卖模式,搭建C2C(customer to customer)直卖平台,直接对接车主和买家。同时为用户提供专业的汽车评定服务,缓解买卖双方由于缺乏汽车专业知识而造成的信息不对称情形。2017年数据显示,"瓜子二手车直卖网"线上交易量占比达68.3%,增幅16.9%,交易量在线上二手车买卖交易中占比最高、增长最快。

从二手车交易领域的需求来看,二手车市场的受众用户分成两类:买车用户和卖车用户。卖车用户想要:①尽可能短的时间;②交易简单;③利益最大化地出售车辆。而买家想要:①可挑选车源多;②售后有保障;③性价比最优地选购一辆二手车。瓜子二手车直卖网直接搭建了一个C2C直卖平台,对接用户需求,实现两端用户利益最大化。而且提供上门检测服务,交易在线上进行,速度快、效率高。相比较传统的经由中间商转手的商业模式(图1-4为传统二手车市场商业模式与瓜子二手车直卖网模式对比),瓜子二手车直卖网能够帮用户节省许多金钱与精力,是最贴近用户需求的模式。没有中间商赚差价的瓜子二手车直卖网会收取买家成交价3%的服务费用,其中包括车辆评估检测、销售服务、议价和代办过户等服务费用。从C端(customer)需求入手,交易透明,解决了区域性限制问题,收取部分费用也被用户所接受。

但事实上,这样"去中心化"的去中介的商业模式互联网其他行业都在尝试着。例如另一个典型的信息不对称市场,人才招聘领域,也有主打boss(老板)与牛人直接聊天的招聘方式的

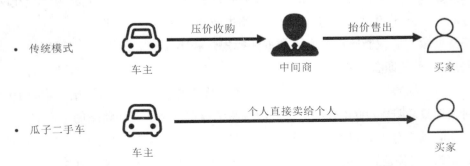

图1-4　传统二手车市场商业模式与瓜子二手车直卖网模式对比

"Boss直聘"，其在行业中也以较快的速度发展。但值得注意的是，这样"去中心化""去中介化"的商业模式仍然存在一定问题。首先，C2C交易模式效率较低。二手车交易十分注重线下服务体验，C2C模式撇开了车商环节，独自承担所有服务，车源掌握在C端，该模式无法像B端（business）一样集中展示多种车型供买家选择，会拉长交易周期，降低效率。其次，质量把控无法落实。因为从C2C交易的模式来说，这些平台所派技师上门检测的流程非常简单，但二手车其实是一台非常复杂的机器，这样就很容易造成很多漏检的情况发生。这也就意味着，这些平台关于质量保障方面的宣传有很大的漏洞。最后，C2C的模式下创造新的信息不对称。在C2C模式下买方买车需要更加慎重，决策时间更长，并且更倾向于在专业销售商处购买汽车。这就意味着二手车卖方很难将车通过C2C平台卖出。

◎ 2. 保险市场中的信息不对称及其对策

保险市场也存在信息不对称现象。诺贝尔经济学奖获得者、信息经济学开拓者之一的斯蒂格利茨对此进行了分析，他指出：保险公司事前不知道投保人的风险程度，从而使保险水平不能达到对称信息情况下的最优水平。当保险费处于一般水平时，低风险类型的消费者投保后得到的效用可能低于他不参加保险时的效用，因而这类消费者会退出保险市场，只有高风险类型的消费者才会愿意投保。当低风险类型的消费者退出后，如果保险费率不变，保险公司将亏损。为了不出现亏损，保险公司不得不提高保险费。这样，那些认为自己不大可能碰到事故的顾客就会觉得支付这笔费用不值得，从而不再投保，最终结果是高风险类型的消费者把低风险类型的消费者"驱逐"出保险市场。这就是保险市场的逆向选择问题。

此外，保险市场上还存在道德风险，即保险公司不能观察到投保人在投保后的个人行为。如果投保人不履行合同或故意制造事故，往往会使保险公司承担正常概率之上的赔付率。

保险经营活动中交易的双方因各自所处的地位、信息交流的愿望、拥有的资源和保险知识等差异，造成对方希望了解或本来能够了解的信息不能为对方所了解，从而形成保险信息的不对称。保险信息不对称涉及保险知识、保险技术、主客体特质、业务经营情况等多方面信息，由于不对称，存在保险关系的双方的诚信基础受到损害，从而影响保险关系的确立和确立后的牢固程度，进而对保险业存在和发展的基础产生影响。

（1）保险知识的不对称及其影响。保险作为一门专业性和技术性很强的学科，要深入了解必须经过系统的学习和培训。保险公司作为保险业务的经营者，拥有大量具有专业知识和实践经验的人才，因而在保险交易中对保险知识的拥有具有绝对的优势。由于缺乏保险基本知识，面临风险的个体特别是规模较小的经济实体和个人对自身风险的认识不足，将慎重对待投保或持模棱两可、观望态度甚至敬而远之，那么潜在客户转化为现实客户的可能性将变小，从而影响保险公司业务的开展。

（2）保险技术和实务的不对称及其影响。从条款设计、费率厘定到承保、理赔等环节，无不有着极强的技术性和专业性，没有深厚的理论基础和丰富的实践经验，是不可能深刻理解的。这样就可能造成以下结果：一是投保人因为不能真正了解产品的功能而放弃；二是投保人充分信任保险中介最终达成合约，但由于合约是建立在没有充分了解合同内容的基础之上，所以购买的产品可能并不切合投保人的需要，或投保人受中介误导而购买，于是退保、要求赔偿等纠纷不可避免。

（3）经营信息的不对称及其影响。保险产品是无形产品，建立在诚信基础之上，特别是延续时间长的寿险产品，对诚信的要求更高。客户在选择保险公司时，关心的不仅是条款、费率、回报等看得见的内容，保险公司的信誉度也是必须关注的很重要的一个方面，而信誉度的高低与经营管理水平高度正相关。

（4）监管信息的不对称及其影响。监管部门从维护市场稳定的大局出发，会及时公开或有指向地发布一些监管信息，但不会是全部，这也是一种不对称。保险公司相对于投保人来说，获得的监管信息要全面些，但不是所有应该知道监管信息的人都能够及时全面地了解，这为一些有意无意的违法违规行为留下了缺口，这在一定程度上影响了投保人的选择，投保人的利益因此处于不确定之中，有可能因为信息的缺乏而受到损害。

（5）投保人信息的不对称及其影响。私人信息在保险经营活动中主要指投保人（含投保企业和个人）的个体信息。私人信息对保险经营活动的影响表现在两个方面：一是在保险合同签订前的逆向选择；二是投保人购买保险后的道德风险。私人信息不对称的影响是具有破坏性的，它使保险经营活动的信用基础变得脆弱，成为真正意义上的博弈，从而使保险公司的经营面临不确定风险。

◎ 3. 治理信息不对称的对策

信息不对称作为客观存在，产生于信息经济学之前，但信息不对称的影响似乎并不那么严重，其原因在于人们可以利用某些机制对信息不对称现象进行矫正，表1-7为不同的信息不对称现象的表现形式、影响及对策。

表 1-7　不同的信息不对称现象的表现形式、影响及对策

信息不对称的表现形式	影响	对策
保险知识的不对称	潜在客户转化为现实客户的可能性将变小，影响保险公司业务的开展	加强保险知识和相关法律法规的宣传
保险技术和实务的不对称	由于投保人缺乏专业知识而产生高决策成本；频发退保、要求赔偿等纠纷	
经营信息的不对称	影响用户决策，提高用户的决策成本	规范信息披露
监管信息的不对称	投保人面临不确定风险	进一步完善和发展保险技术；新技术赋能保险
投保人信息的不对称	保险公司面临不确定风险	

（1）加强保险知识和相关法律法规的宣传。社会公众对保险知识的需求与日俱增，相关部门和有关媒体应不失时机地加大宣传力度，普及保险基础知识和相关法律法规知识。

（2）规范信息披露。信息披露是矫正信息不对称的重要手段和机制，前提条件是必须提供真实的信息，并以规范的形式通过公共媒体传播和披露。

（3）进一步完善和发展保险技术。西方发达国家成熟的保险市场无不善于总结和发展新技

术,其条款设计、费率厘定、展业方式、理赔规范等都是我们学习和借鉴的对象。

（4）新技术赋能保险。近年来崛起的区块链技术能够提高保险公司之间的信息交流效率,帮助他们共同打击欺诈骗保行为。具体做法是在一个分布式账单上,保险公司记录每一笔理赔的数据,通过控制数据读取入口的权限,他们也能确保数据的安全性。其他保险公司在获得权限后,就可以共享理赔数据,从而及时发现可疑的欺诈模式,在支付理赔款前就能开展深入调查,确保理赔的正确性。

基于区块链的反欺诈系统可以从分享欺诈理赔案件入手,让保险公司共同建立一个分布式账单,一起来识别和判断欺诈行为的模式,并逐渐将理赔的处理转移到链上。这一系统相比于现有模式来说,有3个关键的优势:①规避重复记录,并且让事件和理赔一一对应,防止重复理赔;②建立所有权机制,通过将保险标的进行数字化,防止伪造标的进行欺诈的行为;③减少违法分销行为,非授权的保险经纪人如果将产品销售给客户并私吞保费,客户的保单将不会被登记上链,也无法享受服务。

◎ 4. 研究信息不对称理论的启发

信息不对称理论为产品概念设计与规划过程提供了一条新思路。在互联网时代,信息在市场经济中所发挥的作用比过去任何时候都更加突出,并将发挥更加不可估量的作用。对信息不对称现象作用原理的深入研究有助于我们判断产品功能的可行性,设计新的商业模式和提升产品,来规避逆向选择和道德风险,减少信息不对称带来的危害。

比如在租房等存在中介的领域实行许可制也是一条思路,这样可以减小质量的不确定性,从而缩小信息不对称的差距,规避逆向选择的发生;完善信息披露与中介制度,通过制度强制公布应公布的信息,并规范中介的行为,避免中介利用信息不对称赚取"猫腻",同时也利于买卖双方进行合理选择;大量释放和获取市场信号也能够从一定程度上解决信息不对称问题,经典的案例就是招聘者的文凭,用人单位在获取应聘者的实际能力的信息时处于劣势地位,文凭此时便成了他们可参考的重要信息,以此弥补信息不对称带来的逆向选择风险,类似的例子还有如厂商不吝重金推广自己的产品、推出试用版等等。同时随着科技的发展和时间的推移,我们也有了更多解决信息不对称的途径,例如上文提到的依靠互联网技术的"去中心化"商业模式及迅猛发展的区块链技术。

实现信息对称无疑对任何领域的任何产品都至关重要。虽然信息完全对称是理想状态,但仍可以通过辅助科技、模式和功能的规划和设计尽可能实现信息交流的畅通,减少信息不对称带来的危害,降低交易成本。

1.3　产品开发团队的信息媒介选择——任务闭包理论

1.3.1　理论背景

产品研发初期,团队中的成员往往很少,一个人会身兼数职,因此团队沟通一般比较顺畅。但是随着项目越做越大,团队成员会越来越多,部门也会扩充得越来越大,团队的沟通效率逐渐下降甚至出现严重问题。这是由于人数增加带来信息的触达成本增加:一方面,职能的细分、工作的细化,导致信息传递的距离增加;另一方面,团队人数增加,沟通的能效降低。而产品的运营过程中,不可避免地需要进行沟通,协调技术、运营与产品。此时,提高团队沟通效率就显得尤为重要。

那么如何有效地提高项目团队的效率呢? 从信息传递的流程来看,媒介作为信息传输的中间环节,连接着组织中的各个参与方。因此,选择一个适合的媒介能够降低各个成员的沟通成本,提高组织的工作效率, 使工作事半功倍。基于此, 任务闭包理论为如何选择合适的媒介以提高生产效率提供了理论支持。一般而言,管理者通过决策选择使用哪种媒介与其工作组成员、其他部门、客户和供应商进行沟通。这种决策可根据组织形式动态调整。提供适当的沟通媒介来支持将是这些新的组织形式获得成功的一个因素。鉴于信息交流系统在这些不断变化的组织形式中的重要性日益增加,管理者需要确保他们做出明智的媒介投资决策,并且随着新的传递媒介在工作场所的迅速部署和被广泛地选择,需要将这些新技术真正地合理应用到生产中,而不是为了追求潮流而盲目使用。

1.3.2　理论内容

◎ 1.理论内容

任务闭包理论认为,生产效率与媒介的选择有关。该理论假设当接收者暂时不能够接收发送者所传达的信息时,媒介对于关闭任务的程度大小决定了生产效率的高低。从任务对象的确立到将任务发送完成,再到任务关闭,整个过程称为任务闭包。这个过程的核心环节就是媒介的选择。具体详见图1-5。

任务闭包理论主要解释信息接收者暂时无法接收信息时,管理者对传输媒介的选择。选择能够使得这一阶段任务结束(任务关闭)的媒介能够使得工作者及时将信息传递出去导致任务能够按阶段分解,在任务分解之后,工作压力会相应降低,这将导致更高的生产力水平。当选择不能使得任务闭合的媒介时,则会产生相反的效果。例如,当使用电话作为媒介时,发送者将语音消息

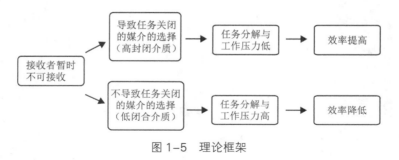

图1-5　理论框架

发送给接收者后，任务被关闭。当使用电子邮件时，发送者在按下"发送"按钮时已经关闭了任务。从理论上来说，这样工作压力会减轻，从而提高效率。任务闭包理论的基础目标是通过选择出相应的媒介去实现任务的高封闭性，以此来提高效率。因此，面对面这种方式处于选择范围的底端，因为它取决于接收者是否能够关闭任务，任务关闭的能力相对较差。

◎ 2. 相似理论——媒介丰富理论

（1）基本介绍。媒介丰富理论，有时被称为信息丰富性理论或 MRT，是用于描述沟通媒介再现通过其发送信息的能力的框架。它由 Richard L. Daft 和 Robert H. Lengel 于 1986 年引入，作为信息处理理论的延伸。

（2）理论简述。媒介丰富理论用于对某些沟通媒介的丰富程度进行排名和评估，如图 1-6 所示，例如电话、视频会议和电子邮件。电话无法再现视觉社交提示，例如手势，这使得它成为一种比视频会议更不丰富的沟通媒介，它无法提供手势和肢体语言的传递。基于权变理论和信息处理理论，媒介丰富理论解释说，与更精简、更少媒介相比，更丰富的个人沟通媒介通常能更有效地传达模棱两可的问题。

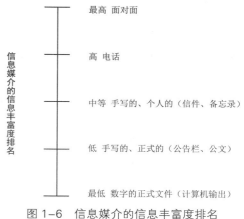

图 1-6　信息媒介的信息丰富度排名

（3）媒介丰富理论与任务闭包理论的联系。两个理论都对存在的媒介进行了分类并将场景与媒介相互对应。例如，任务闭包理论认为，高社会临场感是面对面沟通这类直接的交流，而低社会临场感则表现为电子媒介和纸质邮件这类间接的交流。当一个任务是个人参与的，如在谈判中，具有高社会临场感的媒介，如面对面的交互被认为是最合适的选择，因为这样任务闭包的效率是最高的。这与媒介丰富理论的结论是相同的。但是，任务闭包理论媒介的判断标准很大程度上与接收者的时间可接受性有关。比如，在工作场合，信息的发送者和接收者不在同一空间，这时低社会临场感的电子媒介就会更占优势。

但两者对于媒介选择的侧重点有所不同，任务闭包理论强调快速结束任务，偏向效率高，而媒介丰富理论强调的是媒介所含的内容丰富性，偏向于信息的充分性。因此，两个理论在具体的媒介选择上也有所区别。比如，面对面处于任务闭包理论选择的底端，而强调媒介丰富性的媒介丰富理论则将其放在最顶端。同时，媒介丰富理论作为一个框架型的理论，更多的是对各种信息媒介进行分类，找出其适用的场景。而任务闭包理论则是对场景进行判断，以此来选择合适的媒介。

1.3.3　理论原理

◎ 1. 媒介选择的决定因素

前一节解释了为什么媒介会影响到工作效率，本节则为管理者提供了一种媒介选择的模型，帮助他们去选择合适的媒介。为什么管理者需要选择适合的媒介？首先从对选择特定媒介的深入了解开始。以往关于媒介选择的理论研究主要集中在：①任务。任务的紧急性是选择媒介类型的一个重要决定因素。更紧迫的公报需要媒介具有即时沟通、同步响应能力。如面对面的会议、电话和信件以及手工递送的信息和文件。②媒介。沟通媒介本身固有的特性被认为影响个人的媒介选择。同样重要的是媒介的物理可访问性，也就是需要能够进行人工的操作。③任务与媒介的契合。选择媒介时，需要根据场景以及个人特定的需求去选择合适的媒介。面对面交流是最丰富的媒介，而正式的、数字密集的文件，如计算机报告，被认为是精益渠道。④社会环境。交际的态度和行为出现在社会背景中，因此，可能受到该环境的影响。这4个因素对于任务本身能很好地解释，但是它没有充分考虑到预期接收者的可接受性或接收者的可接受性和社会临场感变量之间的交互作用，这可能对媒介选择有重大影响。因此该理论在研究过程中加入了这两个变量。

媒介的接收者的可接受性和社会临场感是选择沟通媒介的关键指标。接收者的可接受性是对于传递的信息可使用性的描述，是接收者因为时间空间、语言文化等限制对于发送者传递的信息的接受度。社会临场感（social presence），又称社会存在、社会表露。它是指在利用媒介进行沟通的过程中，一个人被视为"真实的人"的程度及与他人联系的感知程度。研究学者将媒介区分为"高度社会临场感"和"低度社会临场感"。理论认为人在面对面沟通时，所有的沟通感官参与，此时对社会临场知觉的程度最高，而通过互联网的通信媒介由于缺乏非语言线索（即肢体动作、表情等），会降低沟通者在沟通中所感受到的社会临场程度。信息发送者在不同的情境下，会依临场感的需要程度来选择媒介，如果参与传播的人彼此需要沟通，则此时沟通媒介需要能提供给沟通者高度的社会临场感；但如果只是单纯的资讯交换，则以低度临场感的媒介进行就可以了。从分析来看，之前研究中的4个变量研究的是客观的因素，排除了接收者和发送者这两个主观存在的因素，这显然是不合理的。因此，通过加入接收者的可接受性或接收者可接受性和社会临场感去完善先前的理论，运用媒介的判断更加准确。

◎ 2. 研究模型及结果

（1）研究模型。该理论基于接收者在接受上因为一些问题而暂时不能接受的假设。这些问题包括电话接听繁忙，同事不能进行面对面会议交谈，需要采取电话留言和发送消息等。诸如电子邮件、语音邮件和传真等基于计算机的媒介通过减少这种活动损失，可以提高效率，从而提高生产率。基于这种假设，该理论建立如图1-7所示的理论模型（其中SP为社会临场感的缩写，正负号代表相关性。）

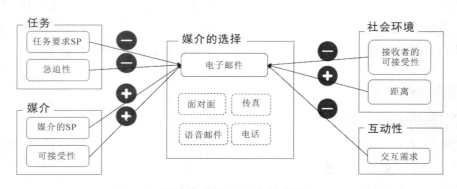

图1-7　理论模型（以电子邮箱为例）

该理论结合先前研究理论基础,将影响要素分为了4个方面,分别是任务、媒介、社会环境和互动性。在团队运营阶段,产品开展的活动会涉及跨部门、跨层级的协作。信息发送者在传递信息时要考虑其他因素,特别是他们认为接收者是否能够立即获取任务并做出反馈的程度。该理论认为在先前研究中所提及的变量的相互作用会对媒介选择产生影响。这种互动背后的推理是,当接收者被认为可接受时,个人最倾向于使用高社会临场感的媒介,例如面对面交流和电话。相反,当接收者暂时不可接受时,他们倾向于寻求更高效的媒体,例如电子邮件、传真和语音邮件,特别是对于低社会临场感的任务。在新媒体可能替代传统的高社会临场感的媒介,即任务要求丰富的沟通渠道的情况下,接收者可接受性和任务社会临场感的交互被证明是对媒介选择的特别有力的解释。提供更丰富的社交线索的电子媒体,如语音邮件、可视电话和视频会议,理论上应该被视为传统媒介的替代品。在这种情况下,用户相信某些沟通媒介将为他们提供对工作环境的有效的行为反应。

(2)研究结果。该理论提出的模型是一个"任务闭合"的媒介选择模型。大量的预测试、访谈定性分析表明,当接收者在时间上不被允许立即接受信息时,信息发送者会对结束他们的任务有强烈的需求,并通常会选择能够使他们的任务结束的媒介。

任务关闭模型假定团队成员具有高度动机来关闭或完成一个协同任务序列,并且这种强大的动机影响他们对任务完成的媒介选择。任务关闭的行为可以定义为沟通传输段的完成。具体的任务关闭形式取决于所选择的媒介,因此在面对面的会议中,当个体与另一个人相遇并表达预期的信息、想法和感觉时,实现闭合。相反,发送邮件的信息发送者在发送消息时,或者如果他们对传输完成有怀疑时,他们收到一个确认成功传输的"电子收据"后,就关闭了任务。

随着社会临场感的提高和媒介的丰富,个人可以看到或"感知"特定媒介的高或低的封闭性。诸如面对面之类的媒介将被认为是最不可能导致关闭的,因为事务的完成不是由媒介控制的,而是取决于接收者的可接受性。也就是说,当接收者无法抽取时间面对面地与信息发送者交流时,任务就无法封闭。同样,电话取决于接收呼叫的可用性和双方的同步交互性。相反,电子媒体通常被视为高封闭媒介,因为发送消息和由此产生的任务关闭在很大程度上取决于媒介的选择。

在实际产品运营的动态环境中,任务关闭并不意味着不需要在同一任务域中,在接下去的时间段内进行信息传输。它只是意味着,对于任务序列的一个部分,他们已经卸下了他们传递信息的责任,并没有留下不完整感(不完整感是指接收者信息接收不完全的感受)。在沟通中,当个人选择了不能完成信息传输的媒介时,会产生不完整感。选择适当的媒介并不总是导致完整的沟通。信息发送者不可能总是与他们的信息传输的预期接收者取得联系,并完成沟通。在这种情况下,我们说预期接收者在时间上是不可接受的。此外,试图在一个要求社会临场感高的任务中进行沟通,但如果不使用某一个媒介,而坚持使用不合适的媒介,则会导致挫折和延迟动作。在高度敏感的情况下,沟通者可能只会有唯一的选择。然而,对于需要较低社会临场感的任务,该模型假定需要关闭任务,可能会选择电子邮件之类的更加快捷的媒介,而不是进行充分的交流。

对接收者不可接受的另一种可能的响应是引发管理者重新评估任务敏感性,并选择出能够将任务封闭的媒介。新媒体带来的任务关闭的能力导致管理者主动选择媒介,因为它们满足了消息发起者的基本需求。诸如电子邮件、语音邮件和传真等新媒体的异步质量可能在使消息发送者关闭和完成沟通方面起到关键作用，特别是在任务存在低社交的情况下。换言之，产品团队选择新媒体，以避免不得不从事重复的消息传递行为来结束沟通行为的情况。新媒体提供了比传统媒体（如内部和外部纸质邮件服务）更有效的最终封闭。我们能通过改变沟通的结构来减少工作的分散性和整体性来减轻压力。

1.3.4 应用与未来

◎ 1. 应用案例

应用1——帮助产品经理选择传播媒介

产品的整个生命周期都离不开产品经理的调度，可以说，产品经理是一个产品的核心要素之一。产品经理需要去协调各个部门的工作，基于活动选择合适的媒介进行沟通交流。产品经理不仅需要从当前的工作与传播媒介中寻找信息传递效率与社会临场感之间的平衡点，还需要更仔细地研究沟通过程，以便更准确地识别媒介支持的任何潜在领域。

结合任务闭包理论，催生出了一个新的组织传播模型，并用它来回顾现有的研究，并提出今后的研究和发展方向（模型见图1-8）。从行动、关系和选择的关键方面开始，开发了一个人们如何沟通的综合模型。该模型结合了3个基本因素：①输入到沟通过程（任务、发送者-接收者距离，以及沟通的价值与规范，特别强调跨文化交际）；②交际的认知情感过程；③沟通对行为和关系的影响。将这些因素结合在一起形成一组旨在减少沟通复杂性的沟通策略。该模型在关系与行动之间、认知与情感之间、信息与媒介之间提供了平衡。这种平衡在以前的工作中一直缺乏，相信它反映了组织中的沟通行为更加真实的画面。

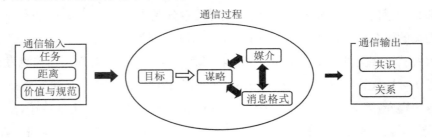

图1-8 组织传播的认知情感模型

在考虑任务完成的同时，这个方案增加了情感的判断要素，从沟通的整个过程全方位地考虑，从而相对综合地选择媒介的形式。在日常的工作生活中，这种考虑是很有必要的，因为除了任务的可接受性外，员工自身的情感需求也是影响员工积极性的重要因素。在员工工作的过程中，给予员工良好的工作沟通渠道将有利于员工快速地融入团队，更好地完成自身的工作，从而提高自身的效率。情感因素的考量，主要是从沟通的过程中判断的，主要体现为共识的达成和关系的确立。在沟通过程中，管理者从目标出发，综合考虑到谋略的正确性与媒介、消息格式的适当性，综合评判选择的媒介是否符合任务达成与情感上的需求。在现代社会，员工更加讲究人文关怀。因此，这样的模型更加符合现代社会的发展。从管理者的角度来看，媒介的选择不仅仅关系到公司的氛围，也关系到公司效率。比如，开通电子邮箱这一媒介虽然能够使得工作更加具有效率，但是从关系角度来讲，并不适合。管理者必须同时开通交流渠道来保证共识的达成。

应用2——引导用户分享

信息是信息系统中的核心部分,而媒介作为信息传输的渠道,在选择的过程中也就十分重要。在部分产品领域,需要用户在平台做出分享的行为。信息分享是信息管理的基础。该理论指导产品经理引导普通用户进行信息分享。以任务闭包理论为基础,考虑用户的环境与选择两个方面,得出适当的信息输出形式(如图1-9所示)。具体来说,首先,需要考虑媒介的社会临场感,这个媒介是否能够让用户体会到自身的社会存在,让他体会到自身的价值。其次,这个媒介是否能够导致任务结束,是否能够帮助用户完成自身价值的输出,若是这个媒介能够高效地让用户完成自身价值的输出,那么这个媒介相对就比较有价值。同时社会临场感还会激发用户的主观情绪,这个情绪影响用户是否积极地提供自身的信息。如果媒介的社会临场感激励用户做出分享,在主观上,对用户的成果输出也会有正向的帮助。

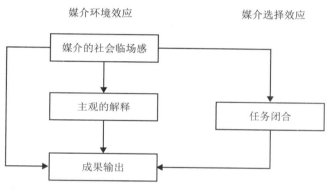

图1-9 媒介环境与选择之间的关系

获取、处理和共享信息是决策的关键活动。信息共享传播对每个人都具有相同意义的信息。信息共享的另一个理由是有意义的社会建构。例如,知乎上对于一个问题的理解,不同的人有不同的观点,知乎的产品团队需要通过知乎这样一个媒介去激发用户将信息分享出来。通过这种激发的行为,能够形成知乎整个分享的氛围,并使个人的认知盈余得到最大程度的利用。

◎ 2. 理论未来发展方向

未来的工作应该考虑可能影响媒介选择的其他变量,例如:各个参与方彼此了解程度如何、工作安排中的截止期限的性质、沟通的保密性。未来的研究也应该考虑可替代的方法学方法,这将丰富对媒介选择的理解,并评估某些变量的相对重要性。一个有前景的途径是在实际的办公室工作人员中进行"篮内"实验,其中所有的媒介选择都可供受试者连续使用。研究工作人员对媒介的态度随着时间的推移是有价值的,以更好地了解个人和组织如何依赖这些媒介并在长期内受到何种影响。例如,用户可以在使用某种媒介并成为有经验的用户之后,以不同的方式感知媒介的社会临场感,并且态度的改变可能改变它们的使用。众所周知,用户通过符号和字符集来丰富或"重塑"电子邮件,意在传达情感,但我们对这些符号的使用与媒介选择的更大问题之间的关系知之甚少。

◎ 3.总结 --------

互联网的产生改变了人与人之间的距离，也因此催生出了许多新兴的媒介，让人们能够不限时空地交流。同时，产品团队随着规模的扩大，项目复杂化，会更具有沟通的需求。从互联网工作者的角度来看，对信息分段处理，通过高效的沟通媒介去及时完成某一部分任务，对于他们自身工作的完成十分有帮助。具体来说：借助任务闭包理论的思想，以快速关闭任务为前提，考虑模型中的多种因素，通过对沟通媒介的选择，减少信息的冗余，提高自身的效率。

1.4 基于用户满意度的产品更新迭代——间断平衡理论

1.4.1 理论背景

互联网时代，移动通信设备的普及使得人们信息交流更加频繁，同时，催生出相应的移动应用产业。移动应用产业相对于传统行业，对于用户的诉求更加敏感，更新频率也相对更快。此时生产的诉求已经从"企业生产什么，用户就用什么"转变为"用户想要什么，企业就生产什么"。在这个关系链中，核心要素是用户，产出就是项目本身。对于项目团队来说，一个产品的优秀程度应该和用户满意程度挂钩，在此基础上需要结合团队成员、技术、社会环境等因素在产品设计时就对产品进行优化迭代。也就是说，在产品正式推向市场之前，就对产品进行多轮用户测试，以达到提高用户满意度的目的。先前的学者企图用渐进主义去阐述组织设计的关系。渐进主义的通俗理解是稳步改革，逐渐达到目标。但是在实际的过程中，用户感知的变更并不是一味循序渐进的，会受到很多主观、客观因素的影响。在市场环境变化的刺激下，人们对于产品的需求可能会在短时间内发生重大的变化。所以，渐进理论在解释信息系统策略变化时并不完全适用。在寻求对这一现象的解释中，引入间断平衡理论，去解释项目团队基于用户满意度的变化做出的相应的产品更新迭代，以便更好地指导项目团队的生产工作。

1.4.2 理论内容

◎ 1.间断平衡理论简述 --------

一个产品对于一个项目团队来说，就是自身向外输出、对外展现形象的窗口。正如政策之于民众，政策由政府相关机关制定，服务于广大人民群众。产品也是如此，一个团队的产品是由该项目团队打造，并接受目标对象的反馈以便更好地服务于用户。因此，在产品市场化的前期，有必要对产品进行用户需求测试，并进行阶段式的修改。对于一个项目团队来说，最终的目的是让目标用户为自身产品买单，在这一过程中，实现的影响要素主要受到市场变动以及公司本身策略的影响。因此，项目团队需要在动态的市场变化（即需要准确地了解用户需求的变化）中，寻求对于市场变化以及自身需求的动态适应，为产品最终成功寻找正确的方向，为自身赢得更好的发展空间。

间断平衡理论能在项目团队动态调整的过程中，为他们提供很好的指导。该理论将产品的形态分为间断与平衡两种状态。间断平衡理论强调产品在发展过程中普遍处于稳定状态，产品会保持不变状态或者是通过小幅度的更新来适应环境的改变,如为了优化系统配置进行简单的人员变动等等,对于整个项目而言并没有发生结构性变化。当发生市场剧变或团队内部重大变革时,产品会在短时间内完成剧烈的变革,如为了适应新兴的用户偏好、符合未来发展趋势,团队对产品进行重大更新迭代,比如从1.5.1直接更新至2.0.0,对新环境进行新适应。由于产生了重大更新,产品某些核心功能或者是侧重点发生改变,产品因此处于间断期,在更新结束后,产品又恢复至平衡状态。

◎ 2. 信息系统在间断 - 平衡状态间的转化

在产品应对用户需求发生变革之前,产品整体处于稳态,中间会有微小改动,但是不影响整体结构;在产品发展过程中,用户满意程度随时间变化而改变,不确定性和不可预测性增加,团队内部需要对当前严峻形势做出及时的判断,快速调整产品以适应当前的危机。如图1-10所示,产品研发初期,产品直接经历间断

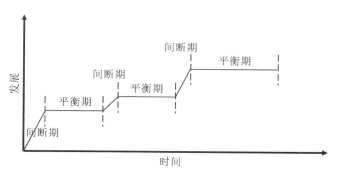

图 1-10　信息系统变革趋势

期,并且时间相对较长,这是产品设计产出阶段,随后经历一段平衡期,其属于产品的内测阶段,此时,会邀请小部分用户去测试该产品,该阶段结束后,产品会根据用户体验去进行一个全方位的更新,如此反复,最终达到用户的要求。从间断与平衡的变化角度看,当产品处于间断期时,产品的内容、结构、侧重点等方面会产生变化。当然,变化的幅度以及持续的时间,都与变革的具体内容有关。(因此,这里画出的趋势为一个范例,并不具有普遍性。)在变革结束后,信息系统状态又会趋于稳定。(稳定的状态是指信息系统的内部结构、形态等保持相对稳定。)

相对于对不断变化的环境进行平稳、适度的调整,保持产品的平衡状态可能会更加适应环境的变化,因此,是否变革就成了信息系统发展的交叉路口。如果要克服既定利益,就必须使动员成为必要。随着时间的推移,结构上增强的稳定性被突然的变化打断了。在这一过程中,产品经理领导着这场"革命",在变革的过程中产品经理需要统筹项目的各方资源,统一协作,让产品往他们希望的方向发展。但是,当项目团队对于产品产生的负面反馈(如来自互联网的一些负面的评价)并没有及时处理时,负面反馈可能会涌现性地产生,并将产生的问题推向台面,产品最终会迎来一次重大的变革。产品将会根据内部与外部整体的协调,进行结构性调整,甚至重新开始新的产品项目,并撤销原来不适当的产品项目。

1.4.3　基本原理

◎ 1. 产品的反馈接收

产品在测试过程中,由于环境持续动态改变,用户的需求不断变动,同时,组织并不能考虑到所有可能面临的问题,需要进行动态的调整,必然会开启测试渠道接收用户反馈。当一个问题被

多次提及,而且被推至团队的视野内并引起重视时,项目团队需要对这个问题的重要性进行研究,是否需要将该问题提上改革的日程,这决定了产品是否会进入间断期。当然,并不是所有的反馈问题都会被革新,还需要结合需求的强烈程度以及公司的发展规划统筹处理。此时,该系统正在经历一个积极的反馈过程,因为团队能够捕捉到变化与意见,并结合环境的变化做出相应的调整。相反,消极的反馈是团队忽视用户反馈,不对其做出相应的调整。不同的反馈形式会产生不同的结果。在处理这些反馈时,组织利用其更加多元的人员结构将信息分散处理,每个成员能够分别处理相对应的问题以达到最终处理的目的。反馈的存在可以被看作是一种监督机制,帮助组织发现存在的问题并进行相应的决策。数以千计的问题被各个反馈渠道所抓取,为产品的改良提供依据。有时,问题的并行处理会被分解,并且必须按部门有顺序地处理。当决策进入到公共视野时,它通常会在一个不断变化的环境下进行,取得更广泛公众的定义和高度关注。

◎ **2. 组织决策的四个核心概念**

（1）决策垄断。理解间断平衡理论的关键在于理解决策垄断的作用。决策垄断是指在决策制定中,团队内部的领导层把决策制定的途径封闭起来,将其他参与者排斥在外,使决策变迁处于缓慢或停止状态。领导层掌握其中权力意味着某一阶层对另一阶层掌控的强制性。这可以理解为在组织不同阶层中,领导阶层有着绝对的掌控力,这些人所组成的集体垄断了对组织决策的制定权。只有当这种垄断被新的参与者集团打破时,才可能出现明显的决策变化。垄断可以被建构,也可能崩溃。另外,媒体对问题的关注会使决策垄断浮出水面。在团队中,产品经理作为代决策人,将公司的理念执行下去,行使决策权。

（2）决策场域。间断平衡理论隐含一种个人和集体决策理论。从决策的角度看,决策的大规模迁移,不是来自于偏好的改变,就是来自于注意力的改变。决策在稳定渐进的总趋势中之所以会偶发重大变迁,是因为人们对决策问题的注意力是有限的,人们的关注点在不同时间是不尽相同的。当决策反对者力图形成新的"决策图景"、利用决策多样化这一特征时,就会吸引新的参与者进入决策场域,对制度结构与议程设置产生影响,促使重大决策变迁在短期内发生。

（3）决策图景。决策图景作为理解间断平衡理论的核心概念,是指某个决策在团队内部和媒体中怎样被理解和讨论,通常与决策信仰和价值观有关,是经验信息和感情要求的混合物。决策图景在人们持续关注某个问题的过程中形成,可分为正面决策图景和负面决策图景。如果公众以正面的眼光来看待决策,则属于正面决策图景;反之,则是负面决策图景。前者有助于强化决策垄断,后者则会导致垄断崩溃。随着媒体报道、重大事件以及科学研究等的发生与变化,决策图景会发生转移。因此,决策图景的转移可以改变人们的注意力,使得子系统中的决策熔断,促使决策由子系统上升至宏观决策层面。

（4）决策间断。在制定决策的过程中,把变化的决策偏好、新的参与者、信息等决策输入转化为一种决策输出,会大大增加决策转化成本,造成制度摩擦。这些成本包括信息成本、认知成本、决策成本和交易成本。间断平衡理论认为,所有团队都不同程度地包含制度性摩擦,制度性摩擦随着决策转换成本的增加而增加;制度性摩擦不会导致持续的决策"僵局",而是会导致决策输出在总体上出现持续的间断情况,也就是说,摩擦并不会导致稳定的假象,而是会导致一种间断的情况。因此,当决策的范围较小时,其还是一种相对平衡的决策。当团队的决策范围由小范围变成集体性行为时,决策的范围和深度增加,决策会形成间断。由此,形成决策变迁的间断平衡模式。

理解这个理论,首先要明确组织中存在一个领导集体,他们对于决策的制定具有垄断作用。同时,一个团队中还包含了其他阶层的人员,他们对于决策场域是相对平均的,对于决策图景,也就是对于某些角色的看法是不同的。但是,人们对决策问题的注意力是有限的,其实所有问题一直都存在,只是在不同的时间人们会把有限的注意力分配到不同的问题上。在没有一个事件或是媒体将大众的视线集中到一起时,产品形态保持相对稳定。当来自各方面的注意力开始增大到一定程度的时候,以前“决策”的均势就会被打破,决策就会产生间断,产品陷入间断状态。

◎ **3. 间断平衡理论模型**

决策垄断有一个组织定义下的体制结构,负责问题领域的决策。由于一个成功的决策垄断系统地抑制了变革的压力,我们就说它包含一个负反馈过程。然而,决策垄断并非永远是无懈可击的,迫于内外部的压力,产品还是需要进行革新。一旦产品发生间断,信息系统将以图1-11的方式进行运转,重新达到决策平衡。

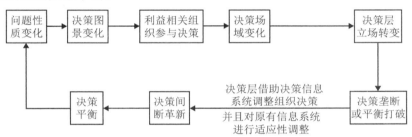

图 1-11　间断平衡理论框架

决策间断是由于用户对于决策图景的心理变化所引起的,如果被排除在垄断之外的成员仍然无动于衷,决策安排通常保持不变,决策可能只会慢慢改变(消极反馈过程)。随着变革压力逐渐增大,它可能会在一段时间内被成功抵制。但是,如果压力足够大,它可能导致用户集体性进行决策干预,如一些负面的力量加入到决策的议程中参与决策,决策从原来的组织领导机构封闭式制定变成公开。决策层基于相关需求,制定相应的决策方案,并加以实施。由于组织决策的变动,原来的信息系统(根据之前的目标制定)也会进行相应的调整。最终,随着改革的实施,决策图景重新稳定,决策垄断也会被重新锁定,产品再次回复平衡状态。由于社会环境的不断变化,团队根据自身要求,做出动态调整,但是,随着信息技术的发展,这种变革相比于从前,将会更加频繁,项目团队想要长久地发展下去,需要保持决策在间断与平衡之前不断循环的意识。

1.4.4　应用与总结

◎ **1. 应用案例**

应用一: 企业信息技术接收

工欲善其事,必先利其器。面对用户需求变化如此快速的今天,要想及时把握用户需求,优质的信息技术是必不可少的。成功的信息技术应用能够提升企业效率与效能,拓展企业与产业边界,提升企业竞争力,甚至成为企业可持续发展的动力和源泉。但是,随着信息技术应用从个体到信息系统、从单机应用到基于网络的协作演进,信息技术实施的复杂性不断增加。这种变化不仅体现在技术实现所依赖的软硬件环境上,更体现在信息技术实现下的企业变化甚至变革上。信息技术及其实施复杂性的增加使信息系统接受往往面临诸多障碍。这也是企业信息技术实施往往难以达到预期目标的主要原因。成功的企业信息技术应用需要深刻理解具有复杂信息技术的信息系统的接收过程。

对于复杂信息技术的信息系统的接收过程的研究应该充分关注复杂信息技术系统接收过程的非线性特征。基于间断平衡理论将信息系统的接收看成是由一系列关键事件组成的过程,如图1-12所示,每个事件有技术、人员、任务/流程、信息系统结构4个要素。关键时间曲线以信息技术引入过程中信息系统的变革过程为中心、以4个要素为判断依据来描述信息系统信息技术的接收过程。这些状态的迁移包括信息系统的渐变过程(平衡)和突变(尖端)。而这种渐变与突变的交替是信息系统实施中的普遍现象。

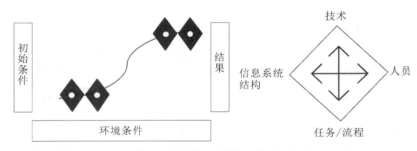

图1-12 基于间断平衡理论模型的分析框架

基于间断平衡理论的分析框架认为信息系统信息技术实施是一个长期平衡与较短期突变相结合的过程。由于是以关键事件作为基础,因此在框架上可以把握信息系统接收中的所有要点,以及不同状态之间的渐变与突变过程,对于信息系统技术的发展趋势能够有更加准确的判断。基于该理论的框架侧重于分析信息系统应用中企业的信息系统结构,人员、任务与流程的变革过程,使其在分析企业信息系统过程中具有更大的预测性和指导性。

应用二: 产品经理技能培养

间断平衡理论的指导意义不仅仅体现在产品的研发过程中。对于产品经理来说,不断变化的用户需求标志着他们需要运用间断–平衡的理念去把握产品的客观规律,指导产品的发展。间断平衡理论较为客观地对产品变革过程进行了解释,动态的变革恰好为新产品研发提供了指导,尤其是对于产品经理来说,接手一个新产品意味着需要重新去获取用户的认知与需求。从动态视角对产品变革进行分析,更能够以间断平衡理论对项目团队给产品带来的"效益"进行精确测量,"过程损失"越大,表明产品经理对产品的负面影响越大,对产品绩效的提升作用越小。

首先,间断平衡理论要求产品经理具备环境意识。在产品从无到有的过程中,需要产品经理准确把握用户诉求,引导用户使用。如何快速达到用户满意的程度意味着产品何时投向市场。对于不同类型的产品来说,更快占领市场意味着占据先发的优势。其次,把握领导决策的时机。对于产品来说，并非所有需求变动都是要在产品的更新中体现，产品经理需要准确判断并对可能会导致间断的需求进行更新，如在一些损害公司利益的需求面前，产品经理需要通过一些运营手段去维持用户的使用，在整体上保持产品稳定不间断。最后，履新领导的即兴行为也是影响产品变革的重要因素。

理论视角下履新领导行为模式分析在产品演变"平衡—打破平衡—再平衡"的过程中，产品经理的决策属于打破平衡的关键性事件，直接影响产品绩效提升与发展。产品经理行为的调整与策略选择正处于过渡阶段之中，产品经理应对产品间断平衡发展模型进行充分理解，并在此基础之上选择科学的行为模式，以促进产品实现飞跃性发展。

◎ 2. 总结

间断平衡理论脱胎于生物进化的相关学说，也就意味着它的理论适应环境发展的客观规律。这种发展的状态是逐步发展与突变发展相结合的。就互联网的发展来看，也完全适用。互联网对于传统行业的冲击属于突变型的，领导团体在这一浪潮的冲击下，若是将其作为负反馈，对其无动于衷，便难以抵挡。正确的做法是形成良性的正反馈，保持企业的高效性。传统企业如此，互联网企业更是如此，面对多变的市场环境，产品是否适应市场的发展，达到用户满意的地步，会比传统企业更加重要，因为互联网将企业的进入门槛降低，如何保持自身高效、维持竞争力对互联网企业来说十分关键。

产品的研发过程相对来说是一个十分重要的过程，对于用户来说，用户的体验次数不会很多，产品的试错机会少，因此产品的打磨在研发阶段就需要精益求精，虽然从间断平衡理论的角度来说，用户需求不断在变化，产品在市场化阶段必然也会经受用户的检验，进行革新。研发测试的意义就在于以一个较高的平稳度进入市场，从而使产品能够稳定高效地聚集用户。

1.5 基于边界对象理论看产品规划阶段的多参与方交流——边界对象理论

1.5.1 理论背景

◎ 1. 理论研究背景

产品规划是指产品在开发前，规划人员通过调查研究，在了解市场背景、了解不同客户需求、了解竞争对手、了解外在机遇与风险和技术发展态势的基础上，根据企业自身的情况，设计出可以打造把握市场机会、满足消费者需要的产品的过程。在这一阶段中，不可避免地就涉及不同群体之间的"信息交互"。

而"边界对象"就是为了适应环境中不同参与方的需求和约束，从而将不同信息、不同参与者聚集在一起以实现共同目标的"共同点"，也可以理解为不同群体之间的信息交互合作。

目前，"边界对象理论"已被广泛应用于知识和信息管理领域。信息交流是一种双向的社会互动行为，也是一种参与社会信息共享活动的能力。而在实践过程中，我们在产品规划阶段，就应该观察不同参与方之间边界对象的不同，研究不同参与方之间的信息边界类型，并采取一定的激励手段来促进不同参与方之间的边界信息交流。

◎ **2. 发展历程** --------------------------------

"边界对象理论"最早作为翻译和解释工具引入，作为在不同合作地区之间建立共识的方式论。这使"边界对象理论"在信息协作中得到IS研究（信息系统研究）的认可。之后有学者提出，边界对象是为了促进合作而建立的一种共享语言，可供不同地区的参与者用来呈现或代表他们的特定知识，允许来自不同地区的个人跨越边界进行交流，并授权个人改变他们以前的知识。

后来，有学者批评边界对象的概念过于机械化，忽视了政治和当地环境条件对不同群体相互作用的影响，提出应该考虑边界对象的社会和物质方面，提出把社会物质性的概念作为丰富边界对象研究的手段，并提出了不同边界情况下对"边界交流"的分类。

最后，伴随着信息化时代的发展，互联网技术手段消除了不同地区不同参与者之间的信息地域差距、交流障碍，在线视频会议、3D模型展示等技术领域丰富了传统的边界对象种类，也丰富了边界交流方式，延续了前人在边界对象理论中的经典思想，并将边界对象理论逐渐运用在互联网信息系统、互联网产品领域中。

1.5.2　理论内容

◎ **1. 理论主要内容** --------------------------------

边界对象理论（boundary object theory）本质上是"允许不同参与方在没有达成共识的情况下一起协同工作的一种安排，是促进多方信息交互的一种方式"。

其中，"边界对象"可以是任何能够适应环境中不同参与方的需求和约束的可塑造对象，它们可能是具体的工具（例如，图书、地图、表格），也可能是抽象的方法（例如，概念、开会讨论）。首先，"边界对象"具有灵活性，它在不同的市场环境中可能有着不同的社会含义；其次，具有适应性，它必须要适应和试图解决市场环境中不同参与方之间的要求和需求；最后，还具有动态性，其意识形态会随着市场的变化和社会的发展而不断变化。

"边界对象"可根据自身特性分为标准存储、重合边界、理想类型三种类型，而如何有效地利用边界对象更好地实现"边界交流"也是本理论的核心所在。

边界对象理论将处在不同环境中的不同参与方之间的"信息边界"分为语法信息边界、语义信息边界和语用信息边界，而通过建立一种共同平台，供不同参与方描述他们的特定知识，并允许不同参与方跨越不同的信息边界进行有效交流，最后再通过不同的技术手段，提高多方之间的信息交互效率。

◎ **2. "边界对象"三大特征** --------------------------------

边界对象的3个显著特征使它们能够在社会环境的不同参与方之间的产品规划中发挥作用。

首先，边界对象具有"灵活性"，它们可能是抽象的（例如，某个想法、概念、分类系统），也可能是具体的（例如，某个图像、地图或工具），这意味着不同边界对象会通过不同方式促进不同参与方之间的交流。

其次,边界对象具有"适应性",边界对象必须次要地解决工作过程中不同市场环境下不同参与方产生的信息要求和需求。例如需要对数据进行分类或组织,由这些需求产生的边界对象反过来会影响不同参与方之间的对话形式和结构。

最后,边界对象具有"动态性"。边界对象并不是静态概念,而是需要在不同结构形式和给定想法之间变换。因此,边界对象需要在不同参与方之间来回衔接信息,并随着环境变化和市场发展而不断更新、迭代。

1.5.3 理论原理

◎ 1. 边界对象的分类

边界对象可以根据自身特性被划分为三种边界对象类型(如表1-8所示):

表1-8 边界对象的分类

边界对象类型	描述	一般例子
标准存储	标准化的本地信息存储:可以在不与其他参与方协商的情况下使用此信息	图书馆、博物馆、百科全书
重合边界	某两种知识点的转译边界:不同参与方可以基于边界允许的不同语言重合内容,相互进行理解	地图、翻译机器、HTTP底层协议
理想类型	抽象沟通方法:能够利用信息化方式即时地进行沟通和互动的理想化方法	在线视频会议、3D模型展示

第一种类型,标准存储:标准化的本地信息存储,可以被具体描述的、可以被储存的、以标准化方式检索的对象,可以在不与其他参与方协商的情况下使用此信息,例如本地图书馆、本地博物馆。

第二种类型,重合边界:某两种知识的转译边界,是具有相同边界但内部内容不同的共同对象,不同参与方可以基于边界允许的不同语言重合内容,相互进行理解,例如加利福尼亚州的政治边界、翻译机器、HTTP底层协议。

第三种类型,理想类型:抽象沟通方法,不能准确描述任何一个地点或事物的细节,但能够利用信息化方式即时地进行沟通和互动的理想化方法,因此理想类型的适应性更强,例如在线视频会议、3D模型展示。

◎ 2. 边界交流分类

学者研究表示,我们可以通过将边界想象成至少两个参与者之间的向量来表示这些信息流的关系属性。基于此,有学者针对"如何有效地利用边界对象更好地实现边界交流"提出了一个框架——将信息边界类型分成了语法信息边界、语义信息边界和语用信息边界(如表1-9所示),并且能够分别对应边界对象的三种类型,即标准存储、重合边界、理想类型。其边界交流特征表现为语法信息边界仅描述事物运动的状态和方式,语义信息边界是基于参与方共识进行的一种知识转译,语用信息边界是一方参与者利用信息进行互动和决策。

表 1-9　信息边界类型

信息边界类型	（边界）对象的类型	边界交流特征
语法信息边界	标准存储：图书馆、自然语言	描述：仅描述事物运动的状态和方式
语义信息边界	重合边界：地图、翻译机器	转译：由于共识而实现知识转译
语用信息边界	理想类型：在线交流互动	互动：利用信息进行互动和决策

　　语法信息是事物运动状态及其变化方式的外在形式，是信息问题的最基本的层次。语法信息是只在形式上反映和再现事物运动状态和方式的信息，如描述某一现象的数学公式或物理模型等。这一信息只涉及某一类运动的普遍规律，而不涉及具体的某一个过程。

　　语义信息可以借助自然语言去领会和解释。只有人类社会的信息才包含语义信息。凡科学信息都属于语义信息。由于个人在知识水平和认识能力方面有差异，因此，对语义信息的理解往往带有较强的主观色彩。不同的人从同一语法信息中所得到的语义信息和语用信息明显不同。语义信息边界是由于不同的解释或不同的语境而产生的。尽管有共同的基本语法，但不同的参与方之间仍然会产生通信困难，因此需要通过必要的工具或手段，将隐性知识或隐含的解释明确化，使不同参与方之间得到统一的互相理解。

　　语用信息是指"这种含义的运动状态及其状态变化方式对观察者有什么样的价值和效用"，是信息的有用性。当信息需要在不同的参与方之间转换以达成共同理解或激发新见解时，就会出现语用信息边界。

◎ 3. 促进边界交流方法

　　由于所使用的语言不一致或由于参与方之间需要共享的事件不可用，便会产生不同的信息边界。因此，在产品规划阶段，就应该观察不同参与方之间边界对象的不同之处，研究不同参与方之间的信息边界，并采取一定的激励手段来促进边界信息交流。信息交流是一种双向的社会互动行为的能力，也是一种参与社会信息共享活动的能力。因此可以通过以下几种方式促进不同参与方之间的信息边界交流：①建立一种共同平台，可供不同参与方用来呈现或描述他们的特定信息或知识；②允许并激励来自不同区域的不同参与方跨越边界进行跨界交流；③有效利用最新的信息技术手段，提高多参与方之间的信息交互效率。

　　当平台中所涉及的参与方数量较少时，每个步骤都需要更深入的沟通形式。完善的商业模式只需要信息的转移，而良好的商业模式则需要实现不同参与方之间的利益需求，这就需要信息的不断转变与互动。边界交流的分类和促进边界交流的方法后来也多用于分析如何跨越协作各区域之间的界限以共同创造价值中。

1.5.4 应用与总结

案例：洞察边界对象在基于社区的旅游开发项目中的作用

◎ **1. 研究目的**

旅游开发项目经常由于新的运营模式或开发的创新旅游产品没有得到当地人的采纳和支持，往往最终结果不佳，不可持续。因此，毫无疑问，当地社区成员的支持被认为是旅游业发展中最重要的成功因素之一。社区旅游（CBT）的概念经常被考虑替代更传统的以公司为基础的自上而下的旅游业发展模式，因为它明确地旨在支持社区需求与实现承诺。

本案例是为了通过边界对象的理论框架，加强不同类型的利益相关者参与对社区旅游开发的理解，从而为社区旅游研究做出贡献。

COMCOT是一个国际发展项目，汇集了爱沙尼亚和芬兰旅游专家、当地开发商和企业家、当地活动家和居民，以及来自英国的旅游发展专家团队。该项目基于对社区发展的思考，关键的想法是，通过让当地人参与旅游开发过程，让他们感受到由此产生的产品和服务是他们自己的，并进一步确保旅游活动的可持续性。

研究问题是边界对象如何支持或约束代表不同信息社区的利益相关者之间的协作。主要论点是，社区旅游的发展需要有意识地审视边界对象及其主动管理，有效利用扩大对各种行动者如何合作的理解，尽管他们拥有不同的信息基础，有时甚至是相互冲突的利益。研究数据基于旅游开发项目COMCOT（一种提高社区旅游竞争力的创新工具）的案例研究。

◎ **2. COMCOT案例描述**

COMCOT项目于2010—2013年在芬兰南部和爱沙尼亚的六个试点地区开展。试点地区主要分布在拥有几千居民的农村地区，旅游开发以湖泊、河流或海洋为主。

在根据当地社区的兴趣启动项目之前，选择了试点区域。在每个试点地区，该项目开始是将当地人聚集在一起举办研讨会和会议，并确定他们的旅游发展需求和愿望。此外，在试点地区进行更广泛的社区调查，以确定当地社区的意见。在调查中，当地人被要求列出他们喜欢什么，他们不喜欢什么，他们希望看到什么样的变化以及他们不想要什么样的变化。

然后，优先考虑当地人喜欢、实现可能性大的发展思路。即选择每个试点领域中最受支持和最有希望的想法作为这项工作的重要组成部分，团队成员在研讨会上优先考虑这些想法。

再将所选择的开发理念通过3D可视化建模，呈现给当地社区以获得反馈。在每个试点地区，通过3D可视化建模，向当地社区提供有关其所在地区发展乡村旅游的有潜力的外部和客观信息，以及通过潜在客户的营销调查获取游客的需求和期望组，并根据这些信息进一步进行地方决策。

在COMCOT项目期间，对于每个试点区域，制订了逐步行动计划，将旅游业发展理念转化为成功的产品和服务。此外，该项目还支持当地社区以研究、能力建设和网络机会的形式（在国家和跨国层面）采取这些已确定的发展步骤。因此，发展了一些旅游理念（例如，远足径、夏季节日、社区戏剧表演以及具有历史古迹的公园）、能力建设和提供网络机会（在国家和跨国层面）。图1-13显示了COMCOT项目的过程描述。

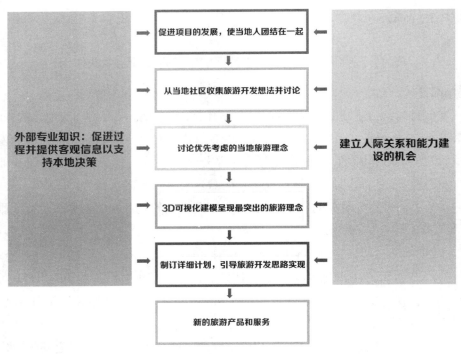

图 1-13 COMCOT 项目历程

◎ 3. 分析关键边界对象 --

在本节中，首先描述从案例中找到的关键边界对象。之后，分析选定的关键边界对象进行动态协同分析。

（1）优先排序方法。COMCOT项目将利益相关者聚集在一起，以讨论和产生适合其特定领域的旅游发展理念。这被称为"优先排序方法"。每个过程首先让当地社区成员有机会自由制作潜在旅游发展理念清单。然后他们通过合并类似的想法并删除那些没有得到广泛支持的想法，将这些想法减少到一个可管理的数字。在下一步中，当地社区成员根据以下方面将这些剩余的发展思路合并到一个矩阵中：①它们有助于实现共同的旅游愿景；②它们的可行性（易于实施）。

根据这项工作，每个试点地区最终都有9个被认为具有最大潜力的想法，并且可以利用现有资源实现。因此，优先排序方法的主要目标是优先考虑可实施的想法，并为后续步骤创建愿景。

优先排序方法历时足够长，足以完成参与方之间的协作学习过程。尽管优先排序并非一致，但它为人们提供了时间和空间，使他们能够就发展思路达成共识和妥协。他们通过相互讨论，并与大学成员和外部专家提供的观点和信息一起反思，实现了这一目标。然而，漫长的过程对把优先级作为边界对象构成了威胁，因为一些当地人对它失去了兴趣，使得讨论结果只代表社区中少数人的观点，从而可能导致未来的冲突局势。为了避免这种情况，当地协调员的作用变得非常重要，他们承担了保持当地人民对这一过程感兴趣并致力于这一过程的责任。此外，尽管优先排序的概念及其产生新的旅游发展理念的能力受到高度赞赏，但由于其缺乏灵活性，该过程本身受到了一定程度的批评。受访者希望优先排序方法能够更好地考虑每个试点地区开展自己的旅游活动的起点。

（2）3D可视化模型。在COMCOT项目中,引入了一种用于参与式旅游规划的创新工具,以可视化旅游开发引起景观潜在变化。爱沙尼亚生命科学大学的专家根据当地人的优先次序构建了每个试验区的3D模型,并将新的发展思路添加到当前的景观中。例如,如果一个发展理念是建立一个自然中心,3D模型显示了它将如何影响当前景观的不同选择,并指出它将如何影响当地人对该地区的使用。3D模型在有组织的活动中向公众和任何感兴趣的团体展示。观众被要求提供关于3D可视化的反馈,作为一种方法,评论发展计划和替代方案,以及建议变更的其他旅游开发替代方案。建模人员根据演示文稿的反馈对3D模型进行更改。

因此,3D可视化的目的是帮助当地人在环境发生变化之前了解与环境有关的旅游相关变化。这将创造讨论机会并激活当地人参与发展,帮助社区达成共识且就未来旅游业发展做出决策,并加强人与环境之间的关系。

（3）比较关键边界对象的协作动态。以上两个分析的边界对象提供了来自不同社区的多个参与方之间的多种交互方法。

一方面,3D可视化比优先排序方法能更有效地聚集不同的利益相关者,以便进行有关试点地区旅游业发展的讨论,并使他们保持参与。此外,3D可视化也对观众产生了影响,因为它清楚地描绘了发展的可能性。变化越激进,不同利益集团想要积极地影响这一过程的愿望越强烈。另一方面,优先排序方法设法使利益相关者在更长的时间里聚集在一起。因此,本案例的研究结果证实了人工制品本身并不是直接的边界对象;相反,人工制品只能通过一系列参与方在谈判其意义时的相互作用来发展和维持其作为边界对象。

还应该承认,尽管COMCOT项目中的边界对象为不同的信息社区提供了旅游开发的创新空间,但在整个开发过程中,权力斗争的潜力是固有的,某些群体的地位、权威和专业信息可能导致这样的情况,即人工制品被用来控制,而不是作为边界对象。特别是在优先排序方法中,外部专家忽视了非专业信息,因为优先顺序过程被迫在每个试点区域以完全相似的方式实施。因此,他们忽略了这样一个事实,即每个试点地区对优先次序有不同的期望,这取决于他们以往旅游业发展的经验和现状。当地人对优先顺序的不满导致了该过程的重组,以更好地平衡信息社区之间的权力。当然,当地社区成员不应仅仅被理解为无能为力的代理人,因为他们拥有的非专业信息对于成功实施COMCOT项目至关重要。关于3D可视化没有发生同样的问题,是因为它是为每个试验区域量身定制的。因此,根据这一经验,可以说边界对象必须足够灵活,以便根据社区动态实现可转换性,即使在此过程中也是如此。

与群体动态相关,边界对象旨在将不同背景的人联系起来,沟通在协作中的作用至关重要。在COMCOT项目中,沟通的作用变得越来越重要,因为除了不同的社交世界之外,国际项目聚集了具有不同母语的人。特别是在优先排序方法中,语言问题有时会限制互动氛围的发展。3D可视化的准备工作是在较小范围的小组内进行的,其中语言问题不是很严重。由于沟通方面的挑战,当地协调员的作用变得更加重要,因为他们在外部专家和当地人之间传递信息。换一种说法,他们成为边界物体内的信息守门人。

此外,COMCOT项目中边界对象的成功在试点区域之间有所不同,其中一个要素是当地协调员在信息转移中的作用。可以得出结论,即激活当地人并建立信任关系使得当地协调员的作用至关重要,也许边界物体本身应该事先设计好,以防止通信瓶颈。

◎ **4. 规划边界对象方法论**

由于以社区为基础的旅游开发项目通常将各种参与方聚集在一起,并且两者之间存在潜在的紧张关系,因此边界对象需要为每个社区创造一种有意义的方式来参与这一过程。边界对象本身的产生和识别是一种适应潜在冲突的关注点的方法。但是,使用边界对象不会自动缓解参与组之间的紧张关系。边界对象必须具有吸引力且足够可行。换句话说,如果代表不同信息社区的一个或多个利益相关者群体忽视了边界对象,那么很可能会失败。

除了让所有关键信息社区的利益相关者参与开发过程之外,仔细规划边界对象还可以缓解参与组之间潜在的紧张关系。第一,边界对象应该为个人建立共享语法或语言来表示他们的信息;第二,它应该为个人提供一个具体的方法来了解和确定他们在给定边界上的差异和依赖性;第三,有效的边界对象应该促进个人共同转变信息的过程。研究结果发现,随着各参与方关系在发展过程中的演变,新的边界对象将会补充和取代旧边界对象。当边界对象不再能够维持协作和创新时,需要进行替换。

边界对象的流畅延续可以在整个发展过程中为各种行为者创造有意义的参与。然而,之前关于旅游部门内边界对象的文献并没有把重点放在从一个边界对象到另一个边界对象的过渡上,而是把重点放在作为个体实体的对象上。一个成功的边界对象可以为旅游服务和产品创造所有权,这已被确定为成功的社区旅游开发项目的关键要素之一。

◎ **5. 案例总结**

产品规划是指产品规划人员通过调查研究,在了解各个参与方的不同需求和要求下,制定产品战略、战术的过程。而本案例的研究目的是说明不同信息社区在社区旅游发展过程中合作的重要性,并研究新型概念工具在旅游管理中的有用性,即边界对象,可以将不同参与方聚集在一起。案例中通过展示边界对象提供了一个富有成效的工具,使各种利益相关者和信息社区参与社区旅游发展过程。

以往许多研究把重点放在了认识关键的利益相关者群体,而不是考虑如何为这些利益相关者群体提供有意义的参与,但通过本案例分析得出结论,边界对象方法可以更多地用于从内部功能的角度规划和分析旅游社区开发过程和开发项目的活动,以便将不同的信息群体纳入相同的活动和创造的发展创新空间。

除了基本流程描述之外,产品规划人员还应考虑在规划开发流程时创建"边界对象路线图"。在这些"边界对象路线图"中,将更加系统地思考和分析规划过程中使用的边界对象的类型和作用,以及它们组合不同信息参与方和实现协作学习的方式。"边界对象路线图"方法为旅游开发项目的规划过程提供了一种新方法,并有助于更仔细地规划边界对象,包括主要对象和次要对象。产品规划人员有时可能难以确定并记住主要边界目标(通常是整个过程的子目标)的正确管理,因为他们通常更容易将重点放在管理次要目标上,如举办研讨会、会议或培训活动。因此,创建"边界对象路线图"可以恰当地支持社区协调,实现利益相关者对流程的承诺。

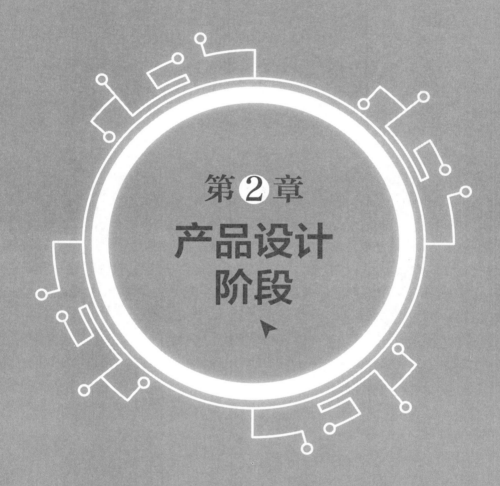

第 2 章

产品设计
阶段

2.1 信息呈现方式在产品设计中的重要性——认知拟合理论

2.1.1 理论背景

◎ 1. 研究背景

无论是在什么任务中,信息呈现、信息技术和工作任务的相互匹配、相互协调一直都是关键的一环,当信息图形表征与问题相互匹配时,才有利于问题的解决。先进的信息技术为日常工作生活提供了极大的便利,但在实际应用中,信息表征究竟如何影响任务进程?影响程度如何?信息表征和问题研究是否协调一致?这些一直是信息管理学者力图解决的问题。随着研究的深入,学者们逐渐将"拟合"这一思想融入理论中,从媒体丰富度理论发展到认知拟合理论,使理论逐渐趋向于规范化和完整化。

互联网时代,随着人们需求的不断多样化,科技水平的不断发展,互联网产品功能的日趋复杂,其所承载的信息量也在不断增加,这无疑增加了产品开发的难度。在产品设计阶段中,设计人员需要在产品规划阶段、产品概念阶段的基础上,将用户潜在需求与产品概念等隐性信息通过可视化手段进行显性传达,而在这一过程中不同的产品信息呈现方式所产生的效果也各有差异。那么在产品设计阶段如何将问题更好地呈现、达到更好的问题解决效果,以特定信息呈现为研究重点的认知拟合理论(cognitive fit theory,CFT)可谓是发挥了巨大作用。

◎ 2. 认知拟合理论的诞生

为了更好地解决日常问题,认知拟合理论最初是在信息加工理论(information processing theory)的基础上建立的,并构建了一个通用的问题解决模型。认知拟合理论最初是用来解释在一项决策任务中,图形和表格这两种信息呈现形式在什么情况下能够产生更好的绩效结果。最初的研究只关心问题解决的结果,比如任务的质量、任务的完成时间等,但是却忽略了问题解决的完整过程。尽管有证据表明信息呈现形式确实会影响解决方案,但对于各种图形可视化如何影响问题的解决几乎是一无所知。为了解决该问题,在后来的研究中,有学者做出扩展,进一步将问题解决方法加入到原有的模型中,使得CFT扩展成为问题表征、任务类型,在影响问题解决者的心理表征中产生共同影响,每个图形或表格都强调了不同的信息特征。随着信息技术的发展,工作任务类型随之复杂,信息技术条件随之成熟,也催生了更多的信息表征形式,认知拟合理论的应用也在实践中得到不断拓展。

2.1.2 理论内容

◎ 1. 理论简介

认知拟合理论提出,任务完成的优越性取决于工作任务要求和信息呈现形式之间的对应关系。简单地说,该理论解释了信息表征的重要性以及在什么情况下使用某种信息呈现方式会优于其他选择。可以说认知拟合理论是少数试图理解人们解决问题的内部机制的模型，在一些研究中，认知拟合理论为任务解决存在的性能差异现象提供了一个解释：信息呈现形式如表格、示意图等不同类型的图示尽管都能表达同样的信息内容，但分别强调了不一样的信息特征，因此当具有不同要求的任务选择了侧重点不同的信息呈现形式时，就会呈现出各种差异化的解决效果。展开来讲，该理论内容主要包括以下两点：

（1）工作任务可以根据适合解决问题的信息形态，分为符号任务和空间任务两种。符号任务强调了具体数值、符号的重要性，它要求问题解决者需要关注具体值或使用数据来进行操作，比如说产品开发者设计某个性能、属性的数值。空间任务相比于符号任务，将焦点聚集于整个画面，空间任务要求在数据资料之间形成联系，而图形被认为是一种空间问题的表现形式，比如要求产品开发者融合不同的数据观点以识别整体的趋势或构建模型。

（2）在认知拟合中，问题解决者的认知加工方式很重要，它连接着工作任务和信息呈现，可以分为感知的和分析的两种过程或策略。也就是将隐性的心理表征及任务要求转换为显性的问题表征的处理过程，并且只要信息呈现、加工方式和任务类型能够相互适合，那么问题就可以得到有效、快速的解决。

◎ 2. 相关理论——认知负荷理论

（1）理论简介。认知负荷理论（cognitive load theory，CLT）是Sweller等人在20世纪80年代提出的，主要从认知资源分配的角度考察学习和问题解决。Sweller等人认为，问题解决和学习过程中的各种认知加工活动均需消耗认知资源，若所有活动所需的资源总量超过个体拥有的资源总量，就会引起资源的分配不足，从而影响个体学习或问题解决的效率，这种情况被称为认知超载。简单来说，它是表示处理具体任务时加在学习者认知系统上的负荷的多维结构。该理论表明，在与人类认知结构一致的条件下，学习是最好的。在认知负荷理论中，知识是以图式的形式储存于长时记忆中的。图式根据信息元素的使用方式来组织信息。图式可以表示任何所学的内容，不管大小，在记忆中都被当作一个实体来看待。图式的构建，使得工作记忆尽管处理的元素数量有限，但是在处理的信息量上没有明显限制。图式构建后，经过大量的实践能进一步将其自动化。因为自动化，熟悉的任务可以被准确流畅地操作，而不熟悉任务的学习因为获得最大限度的工作记忆空间可以达到高效率。

（2）认知拟合理论与认知负荷理论的关系。认知拟合理论和认知负荷理论同样关注在完成给定任务过程中信息呈现形式的重要性。

认知拟合理论强调图表与任务的心理表征的对应关系，并成功地通过问题表示和问题之间的匹配来解释不同的结论。为了解决任务，其心理表征和给出的任务必须在一定程度上保持一致，这有助于减少在解决问题的过程中为达到认知共识所需要的努力。而认知负荷理论通过关注工作记忆中的心理负荷来解决某一任务，强调工作记忆与图式本身内涵的一致性。内在的认知负荷是由给定任务的固有复杂性引起的，而外在的认知负荷代表了以相应的呈现格式完成给定任务所需的努力，只有记忆和任务本身内涵一致时，任务才可以被准确流畅地操作。

2.1.3 基本原理

◎ 1. 认知拟合理论通用模型

前面说到,认知拟合理论首先构建了一个通用模型,后续的发展都是基于此模型而言的。因此,通过图2-1来了解一下认知拟合理论的通用模型:

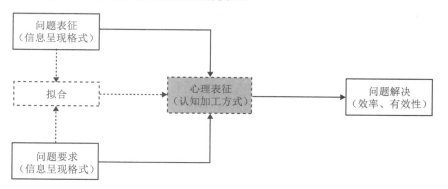

图 2-1 认知拟合理论通用模型

在认知拟合理论通用模型中,认知加工方式连接着问题表征和问题要求,并促使心理表征的出现。其中拟合意味着任务中的信息和问题表示中信息的匹配,拟合和心理表征一般都是抽象构造(用虚线描绘),不会被真实描述。

当问题呈现的信息格式和工作任务相拟合的时候,问题呈现格式可以更好地表现工作任务的具体要求和内涵,从而问题解决者就可以拥有更有效的心理表征,因此,认知拟合导致有效的问题解决方案;当问题呈现的信息格式和工作任务不相匹配时,就不会产生认知拟合。在这种情况下,问题解决者根据呈现的信息形成心理表征(需要通过转换以得出解决方案)或者根据任务类型制定心理表征(需要把问题表示中的数据转换为适合任务解决方案的心理表征)。可以看到,在认知不拟合的情况下,问题解决效率会大打折扣。

(1)问题表征。问题表征是指对某一问题信息进行记载、理解和表达的方式。在问题解决的过程中,首先要在工作记忆中对问题涉及的对象、条件、目标和认知操作等进行编码,建立起适当的问题表征。包括问题的初始状态、问题的目标状态、改变问题状态的操作(算子)以及对算子的约束4个因素。一般分为语言表征和表象表征。

在认知拟合理论中,问题表征可以看作是向用户呈现问题信息的方式,问题表征在任务绩效中发挥着巨大的作用。从图2-1中,我们也可以看出,问题表征所强调的信息呈现格式将被用于心理表征的形成。例如,对于给定的任务,问题可以有不同的表现形式,以图形的形式或者表格的形式来呈现数据。

(2)心理表征。心理表征是认知心理学的核心概念之一,指信息或知识在心理活动中的表现和记载的方式。表征是外部事物在心理活动中的内部再现,因此,它一方面反映客观事物,代表客观事物,另一方面又是心理活动进一步加工的对象。简单来说,心理表征就是指当说起某个"对象"时,你想到的那些事物,你心里出现的画面。比如说起"网上购物",你会想到"淘宝",这就是你对"网上购物"的心理表征。

在认知拟合中,心理表征可以被看作是用户根据任务和问题表征对信息采取行动的过程的高潮,是问题解决者接收工作任务要求和信息表现形式时在工作记忆里呈现问题的方式。从过程角度来看,它指的是人们在理解问题和解决问题中的过渡阶段,一种使用的认知过程。输出的是在认知过程发挥作用后解决问题的模型。因此,理解心理表征是理解问题解决过程中一个很核心的方面,是利用任务的信息和问题表征创建的原模型来获得问题解决任务的心理表示。

◎ **2.改进模型**

由于认知拟合的通用模型适用性存在局限,其之后便被加入新元素,形成新的问题解决模型(见图2-2)。与原始模型相比,扩展模型既存在相同的地方也存在扩展的地方。

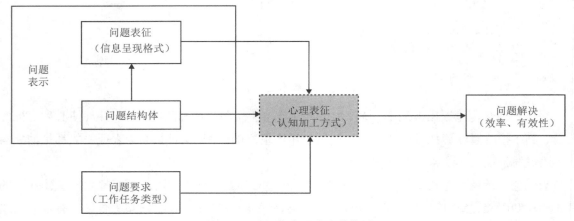

图2-2　认知拟合理论改进模型

(1)与原模型相同之处。在扩展后的模型中,任务要求、心理表征和问题解决性能仍保留在模型中,问题表示构造适应创造性上下文。扩展模型和原始模型都假设有一个特定的任务要完成,此外,这两个模型都采用心理表征来捕获问题解决者对任务的理解以及工作记忆中相应的解决方案。

(2)与原模型的区别。扩展模型区别于原始模型的最关键的地方在于问题表示结构,问题表征只做到将问题可视化呈现却忽略了其中的关系,而问题结构体使得整个问题表征有逻辑地联系组织在一起,用问题结构体来表示各个问题表征之间的相互关系,能够更好地呈现问题以达到更好的心理表征。

关于结构,认知拟合机制要求问题表示在问题解决开始之前先定义其结构特性(即语义和视觉结构)。只有在这种情况下,才可以确定该问题表征是强调任务信息还是强调用不同的方式表现出认知拟合。在新模型中,首先定义了一个问题表示结构,捕获解决问题所需的实际信息,通过问题解决结构的规定(即实例化)来实现问题表征内容。举个例子,可以使用统一建模语言规定的符号来构建类图,假定类图上下文中相关的信息可以通过类和关联(即语义结构)来获得,这些可以通过框和线使之可视化(即视觉结构)。总之,这些就形成了一个问题表示结构。但是,还需要问题解决者根据实际联系定义相关类图之间的具体关联(即内容)。

(3)小结。总的来说,在认知加工之前,问题表征即信息呈现格式,问题要求即工作任务类型。当两者相拟合时,问题解决者就可以拥有更好的心理表征,即更清楚的认知加工方式,从而在时间、质量方面都能很好地解决问题。值得说明的是,在认知拟合理论中,无论是列表还是矩阵形式等的信息呈现格式,它们本身是不具备优越性的,其在解决问题上的优越性取决于问题要求,即给定任务的特征。

◎ **3. 模型局限**

CFT可以很好地在认知层面解释为什么不同的问题表征导致了不同的问题解决表现,我们可以通过形成认知拟合的观念来获得更高的问题解决效率。但是,在应用CFT的时候,其实用性存在两个边界:

(1)任务复杂性:认知拟合的机制只有在问题解决者的工作记忆容量可用时才会变得有效。因此,只有工作记忆可用,信息才能更好转换为符合任务要求形式的心理表征,从而提高任务解决效率。

(2)组织层面:在CFT问题解决模型中,存在单个问题表征和单个问题求解的问题,这意味着CFT适用性约束是个体水平。

但是,CFT又是"适用于广义的人类认知",也就是说它又几乎适用于任何类型的问题解决者。这意味着,当多个人共同完成同一任务时,只有不依赖于过去个人独有的经验并达成共识时,每个人才都会受益。虽然每个人受益的程度不同,但都会在一定程度上提高个人解决问题的能力。

2.1.4 认知拟合理论在产品设计阶段中的应用

◎ **1. 应用说明**

在对认知拟合理论有一定认识了解的基础上,下面将具体研究认知拟合理论在互联网产品整合设计中的应用,并以此理论为基础,得出整合设计中保证设计模型和用户需求模型相互拟合的设计原则。产品设计能否取得最大的回报率,关键在于其是否能够准确将想法、需求有效传达,并在产品的表示和描述中清晰地反映出来。因此,产品设计阶段的问题要求是基于新产品开发的前两个阶段所得出的结论及所提出的要求。

相比于其他信息,产品信息是一个具有多个层次的复杂的综合体,当设计人员接收到这些信息与任务要求,并对外界信息进行加工(输入、编码、转换、存储、输出)时,这些信息其实是以一种心理表征的形式在脑海中呈现的,很难准确清晰地传达。因此,可以借助工具及各种信息技术的力量,将隐性的心理表征形成点、线、面的认知思路和符号,帮助设计人员以及用户会意,也就是帮助问题表征及问题结构体形成。该过程经常应用于商业模式设计(商业价值传递想法的显性表征)、原型设计(产品使用流程的显性表征)以及界面视觉的设计(提供更好的视觉效应和表征效果)中。下面我们以认知拟合理论在商业模式设计中的应用为例进行具体分析。

◎ **2. 具体应用——商业模式设计**

目前,商业模式已经成了信息系统(IS)研究的主要研究课题,同时,对于所有行业从业者也都有很大作用。为了更好地展现商业模式,目前已经有了许多的建模语言来表示问题,在表示过程中,语义和表示的语法之间存在着重大的区别。语义指要表示的内容,语法指视觉符号的形式。关于商业模式,语义指亟待开发的想法应遵守的商业模式定义,而语法指的是用于呈现这些想法的关键元素的形式。根据一般定义,商业模式中的语义指9个组成部分:价值主张、客户细分、渠道、客户关系、收入流、关键资源、关键活动、关键合作伙伴、成本结构。为了用更好的呈现形式表示语法,目前应用最广泛的是商业模式画布。商业模式画布作为一个体现业务模型的可视化模板,主要由9个部分组成,即9个商业模式组件。

在扩展的认知拟合理论模型中,问题要求、问题表示共同决定了解决问题的能力,问题解决的技能和问题解决任务之间的认知拟合应该导致问题解决过程的有效性和效率的提高。在商业模式中问题解决任务应当是商业模式创意的生成,通过业务模型组件和它们之间的关联来表征问题解决任务。此外,通过遵循矩阵结构和语义接近来描述商业模式画布,如图2-3所示:

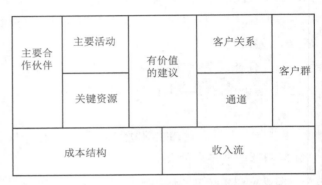

图2-3　商业模式画布问题结构体

商业模式的构建是为了更加综合、清晰地展现公司的运营、经济逻辑。而在解决商业模式问题时问题表征则表示获取潜在商业模型中的想法,可以是自己构造的,也可以是现有的。商业模式构建和理论研究相结合涉及两个步骤:首先,需要从不同类型的创新中找出商业模式的创新,以确保后续分析的有效性;其次,需要解决上下文操作的性能问题。商业模式创新也被称为企业价值主张,涉及其细分市场或价值链架构的变化。假设定义在一个人的价值主张中,当他提供产品/服务时,就会发生商业模式构思的变化,这同样适用于要解决的客户群。CFT在有效性和效率方面定义了解决问题的能力。为了测量问题解决的性能,必须将有效性和效率转化为业务模型创新背景,将有效性定义为生成的想法的质量,将效率定义为有效完成特定任务所需的时间。

通过以上分析,我们可以得出创造性认知拟合理论与商业模式创新理念相结合后的一个模型(模型如图2-4所示):

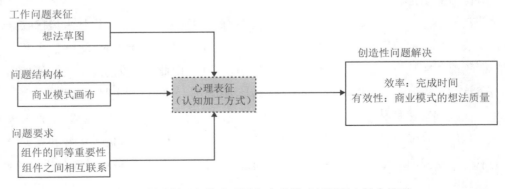

图2-4　创造性认知拟合理论与商业模式创新理念结合模型

除了用商业模式画布这种问题结构体来表征商业模式构建问题,商业模式核心在于平台与不同用户、不同合作伙伴之间的价值传递关系,因而还可以选择用另一种点、线组合来表征商业模式，如图2-5所示。这种结构体将平台与各个参与方之间的关系用箭头表征，不仅更加清晰地呈现了参与方的类型，还通过注明价值流、现金流的传递方向来表征平台与参与方之间的联系。

认知拟合理论为不同的信息呈现方式适合于不同的任务类型，当问题要求与信息呈现相匹配时，会达到更好的效果。反观商业模式图案例，不同呈现形式的商业模式问题结构体同样适用于不同类型的任务要求。

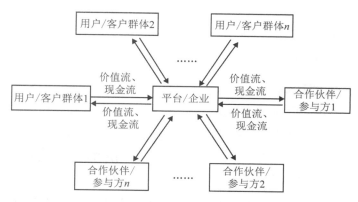

图2-5　商业模式价值传递问题结构体

商业模式画布形式的特征在于完整性，前期可以通过商业模式画布的形式初步构想商业模式中的各个板块，有助于全面、完整地理解构造模型。如图2-6所示，以某个移动医疗服务平台的商业模式构建的商业模式画布图为例，可以发现该商业模式画布图涉及的点和面，这对于前期商业模式的梳理与构建具有极大的价值。

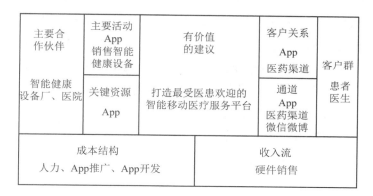

图2-6　智能医疗服务平台商业模式画布

通过商业模式画布的表现形式，可以借助九宫格甚至扩展更多来大致规划出该智能医疗服务平台的成本流、收入流、功能及资源、用户群体等内容，也就是说借助图表的形式来将产品设计过程中所需考虑到的毫无章法的零散想法进行一个科学合理的分类。商业模式画布的优点在于全面清晰，而缺陷在于难以更加细致详细地传达具体关联，也就是顾大局而忽视细节，这在产品设计后期细化完善商业模式中的帮助意义则显得不大。因而此时设计人员应转换表征形式，转而借助商业价值传递图

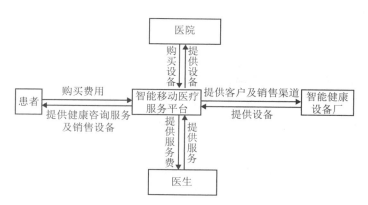

图2-7　智能医疗服务平台价值传递方式

的形式辅以帮助来发掘、整理细节。具体做法如图2-7所示：

首先，用"□"图形来代表参与方，即平台（智能移动医疗服务平台）、平台所拥有的用户群（患者、医生）、平台的合作伙伴（医院、智能健康设备厂），"→"所表示的是参与方与参与方之间的一个价值传递过程。该价值传递可能是通过功能服务实现，也可能是通过资金的流动实现，

因而在箭头上方表明具体内容即可更加细致地考虑到每一个功能设计、盈利来源。比如说在平台与患者之间，平台为患者提供健康咨询服务和设备销售服务，因而患者为平台提供一个购买的费用。通过这样一个简单的表征形式就可以清晰地展现平台所提供的服务与所获得的盈利之间的关系，将商业模式画布中未能梳理的复杂联系简单而直观地呈现出来，一方面辅助设计人员更加全面而具体地设计商业模式，另一方面也有助于设计人员与其他人员去传达商业模式的内容。

◎ **3. 总结**

CFT出现伊始，其目的便是解决关于图形和表格哪种呈现方式具有更好地解决问题能力的争议。将问题以可视化形式呈现可以更加直观地表现出该问题要求的内涵，当找寻到一种与该任务类型最相拟合的呈现形式时，问题解决者可以更轻松地通过图形洞察到问题本质，形成更好的心理表征，从而达到较好的问题解决效果。所以CFT通用模型常用来解决一些常规性的可视化问题。为了使认知拟合理论更加贴近现实社会中的问题，解决更多灵活抽象的创造性问题，因此将模型进行扩展来解释更加复杂化和精细化的问题解决过程。对于复杂的问题而言，将任务内涵普通可视化并不能很好地达到快速形成心理表征的效果，因为这些问题内部要求中具备着更加复杂的逻辑关系。因此，在扩展的模型中引入问题结构体，通过将问题要求和相互之间的联系共同可视化，从而使CFT模型进一步扩展到复杂问题的解决应用中。

对于互联网产品而言，在产品设计过程中，设计人员需要处理的问题及信息繁多且复杂，不管是商业式的构建还是具体功能的构建，都需要将可视的信息进行抽象形成设想后再具象化以便传达。而在其具象化的过程中，遵循认知拟合理论的观点及模型，引入问题结构体，将问题要求与问题表征形成拟合，从而帮助设计人员更好地呈现设想，设计出产品原型。

2.2　功能设计/视觉设计——MISC（迭代更新）

2.2.1　理论背景

◎ **1. MISC理论出现的动机**

在产品开发的过程中，满足用户的期望是设计产品的首要条件，而动机则是期望的先决条件，现有的模型主要在用户动机和期望之间建立联系，以便更好地设计出用户满意度高的系统。但针对用户对于信息系统的感知和评价的预测却主要体现在如何满足用户的外在动机上。"外在动机"通常可以根据人们在外部诱导下的行为来表达，而"内在动机"通常可以根据人们在没有外部诱导的情况下来表达，大多数模型并没有充分解释内在和外在动机对这些结果变量的影响，也没有具体区别不同类型的内在动机。

这些不发达的结构可能会混淆现有的系统使用研究，从而使这些研究难以解释或至少难以在各种类型的系统中得到推广和持续刺激用户满意度。而扩大这一差距的方式是在动机和期望之间建立牢固的关系。动机是期望的直接先决条件，期望是所有相互作用的关键组成部分。由此，Lowry等人建立了一个新的理论模型——多动机信息系统连续性模型（MISC），它解释和预测了一系列动机和期望,系统地持续提高用户满足度。

◎ **2. MISC理论的演变过程**

为了预测和解释动机与期望之间的关系,Lowry 等人首先对期望–不确定理论（EDT）和基于 EDT 的 Bhattacherjee & Premkumar（B&P）模型进行了研究。在研究过程中发现了 B&P 模型的一些局限性,认为其对期望的不确定性预测值太低,同时对于动机的检验只建立在外在动机上,忽略了其他动机的影响。

为此,他们对 B&P 模型提出了两个主要的扩展作为基础的 MISC 理论:增加了 3 个期望值作为不确定性的预测因子,并将多个与动机相关的因素包含在模型中。

2.2.2 理论内容

◎ **1. 核心思想**

MISC 理论是一个综合模型,解释并预测了离散的期望与动机之间关系的过程,系统通过这些过程实现了一系列的动机和期望以及实现如何持续满足用户期望。MISC 理论建立在期望–不确定理论和 Bhattacherjee & Premkumar 模型之上。

在此基础上,为了解决 EDT 系统使用时的几个局限性,MISC 理论对 B&P 模型提出了两个主要的扩展:

（1）增加了 3 个额外的不确定预测因子:设计预期适合、感知易用性和设计美学。

（2）除了外在动机之外,还包括两种可能的内在动机,内在享乐（即“享乐”）和其他内在动机（“内在”指通过其他原因寻求满足而产生的行为）。

当人们了解新的软件或信息系统时,他们可能会有符合这 3 个类别之一的期望或动机。

◎ **2. MISC理论的假设**

（1）期望–不确定理论。许多理论在通信、社会学、心理学、行销和管理领域包含了期望确认的原则和期望不确定。有时被称为满足–期望理论,这些理论模型关注一个经验是否符合自己的期望。大多数使用期望–确认或期望–不确定范式的研究认为,个人的期望在很大程度上决定了某一特定对象、个人、服务或产品的总体满意度。“期望”是指用户对于某种信息系统的看法,“不确定”是一个信息系统被评估为超出或低于预期的程度。

首先,EDT 解释说,积极的期望会增加积极的不确定性。“不确定”是一种认知过程,其结果是将期望与感知绩效进行比较。当感知到的表现超出预期,从而导致因果关系满意时,就会产生“积极的不确定”。当表现低于预期时会出现“负面不确定”,从而导致不满。

其次,EDT 预测期望会提高绩效评估。“表现”是指用户对系统实际执行情况的看法。EDT 预测,一个人的一般期望会对表现信念产生积极影响。期望与信念之间的正相关关系可以通过锚固理论来解释,该理论认为人们在进行评估时可能会严重依赖已知信息（即锚点）。因此,期望可以作为一个锚点,并扭曲一个人对预期的表现的信念。

最后,EDT 还预测,不确定会对满意度产生积极影响。从系统的角度来看,“满意度”是一种积极的认知和情感评价,产生满足感和实现能力代表了一个人对系统体验的期望。因此,一个人可以有愉快的经历或有积极的情绪,但是,如果他们的期望得不到满足,他们可能会表现出不满,EDT发现了期望和满意之间的重要联系。

(2)基于EDT的模式的B&P模型。从EDT出发,Bhattacherjee 和 Premkumar在2004年开发了一个模型(B&P模型)来解释信息技术使用时用户的期望和态度的变化。在形式上,"态度"是一个人喜欢或不喜欢某一行为的程度,因此,态度可以有正或负。态度是一个重要的补充,因为许多研究表明,它直接影响用户对于系统的使用意图。

动机和随后的期望应该会直接影响态度。如果用户非常积极地使用技术,则用户将具有更积极的期望并且随后会以更积极的态度去使用技术。动机和态度之间的这种高度相互依赖的联系已经确立,如图2-8所示。

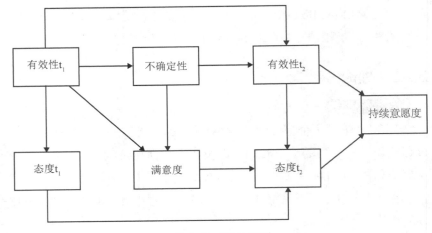

图2-8　B&P模型

简单说,B&P模型最终想要促进用户对系统的持续满意度。对于一个信息系统而言,影响用户最终满意度的因素可以分成客观上的和主观上的,用户的态度分为正向的和负向的。客观因素主要来源于系统本身的特点和亮点,也就是图2-8中的"有效性t_1",同时系统也具有一些不确定因素可能导致用户的态度产生变化,直到形成最终的"有效性t_2"。而主观因素经过层层筛选后,也会得到一个最终的正向用户"态度t_2"。最终的"有效性t_2"和最终的"态度t_2"将决定用户是否具有持续使用系统的意图。

(3)EDT和B&P模型的局限性。B&P模型基于外部动机(即效用),利用技术在预测持续性方面提供了强有力的结果,尽管有这样强大的基础,B&P模型和EDT的系统模型通常有两个重要的缺点。

B&P模型产生的第一个问题是它用于预测不确定性的概率非常低。例如,B&P模型的初始使用不确定性的概率仅为0.09。布朗等人在外部环境中比较了三种不同的期望-确认模型,得出的结论是:期望和不确定不是相关的预测因子,相反,满意度应仅通过绩效预测,这与先前的发现一致。类似于B&P模型将有效性作为核心外部期望预测因子,并且增加了感知易用性,他们测量了不确定性,但没有提供预测因子(即期望值),并且与EDT和布朗等人开发的将不确定性作为有效性和易用性的预测模型相矛盾。

B&P模型中的另一个局限性在于,它仅仅是为了外在动机而建立的。同样,这是基于EDT模型的常见限制。区分用户的内在和外在动机,以及实现这些动机带来的刺激,这对于鼓励用户进行积极的交互特别重要。一些研究扩展了外部动机模型或创建新模型以解决用户的内在动机。然而,预测系统使用的内在动机的模型经常忽略外在动机。

◎ 3. MISC理论的确立——对B&P模型的扩展

（1）以期望的形式加入具有不确定性的预测因子。针对B&P模型的第一个预测不确定性概率低的局限性，MISC理论选择向B&P模型添加具有不确定性的预测因子，试图增强模型表达和衡量用户期望的能力，这些期望在系统使用的背景下驱动不确定性。B&P模型表达了对有效性的期望，用户会产生与系统交互的期望。为了进一步解决这个问题，研究过程中解释了使用系统的动机与期望之间的重要联系。

"期望"是用户对系统应该如何执行的态度，动机与期望之间的联系从根本上来说是情感与认知之间的联系。最初"动机"是对预期经验的需求和欲望的情绪反应。当这些情绪在认知上出现时，个体开始根据这些动机对预期的体验来制定期望。因此，动机是基本层面期望的直接先决条件，而期望反映了一个人的动机。

这种关系是直观的，因为动机从根本上是由一个人在拥有更高阶需求之前期望满足的内在需求所驱动的。然而在研究实践中，人们通常直接测量期望而不是动机，因为期望更接近于一个人的认知并且可以更容易表达。鉴于对期望的更深入理解，B&P模型已经不足以满足用户对系统的期望，因此，B&P模型对于不确定性仍然具有较低的预测值，因为有效性只是用户交互期望的一部分。

为了进一步研究这种可能性，建议在B&P模型中添加三个结构，如图2-9所示，以更好地捕捉这些期望：设计-期望适合（DEF）、感知易用性和设计美学。与B&P模型保持一致并预测这些期望不仅会直接影响不确定性，还会对绩效产生影响。

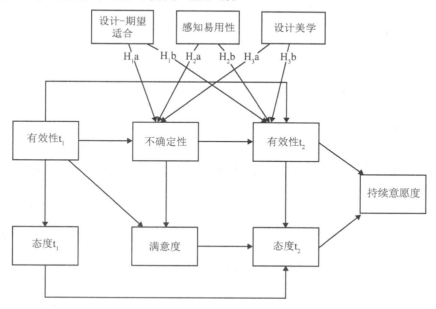

图 2-9 扩展 B&P 模型以满足多种系统使用的三种额外期望

设计-期望适合是软件设计与预期交互的匹配程度。例如，如果在使用某些软件之前，用户希望能够与它进行有趣的交互，但该软件的设计只是为了提高工作效率，那么DEF会很低。感知易用性是信息系统研究中的一种常见结构，它代表了用户认为使用系统无须努力的程度。设计美学是指用户界面的适当性和专业性。美学或吸引人的界面更受欢迎。以上三个预测因子的作用主要是完善B&P模型中对于系统有效性存在的不确定因素,使其能够具体量化地表现出来。

（2）B&P模型下,内在动机和外在动机的平衡。虽然B&P模型为建立MISC理论提供了一个很好的基础,但它并没有恰当地给出用户可能拥有的系统动机范围。因此,MISC理论对三种主导形式的动机和期望进行了可以计量的关键改进:内在享乐即"享乐"、其他内在动机即"内在"、外在动机即"外在",以此来平衡内在动机和外在动机的局限性。

"享乐动机"是指仅仅通过快感和唤醒感觉激发的行为。"内在动机"是指通过其他原因寻求满足而产生的行为。"外在动机"是指通过对外部结果的渴望或避免不良后果而引发的行为。

（3）MISC理论的产生。图2-10中描述了最终扩展的MISC理论。重要的是,期望和不确定只会遵循这些核心路线中的一条（享乐、内在或外在）,而不是同时遵循三条。然而,对于所有激励情景,我们通过分别考虑三种不同的可能的期望来考虑所有竞争预测因子（设计-期望适合、感知易用性和设计美学）,这是以前EDT没有研究的。

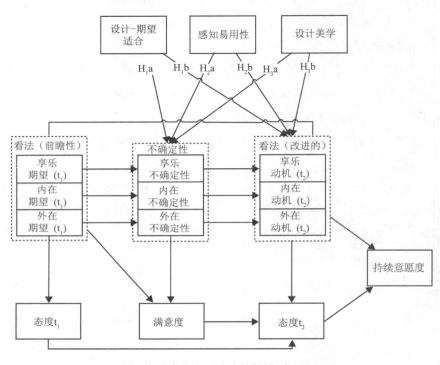

图2-10　多动态信息系统连续性模型（MISC）

MISC模型为了更好地预测和量化系统的不确定性因素,在B&P模型的基础上增加了设计-期望适合、感知易用性和设计美学三个预测因素,同时作为一个中间立场,MISC区分了许多用户动机和期望的来源,这些可以归纳为三种主要类型:享乐主义、内在的和外在的。它将原有用户对系统产生的动机更加细分。在此基础上,用户的动机也可以被系统地量化出来,然后设计人员就可以针对用户的期望和动机对原有的系统进行改进和完善,最终构建能够持续刺激用户使用的系统,也就是所说的MISC模型理论。

2.2.3　应用与启发

◎ **1. MISC理论的应用** --

　　一个重要的系统设计目标是在系统功能和用户需求之间寻求到适当的匹配,在MISC理论中,将其概念化为DEF,也就是要在量化和预测用户的需求后,设计出与之相适应的产品,同时根据需求的变化不断进行更新迭代,持续满足用户期望。如果设计出的产品未能达到DEF,则可能会导致昂贵的售后维护和补丁,甚至成为失败的产品。我们以虾米音乐V6.0.5到V7.0版本的迭代为例,具体讲述一下MISC理论的应用。

我们从图2-11可以发现虾米音乐从V6.0.5到V7.0版本中,最大变化是产品内容和视觉风格发生了改变,前两个版本视觉设计风格整体比较臃肿,功能内容堆积,用户体验很不友好,而最新版本的设计变得更加简洁、轻量,呼吸感更强。

V6.0.5   V6.0.8   V7.0

图 2-11 虾米音乐版本的迭代

究其原因,可以推测,在虾米音乐版本设计期间,可能并没有对目标用户做出详细分析,也对用户使用产品的期望和动机了解不够,从而在后续的发展中出现了问题。而MISC理论首先强调的就是如何预测和解释用户期望和用户动机,然后在对用户足够了解的情况下,实现持续满足用户期望。

如图2-12所示,类比于虾米音乐的后版本,其在发展过程中出现了平台定位与用户期望不匹配的状况后,采用一定的维度和方法(比如设计-期望适合、感知易用性和设计美学等),具体分析和总结出虾米音乐用户对于虾米音乐的使用动机和期望可能更加趋于年轻化和简约风,所以果断选择了迭代,以便后续持续满足用户期望,减少平台损失。

在新版本中对于MISC理论的应用可以从设计-期望适合、感知易用性和设计美学等维度进行解释。比如说,感知易用性更多地体现在功能及界面方面,虾米音乐为了更加满足用户的期望和动机,几次迭代更新后去掉了之前的众多功能堆积,以此减少用户选择困难的情况,首页直接为用户推荐一些个性化的内容,极大地提高了用户满意度。

而视觉风格的改版可以体现设计-期望适合和设计美学,虾米音乐整体采用大网格,呼吸感更强,标题大,突出核心功能,去掉了灰色底,整体来说去除了之前视觉上的混乱,更加轻量了一

APPLEMUSIC　　　　　　　老版本　　　　　　　新版本

图 2-12　虾米音乐界面风格变化

些;在交互上相对之前来说更加突出重要内容,减少了一些不常用的功能选项,更加迎合和适应了用户的实际使用动机和使用情况。

总的来说,虾米音乐的一系列改版情况,可以很好地解释MISC理论在产品设计和迭代过程中的应用,在用户期望和实际匹配出现问题时,及时更新和改版以满足用户的期望,使用户能够持续使用该产品。设计和用户期望、动机之间的这种高度匹配提升了绩效和用户的满意度。

◎ 2. 启发

(1)MISC理论的进一步发展。在B&P模型的工作基础上,Lowry等人开发和测试MISC,将其作为一个综合模型,用于解释和预测一系列动机和期望,以及如何影响用户对多种类型信息系统的满意度和持续使用的意愿度。理论对于三种主要用户动机的期望和不确定性的影响主要体现在:享乐(通过快乐)、内在(通过学习)和外在(通过生产力)。

MISC理论的分析揭示了设计结构会根据系统的意图和用户动机、期望产生不同的影响,这表明系统设计人员可以利用MISC理论来了解用户在他们设计中具有的特定意图,甚至将其作为系统设计时的工作重点,具体如表2-1所示。此外,研究也表明用户的动机并不总是与系统设计的意图相匹配,这增加了系统设计来适应多种动机的需求。MISC理论还为扩展广泛的人机交互提供了基础,并帮助重新审视以前的研究,同时检查多种类型的动机在已建立的系统使用中的影响。

未来的研究也可以考虑其他一些与设计相关的结构,比如:适当的挑战、大气线索、音频和视觉丰富度、迷人的动画、导航、个性化/定制、游戏、存在、自发性和双向沟通等。

表2-1 可在将来的 MISC 理论研究中操作的设计结构

构造	定义	要操作的设计功能示例
适当的挑战	活动挑战与用户技能的匹配程度	·在游戏中:当用户成功完成难度级别时,增加障碍物的数量和AI(人工智能)的攻击性 ·在学习中:当用户正确回答时,询问/提出更难的问题,并在用户错误回答时提出不太困难的问题
大气线索	GUI(图形用户界面)设计功能旨在影响用户对系统环境的感知	·所有系统:使颜色、图形和布局有利于易用性和美观 ·在电子商务中:使导航显而易见,视觉效率高(不凌乱) ·在游戏中:使用适当的环境背景声音和逼真的图形
音频和视觉丰富度	在交互式媒体中使用听觉和视觉设计功能的程度	·所有系统:使用更清晰的图形,并在适当的情况下使用高质量的声音
存在	存在于环境中的感觉	·在游戏中:使用虚拟大气线索、更逼真的图形/声音,以及角色和玩家之间的双向通信 ·在通信系统中:提高音频/视频的清晰度,通信的同步性和界面不可见性 ·在娱乐系统中:使用3D视频、环绕声或360°显示
自发性	计算机交互中的即兴认知程度和变化程度或与系统交互过程中遇到的惊喜程度	·享乐系统:创造新颖和意想不到的体验 ·所有系统:启用可选的使用路径 ·在游戏中:随着玩家的进步,呈现可选的任务/冒险 ·在生产力系统中:使用智能软件推荐完成用户重复执行的一系列任务的替代方法 ·在电子商务中:提供限时优惠

(2)MISC理论的局限性。Lowry等人通过扩展B&P模型对IS理论进行连续性的研究,提出了一个名为MISC的新模型,以便更好地捕获用户在各种系统环境中产生的期望和动机,并加以修正和完善现有的系统模型。

但实验也存在着明显的局限,一个局限是外部系统的相互作用难以产生高水平的感知效用和不确定性效用。相反,内在的互动(为学习而设计)更有用。这进一步证明,设计者想要操纵用户的动机和结果的能力是有限的。这种现象也可能是由于Lowry等人将学生作为主要的受访者,因此,学习被认为对他们更有用,而不是物质上的激励。如果对非学生身份的参与者进行抽样或者财务激励,这一结果可能会发生变化。

另一个局限则是基础理论的动机部分还没有经过测试。动机是基本层面期望的直接前提,尽管众多文献中都有大量证据表明动机直接导致期望,但在现存的IS系统中,使用动机或满意度模型并没有经过严格意义上的测试。虽然动机和期望之间的本体差异是相当明显的,但凭经验确定这两个概念化水平之间的差异却是存在问题的,因为它们是如此紧密地交织在一起。通过感性的调查来衡量动机或期望都是不太可能有结果的，因为受访者不太可能在概念上区分它们，这也就说明了实验的设计存在着一定误差。

2.3 商业模式/功能设计——TRA

2.3.1 理论背景

在产品设计的过程中，我们往往需要对产品的功能和商业模式进行调研和设计，而这些都离不开对用户个人行为的分析，用户的初始态度会受到认知信息等因素的影响，这些影响因素从而也会对产品设计产生影响。那么如何观察和获取用户态度，从而有效预测和解释用户行为就成了产品设计中的重要基础。

理性行动理论（theory of reasoned action，TRA），由 Martin Fishbein 和 Icek Ajzen 于1967年提出，源自于对态度理论的研究。许多学者针对态度和行为之间是否存在密切联系以及是否会对个人行为产生影响这一问题提出了一系列的假设，并得出了一般的测量方法，然后观察刺激物的态度评分与具体行为之间的关系，但是，有部分学者对态度与行为之间存在密切关系的假设也提出了质疑，并提供了相反的证据。

随着对态度与行为关系研究的深入，态度的多维度属性逐渐受到学者的关注，态度是影响行为的因素但不是唯一的因素，而 Fishbein 和 Ajzen 也认为过去的行为理论研究大多着重于态度、个性或是过去行为的影响，而态度、个性只是行为倾向的指标，过去的行为则是由可观察到的反应与行为推论而得到的结果，这样的理论架构并不能真正有效预测用户行为。

为了能更有效且更精确地预测并解释人类行为的决策过程，Fishbein 和 Ajzen 提出了一个以期望价值模式为问题思考的出发点，多属性态度模式为基础的理性行动理论，对态度行为相关理论进行拓展和延伸。该理论主要用于分析用户基于认知信息的态度，将如何有意识地影响个体行为的形成过程。

2.3.2 理论内容

◎ 1. 核心思想

理性行动理论主要用于分析态度如何有意识地影响个体行为，关注基于认知信息的态度形成过程，其基本假设是认为人是理性的，人在做出某一行为前会综合各种信息来考虑自身行为的意义和后果。这个模型研究的是有意识行为意向的决定因素，实际上可用于解释任何一种人类行为，是研究人类行为最基础且最有影响的理论之一。

个体的行为在某种程度上可以由行为意向合理地推断，而个体的行为意向又是由对行为的态度和主观准则决定的。人的行为意向是人们打算从事某一特定行为的量度，而态度是人们对从事某一目标行为所持有的正面或负面的情感，它是由对行为结果的主要信念以及对这种结果重要程度的估计所决定的。

主观规范指的是人们认为对其有重要影响的人希望自己使用新系统的感知程度，是由个体对他人认为应该如何做的信任程度以及自己对与他人意见保持一致的动机水平所决定的。这些因素结合起来,便产生了行为意向（倾向）,最终导致了用户行为的改变。

◎ 2. 基本理论体系

理性行动理论充分地说明了动机和信息对行为的影响,认为个体倾向于按照能够使自己获得有利的结果并且也能够符合他人期望的方式来行动。理性行动理论可以表达为下面的方程:

$$BI=(A_B)\omega_1+(SN)\omega_2$$

其中, B 是行为, BI 是行为意向, A_B 是行为态度, SN 是主观规范, ω_1 和 ω_2 是表示每个术语重要性的权重。

该理论认为:个体的行为由行为意向引起,行为意向由个体对行为的态度和关于行为的主观规范两个因素共同决定,如图2-13所示。行为态度是个体对一个行为喜欢与否的评价,是后天学习形成的稳定的倾向,它由个体对行为结果的信念所决定,信念是个体对某些事物所持的观点。主观规范由标准信念和个体遵守标准信念的动机决定,标准信念是参考群体认为个体是否应该做某个行为,行为反过来会对信念和标准信念起反馈作用。

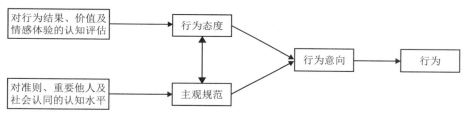

图2-13　理性行动理论模型

换言之,理性行动理论假设"行为的发生是基于个人的意志控制",主要用于了解、预测个人行为,主张在用户为理性个体的前提下,个人的行为是由个人的行为意向所决定,此外还提出两个理性行动理论作为假设:

行为的发生是在自己的意志控制之下且合乎理性的。

行为意向为人们是否采取某种行为的立即性决定因子。

（1）行为态度。所谓行为态度是指人们对行为的正面或负面的认知及评价,它分为工具性态度和情感性态度。工具性态度表示人们对某一行为结果的好或坏的评估,一般认为我们在对行为做选择的时候遵循"趋利避害"的原则,显然这是结果导向的;情感性态度则反映我们对从事某一行为活动喜欢或不喜欢的偏好,一般情况下我们选择行为活动遵循"趋乐避苦"的原则,这就是属于过程导向了。

更具体而言, A_B 是人们感知到的关于该行为的结果及其对这些结果的评价的函数。它可以被表示如下:

$$A_B=\sum_{i=1}^{n}b_ie_i$$

其中, b_i 是行为主体关于行为 i 结果的信念; e_i 是行为主体对结果 i 的评价——指行为的后果是被看作有利的还是不利的; n 是在模型中信念的数量。

以用户和产品为例，可以简单地将行为态度理解为用户对产品的认知水平，这样的认知在用户获取信息的过程中会受到很多因素的影响，比如说：产品的知名度或品牌度的强弱、用户获取知识渠道的好坏、数据的形式和真伪、用户本身的兴趣程度等。在产品开发和社交过程中，如果能够及时捕捉或者引导用户获取信息的渠道和过程，就可以提前设计出符合用户预期的产品，也能在一定程度上影响用户的行为态度，从而影响用户对产品使用的行为意愿。

（2）主观规范。主观规范又叫主观准则，是指人们在选择从事行为活动时他人（尤其是重要他人）、组织的社会期望、禁忌等因素在个体主观上的感知及认同水平。也就是我们所感知到的他人希望我们做什么、如何去做、我们是否认同这种"他人意愿"以及这种认同的程度。普遍认为，与行为态度、感知行为控制对行为意向的影响相比，主观规范对行为意向的影响相对较弱，所以，行为态度、感知行为控制这两方面是影响行为的主要因素。

更具体而言，主观规范是个体的规范性信念以及个体服从规范性信念的倾向的函数。它可以表示为

$$SN= \sum_{j=1}^{l} NB_j MC_j$$

其中，NB 被称为规范性信念，个体认为重要的参考人或群体 j 认为他应不应该做这种行为，MC_j 是服从于参考人或群体 j 的倾向，l 是所考虑到的参考依据的数量。

以小红书 App 为例，主观规范给用户行为意向带来的影响可以具体表现为：各类 KOL（关键意见领袖）对产品的认知程度和评价态度、博主与用户之间的互动程度等，都会在用户使用小红书或者决定下单购买时对用户决策产生比较大的影响，从而影响用户使用产品的个人意愿。类比到产品设计的过程，我们在引入参与方或者思考推广方式时，可以加入能够影响用户行为意向的功能，比如名人效应、交互界面等，最大限度地辅助用户进行决策。

（3）理性行动理论。由上面我们提及的行为态度和主观规范构成的理性行动理论因果模型如图 2-14 所示。

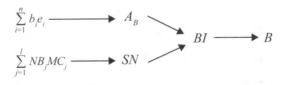

图 2-14 理性行动理论因果模型

$\sum_{i=1}^{n} b_i e_i$ 被认为代表了行为态度，与之类似的 $\sum_{j=1}^{n} NB_j MC_j$ 被认为代表了主观规范，而行为意向是由行为态度与主观规范的线性组合决定的。

这一理论的重要意义就在于它表述了两个基本原理：第一，行为态度和主观规范是其他变量对行为意向产生影响的中间变量；第二，行为意向是行为态度和主观规范对行为产生影响的中间变量。两者相结合，才最终能对一个人的行为产生决定性的影响。

理性行动理论只能预测行为主体能够用意志控制的行为。如果行为需要技能、资源或者没有机会自由实现则被认为是理性行动理论应用之外的地方，或者很难用理性行动理论预测，即如果在这种情形下利用理性行动理论，理论的预测能力就会很低。

◎ 3. 拓展理论 -

由于理性行动理论存在一定的局限性，主要包括行为态度和主观规范之间界限不明显，以及个人对行为的意志控制会受到其他因素的影响，从而难以理智地做出最终的选择等。为了减少理性行动理论的这些限制，在此基础上提出了计划行为理论（TPB），用于解释个体在无法完全控制自己行为的情况下的行为态度、行为意向和行为。

（1）理性行动理论的局限性。然而，理性行动理论也存在一些局限性，第一个限制是在行为态度和主观规范之间存在混淆的重大风险。因为行为态度通常可以作为主观规范重新定义，反之亦然。第二个限制是该理论是在"行为的发生是基于个人的意志力的控制"的假设下，对个人的行为进行预测、解释。但在实际情况下，个人对行为的意志控制程度往往会受到时间、金钱、信息和能力等诸多因素的影响，因此理性行动理论对不完全由个人意志控制的行为，往往无法给出合理的解释。

研究结果表明，考虑到情景条件时，行为预期和行为意向对行为的预测作用是有差异的。当预测个人就餐时，行为意向对行为的预测能力要大于行为预期的预测能力，但预测与朋友一起就餐时，行为意向对行为的预测作用要小于行为预期。此研究表明情境因素对行为选择具有一定的影响。

（2）计划行为理论。1985年，为了打破理性行动理论的限制，在理性行动理论的基础上提出了计划行为理论（见图2-15）。计划行为理论主要用于解释个体在无法完全控制自己行为的情况下的行为态度、行为意向和行为。

这涉及增加一个主要预测因素——感知行为控制。引入这种控制是为了说明人

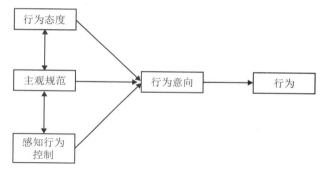

图2-15 计划行为理论模型

们有意做出行为的时间，但由于主观和客观原因，实际行为被挫败。

计划行为理论认为：行为是行为意向和感知行为控制共同引起的。行为意向由态度、主观规范和感知行为控制共同决定。行为态度、主观规范和感知行为控制三者相互影响。感知行为控制是个体感知完成行为的难易程度，即个体感知到的完成行为所需要的资源和机会的丰富程度。感知行为控制在计划行为理论中非常重要，它不仅影响行为意向，还与行为意向结合起来共同预测个体的行为。

2.3.3　应用与启发

◎ 1. 应用案例 -

基于TRA的微博用户转发行为

用户对某件事的态度会受到自身的认知信息程度和内容的影响，从而影响个人的行为。在产品设计的过程中，如果能够在某些功能上有效提供给用户恰当的信息并有意识地引导用户的态度

转向,便能在一定程度上使其高频率地使用产品。以微博用户的转发行为为例,结合TRA的核心思想,具体分析并解释该理论的应用。

基于理性行动理论分析微博用户转发行为,在分析微博特征、用户特征及用户转发行为的基础上,考虑了微博语义特征、数据形式、用户特征、用户交互等因素,探究了影响用户行为态度和主观规范的因素对用户转发行为的影响,影响因素模型如图2-16所示。

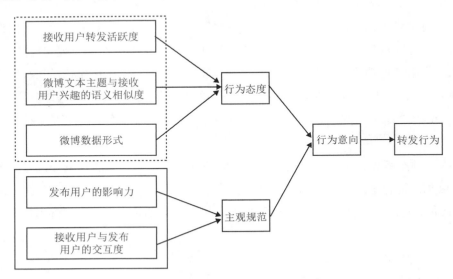

图 2-16 转发行为影响因素体系

由图2-16可以看出,将接收用户转发活跃度、微博文本主题与接收用户兴趣的语义相似度、微博数据形式、发布用户的影响力、接收用户与发布用户的交互度这5个统计指标作为用户转发行为的影响因素。

结合TRA中所提及的行为态度因素和主观规范因素发现,在平台功能和商业模式的设计逻辑中,微博引入KOL、明星等具有影响力的人,同时辅助热搜指数、转发量、点击量等具有冲击力的数据,再加入各类用户之间的交互方式,从而有意识地影响用户的态度,引导用户的行为趋向。

而在未来的研究中,还可以加入文本情感分析。用户在发布微博时,自己编辑的内容中有网络流行语、表情包,这些元素是用户情感的反映,可以看作是情感层面的态度因素。文本语义结合文本情感的研究,更接近用户的真实兴趣,能更加准确地刻画用户的特征,研究用户的行为。

◎ 2.启发:理性行动理论的衍生研究

基于现有的理性行动理论的相关研究,对于其存在的局限性和对未来的展望性,我们认为至少可以从以下三个方面展开相关的研究。

(1)对现有的分散研究进行整合。缺少对现有研究的整合,造成了人们对理性行动理论认识的分散和混乱,因此整合现有的理性行动理论并在不同的行为中验证其适用性,对于帮助人们更好地了解并正确运用这一理论具有重要的意义。

(2)网络环境下,理论适用性的进一步验证。不难发现,现有研究大都是在传统的社会行为中验证理性行动理论的有效性。随着互联网的广泛使用,人们在网上的行为越来越多。如果理性行动理论能够有效地预测网上的行为,对于预测和管理人们的网上行为将会具有重要的意义。遗憾的是,目前只有很少的研究关注理性行动理论在预测网上行为方面的作用。因此我们认为有必要在多种多样的网上行为中进一步验证理性行动理论,进一步探究理性行动理论的普适性。

（3）理性行动理论调节变量的研究。纵观一些理性行动理论的扩展研究,包括我们前面所提到的计划行为理论,我们发现在理性行动理论中加入调节变量的研究成果最为丰富。例如,研究行为发生的情景、行为类型和个人对行为对象的情感或个人与行为对象的关系等对理性行动理论预测能力的影响。

2.4 如何运用人性抓住用户——享乐动机系统采用模型

2.4.1 理论背景

计算行业最爆炸性的增长场景不再属于商业部门,而是家庭和个人计算市场。自1996年以来,美国视频游戏软件销售增长数量是实用软件销售增长的三倍多。中国亦是如此,2017年中国人均GDP（国内生产总值）突破8800美元,物质消费的主导位置将逐渐被精神消费所取代,文化娱乐类应用的渗透率进一步提升,仅网络视频领域即可覆盖超7成网民,在PC端人们每月花54%的上网时间在文化娱乐上,在移动端该数据则为42%（数据来源为CBNData:2016中国大文娱产业升级报告）。随着移动计算、社会计算和游戏数量的激增,技术使用方面的经济和社会革命正在进行中。采用享乐动机系统（HMS）——主要用于娱乐而非生产力的系统,对全球经济越来越重要。对于互联网的产品而言,在产品设计阶段如何运用这种享乐的人性去抓住用户成为一个很重要的主题。

2.4.2 理论内容

◎ 1. 享乐动机系统（HMS）

功利动机系统（UMS）必须为用户提供外部利益,且功利动机系统的用户更关心具体的使用结果,而不是使用过程。因而享乐动机系统的使用从根本上不同于功利动机系统的使用,花时间在享乐动机系统上的用户是为了获得内在的奖励,通常对他们可能获得的任何潜在外部奖励都不太关心,他们反而主要关注使用本身的过程或经验。HMS系统主要用于满足用户的内在动机,比如在线游戏、虚拟世界、网上购物、学习/教育、在线约会、社交网络、在线色情、游戏化系统及一般的游戏化等需求,可以创建一个深度沉浸和投入的环境,这是在以外在动机为主导的功利动机系统中所罕见的。由于在使用系统的动机上有这些重要的差异,最近的研究已经开始确定采用HMS与UMS的不同之处。基于此,本节进一步地解释内在动机在HMS使用中的主导作用。

◎ 2. 内在动机在 HMS 使用中的主导作用

按照动机制论,有两种基本的动机驱动着用户的接收行为:外在动机和内在动机。对工作场合的功利型的系统,外在动机是用户采纳的主要因素,而对享乐型的信息系统,内在动机是用户采纳的主要维度。

具体来说,工作场合的功利型信息系统所处理和输出的信息是为了提高组织的工作绩效以及为管理者提供决策依据, B2C（buiness to customer）/B2B（buiness to buiness）、网络银行等电子商务应用是为用户的网上交易提供向导和媒介以获取所需的商品和服务,用户对上述信息系统的采纳更多出于外在动机的驱使,注重的是外部结果。而用户对享乐型信息系统的采纳则是在没有组织和工作任务的压力下出于其内在动机去享受使用信息系统的过程,外在动机与内在动机无关或处于从属地位,因为参与者没有报酬,他们没有参与就业,效率没有提高也没有得到任何其他外在利益。即用户通过对信息系统的操作,使用系统所提供的各种服务（服务通过系统的各种功能体现出来）,来满足自身的享乐性追求。

内在动机和外在动机之间的比较通常表明,无论最初的能力或自主性如何,内在动机对于提高绩效、坚持、创造力甚至自尊都更有用。认知评价理论认为,实现外在动机很少能使个体在长期内保持满意和参与度,因为使用外在动机实质上降低了个体的自我效能感和控制力,最终会导致士气低落。内在动机被证明比外在动机更能影响人类行为。在下一节中, 将进一步解释HMS内在动机的模型演化。

2.4.3 模型演化

享乐动机系统采用模型（HMSAM）的提出者发现内在动机比外在动机更能影响人类行为。而为了更好地解决与系统采用相关的各种内在动机,模型的提出者在范德海登（2004）提出的享乐信息系统采用模型[技术采用模型（TAM）的一个变体]上扩展,构建并测试了一个以替代理论视角为基础的特定于享乐动机系统的系统采用模型,称为享乐动机系统采用模型的新模型。

◎ 1. 技术采用模型（TAM）

技术创新与扩散的实践和研究表明,信息系统的成功和普及不仅仅在于技术本身先进,还在于用户的认知、接受和持续使用等行为问题的解决。技术的先进性和可用性等技术创新因素并不能自动导致用户的实际使用,与技术接受和使用相关的认知建构被发现能够较好地预测用户的技术使用行为。信息系统研究向来重视对用户行为规律的探究,Davis针对工作场合的信息系统提出的技术采用模型（technology acceptance model，TAM）是信息技术采纳研究中最具影响力的理论之一（如图2-17所示）。

TAM把用户的接受行为解释为两种信念,即感知有用性与感知易用性。不久,Davis等人追加了第三种信念,即感知愉悦性（喜悦）,一种内在动机,它被增加到了技术采用模型,并且内在动机在IS采用研究中继续受到关注。

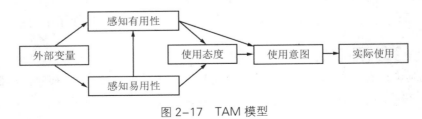

图2-17　TAM模型

◎ 2. 范德海登的享乐信息系统采用模型（TAM的一个变体）

自2000年以后，很多学者针对网络游戏、在家里或休闲环境下使用的信息系统展开的研究，却呈现了截然不同的结果，即感知愉悦性对用户的影响超过了前两种信念。范德海登（2004）首先将哲学中享乐主义与功利主义的概念引申到信息系统领域，提出了享乐型和功利型信息系统的概念，并区分了它们的不同。享乐型信息系统旨在满足用户自我价值实现（self-fulfilling value）的心理诉求，功利型信息系统则向用户提供工具价值（instrumental value）。范德海登在试图关注HMS的使用时，提出了享乐信息系统采用模型，它预测了HMS的行为意向使用（BIU）决定因素，如图2-18所示。

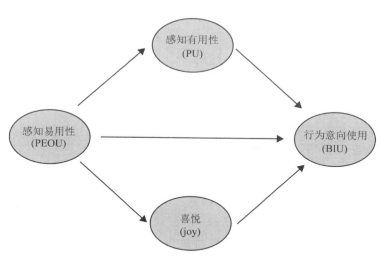

图 2-18　范德海登的享乐信息系统采用模型

感知有用性关注的是人机交互的工作绩效等外部利益和结果，聚焦的是外在动机；相反，感知愉悦性特指用户在操作使用信息系统过程中引发的乐趣，聚焦的是内在动机。充实内在动机可以增加一个人的能力和自主性，让用户重复或维持更愉悦的体验，这是系统的关键。有形的奖励、期限、指示和威胁（外在动机的共同之处）是破坏自我感觉和控制（以及相关的喜悦和满足感）因素的例子。范德海登所做的实证检验表明，对享乐型的信息系统，感知的愉悦性和感知的易用性对用户采纳意图的影响几乎都是感知有用性的两倍。

虽然关于内在动机的研究文献通常仅以喜悦为中心，但内在动机往往涉及许多其他因素，如能力的需要（即自我效能感）和自主性（即个人控制），这些需求是内在动机的基础。

◎ 3. 享乐动机系统采用模型（HMSAM）

HMSAM建立在范德海登（2004）的享乐信息系统采用模型上，将心流理论的简化修改与技术采用模型（TAM）结合起来，以帮助指导设计和解释以内在动机为主的计算机系统的开发工作。本部分将讲述HMSAM模型提出者在对范德海登（2004）的享乐信息系统采用模型提出的进一步扩展，对模型要素之间的关系进行假设，对模型提出者在基于经验数据的收集和调解测试之后的最终HMSAM模型进行概述，最后对HMSAM进行总结。

（1）使用全面的认知吸收（CA）结构。喜悦（joy）或愉悦感（PE），是指除了预期的性能后果之外，使用系统为自己带来喜悦和满足的程度。范德海登的研究将joy作为内在动机的替代品。然而，仅仅依靠喜悦来代表内在动机夸大了joy的作用，而忽略了内在动机的其他方面。

为了更好地解决与系统使用相关的各种内在动机，相关研究者提出了构造认知吸收———一种深层次的参与软件系统设计与开发的内在动机。

认知吸收主要用来解释功利主义的使用和验收、混合动机系统（MMS）及尚未应用的享乐动机系统。在这些系统中，认知吸收实际上可能是最合适的和适用的。因此，模型提出者断言相对于HMS仅使用joy而言，较少使用的构造CA是一个戏剧性的改进。图2-19描述了模型提出者在基于范德海登的模型上对CA的替换。

CA是以影响深远的心流理论为结构的，但是CA传统上被用作静态结构，比如它的5个子结构都可

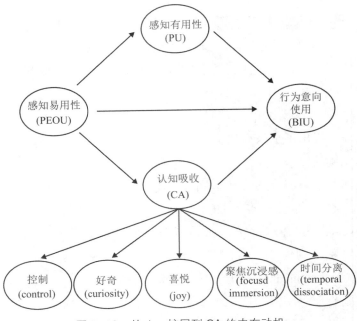

图 2-19　从 Joy 扩展到 CA 的内在动机

以同时发生——这与心流理论是直接矛盾的。因此，HMSAM模型提出者的下一个改进是通过单独使用每个CA子构造来扩展HMSAM，将这些CA子构造重新排序，再通过经验数据的收集和调解测试进一步支持这种建模方法。

虽然大多数CA子构造都是单独发生的，应该单独测量，但是模型提出者认为沉浸感可以重新定义为聚焦沉浸感和时间分离的二阶结合。文献表明，聚焦沉浸感和时间分离通常同时发生，因此很难与其他CA子构造区分开来。因此，这些术语经常被交替地用作沉浸感或心流。自我意识消失，消费者的时间意识变得扭曲。时间的分离和专注的沉浸常常同时出现，这是有可能的，因为用户更关注人与系统的交互，他很少关注时间的流逝。因此，为了提高HMSAM的适用性，模型提出者将聚焦沉浸感和时间分离融合到沉浸感（immersion）中。

（2）模型假设。模型提出者认为，在HMS的环境中，喜悦可以预测沉浸感，而在非HMS环境中，喜悦不一定需要创建沉浸感。例如，如果一个员工沉浸在系统任务的常规流程中，沉浸感就会自然地出现在一个外在的动机交互中。然而，在游戏等内在的动机互动中，喜悦应该在带来沉浸感方面发挥更大的作用。如果玩家不喜欢这个游戏，他们就不会玩这个游戏，如果他们不玩，他们就无法沉浸其中。但如果一个人在互动过程中对电子游戏的兴趣增加了，他可能会比在玩游戏时更沉浸其中。此外，一个人越享受自己的互动，他就越愿意专注于互动所提供的刺激——使他的大部分认知资源被互动所占据。就像认知科学最近对虚拟现实（VR）的研究表明的那样，一个人对眼前的互动的专注程度会直接影响沉浸感。因此，模型提出者假设:① H1.喜悦的增加会增加沉浸感。

模型提出者认为好奇心的增加会增加沉浸感。好奇心是一种兴趣增加的驱动物或感官和认知的高度觉醒的求知欲，代表高度关注或增加对刺激的感知。有关注意力研究表明，新奇感会增加好奇心和注意力;相反，无聊破坏好奇心和注意力的养成。人们把注意力放在个人感兴趣的刺

激物上,也就是激发好奇心的刺激物。越是好奇的人对一组特定的刺激物越感兴趣,他们就越愿意花更多的精力去追求那种好奇心。由于沉浸感是随着时间的推移,注意力不断增加的多个阶段的结果,在HMS环境中增加好奇心应该会导致沉浸感的增加。因此,模型提出者假设:② H2.好奇心的增加会增加沉浸感。

好奇心是一种关键的动机状态,它能增加探索性行为并伴随更多的参与,因此并不一定需要喜悦存在。好奇心对于HMS环境来说很重要,它放大了人们对人机系统交互的兴奋感——导致用户希望通过进一步的接触来重复这种兴奋感,而这又自然地导致行为意向使用的增加。此外,人类有满足好奇心的共同愿望,而好奇心在被付诸实践时最能得到满足。因此,对一个系统的好奇心的增加可能会导致行为意向使用的增加以满足人们的好奇心。因此,模型提出者假设:③ H3.好奇心的增加会增加BIU。

模型提出者还认为增加"感知易用性"的数量将增加人们的好奇心。以此为基础,PEOU是对HMS的基本期望。举个例子,如果一个游戏的感知易用性很低,玩家就会变得很沮丧,变得冷漠,不再关注游戏,从而失去对游戏的好奇心。然而,如果一个游戏很容易使用,玩家的注意力就可以放在自由地去探索和发掘他与游戏互动的"可用可能性"上。模型提出者认为,PEOU将增加用户的好奇心,而不是降低,因为如果系统易于使用,那么复杂性(潜在的兴趣障碍)不会阻止用户与系统自由交互。自由使用系统,用户将有更多的机会参与新的互动,这将增加对系统的好奇心;相比之下,如果一个系统不容易使用,用户可能无法跨越复杂性的初始障碍。因此,模型提出者假设:④ H4.PEOU的增加会增加好奇心。

模型提出者认为PEOU是感知控制的内在决定因素。控制是一种自我管理互动的能力,包括打断互动的能力、自发的和不可预知的能力、适应自己欲望的互动能力、做出选择的能力,以及通常负责互动的能力。模型提出者认为,当系统易于使用时,用户更有可能感到能够控制系统交互,相应地就会带来自我效能的增加,这是控制的一个重要组成部分。自我效能感是指一个人为达到特定目标而计划和采取行动的能力。因此,PEOU增加了对控制的感知,因为用户觉得自己更有能力完成自己的目标。相反,如果一个系统很难使用,用户就不可能觉得他控制了交互,他更有可能感到沮丧和焦虑——降低自我效能。因此,模型提出者假设:⑤ H5.PEOU的增加会增加控制。

模型提出者假定控制的增加可以增加沉浸感。心流理论假设一个人在达到专注的沉浸感之前应该积极地投入,也就是进入心流状态。因此,控制成为实现这种状态的一个关键因素,因为当一个人感觉到他在体验过程中拥有控制时,主动参与更有可能发生。在与系统交互时,能够体验到一些控制或者说有操控的能力是人们喜欢交互式电脑游戏胜过其他娱乐形式的一个关键原因。因此,模型提出者假设:⑥ H6.控制的增加会增加沉浸感。

模型提出者假设控制的增加会增加BIU。人们有一种与生俱来的自主性和控制的欲望,当这种欲望得到满足时,就会产生一种积极的情感反应。积极影响(概念化为对行为的态度)在本质上是可取的,因此被各个研究者所认可。在技术采用模型中,积极影响被发现可以预测系统使用环境中的BIU。具体来说,如果用户在与HMS交互时遇到更大的感知控制,那么更大的控制将通过积极的情感反应得到加强,用户将希望继续进行交互。相反,如果用户感到缺乏控制,BIU就会减少。因此,模型提出者假设:⑦ H7.增加控制将增加BIU。

模型提出者认为,沉浸感的增加会增加 BIU。沉浸感是享受 HMS 的关键;正如前面提到的,享受是用户所追求的一种理想的情感反应。因此,模型提出者认为在使用 HMS 时体验高度沉浸感的用户更有可能希望继续与系统交互。例如,那些寻求高度"吞噬和享受"感游戏的玩家需要高度的沉浸感,并且会寻找能够提供这种体验的游戏。与低沉浸感的用户相比,高沉浸感的用户表现出享受到了更多的享受、有用性和使用意图;且用户的沉浸式需求得到满足时,用户就会对系统产生忠诚感。因此,模型提出者假设:⑧ H8.增加沉浸感会增加 BIU。

图 2-20 是在经过上述假设之后初步建立的 HMSAM 模型。

(3)最终版本的 HMSAM。图 2-21 描述了模型提出者在通过经验数据的收集和调解测试进一步支持这种建模方法之后,最终建立的 HMSAM 版本。

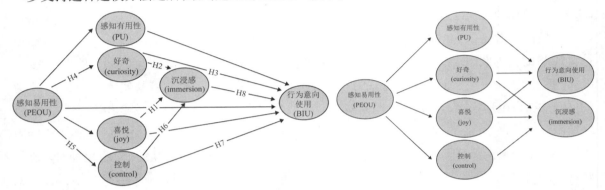

图 2-20　假设的享乐动机系统采用模型(HMSAM)　　图 2-21　最终提出的模型:享乐动机系统采用模型(HMSAM)(仅限有效路径)

基于实验结果得出结论,在数据收集时,理论提出者发现喜悦和好奇在预测行为意向使用和感知易用性对行为意向使用没有直接贡献;相反,它完全是由感知使用性、喜悦和好奇心所调和的。虽然喜悦和好奇都可以增加沉浸感和 BIU,但是控制只会增加沉浸感,如预期,PU 对 BIU 有显著影响;但与假设相反,控制和沉浸感对行为意向使用没有显著影响。

(4)HMSAM 模型结论。在 HMS 领域已经有大量的研究,模型提出者的出发点是为了更好地理解 HMS 的使用。从而构建、支持并测试了一种新的模型,即享乐动机系统采用模型。HMSAM 通过考虑更多内在动机和解释这些动机和传统技术接受因素之间的关系,来改进现有模型,提高人们对享乐动机系统的理解。一方面 HMSAM 不是一个小的 TAM 扩展,而是一个基于替代理论视角的 HMS-特定系统采用模型,另一方面又是基于心流的认知吸收概念。模型提出者发现并支持这样一种观点,即独立地检查 CA 的组成部分比作为单一的二阶构造更有效。因此 HMSAM 进一步建立了范德海登(2004)的享乐信息系统采用模型,将 CA 作为享乐动机系统中感知易用性和行为意图的关键中介,使用了更复杂、更丰富的 CA 结构,包括喜悦、控制、好奇、聚焦沉浸感和时间分离。分离 CA 组件表明,PEOU 和 BIU 之间的关系是由这些组件完全协调的。与其他模型的比较表明,该方法提高了预测效度,HMSAM 证明了喜悦比 PU 更能预测 BIU。

2.4.4 应用与启发

腾讯QQ的游戏化设计思维

享乐动机系统最常见的场景就是游戏,人们在玩游戏的时候更多的是被内在动机驱动的,这样的驱动力更加持久有效,让人"上瘾"。

而互联网发展到现在,技术门槛越来越低,一个新的产品很快就会被其他产品模仿、借鉴,产品想成功就必须要实现差异化设计与差异化运营,不是完全差异化,只是把和人家不同的那一点在产品之中体现出来就可以了。因此将享乐动机系统采用模型套用到互联网领域的产品上,就是要让用户对你的产品着迷。要想让你的产品变得好玩,那就要用游戏思维去设计产品。

(1)内在动机对于游戏化设计的意义。游戏化指的是在产品中加入游戏元素,游戏元素能让用户以一种有计划、有方向的方式获取乐趣,能激发用户动机,从而驱动用户做出你想他做的行为。

从大的层面上可以将用户动机分为两大类:内在动机、外在动机。如图2-22所示。

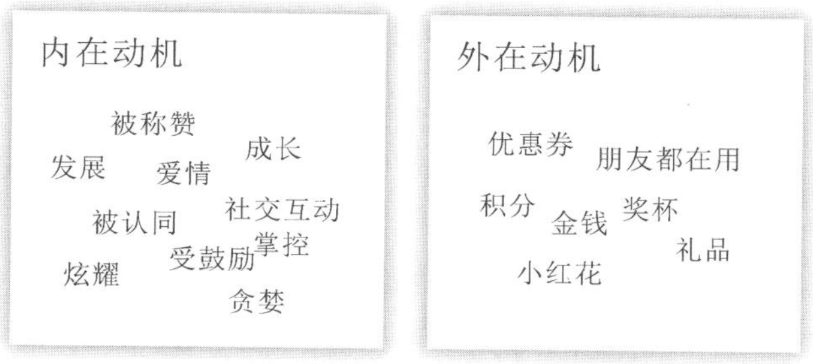

内在动机是内心最底层对某种事物的渴望,是不由自主的,好的游戏化产品设计能让用户心甘情愿地参与活动,并且在这个过程中获得愉悦感。游戏玩家在

内在动机	外在动机
被称赞 发展 爱情 成长 被认同 社交互动 炫耀 受鼓励 掌控 贪婪	优惠券 朋友都在用 积分 金钱 奖杯 礼品 小红花

图2-22 内在动机与外在动机

游戏中更能找到自我,有备受关注的感觉,也催使他们沉浸在游戏的世界中;可能产品能给他带来更多的知识,有利于个人的发展与成长,例如:去知乎学习新知识,或者打开新闻App了解更多时事政治。内在动机往往持久有效,而且商业成本低。

外在动机是通过奖励或者惩罚机制去引导用户做出需要的行为,比如路边扫码送小礼品,下载App赢得赏金,每天登录可以兑换优惠券等。外在动机往往比较被动,时效性也很短,甚至会在没有外在物质奖励后迅速减弱。

因此外在动机在获取用户阶段(拉新)比较有效,而真正能使用户活跃与留存的还是内在动机。游戏化产品往往更加注重对产品内在动机的挖掘。下面以腾讯QQ的案例来说明享乐动机系统采用模型在游戏化产品中的应用。

(2)QQ的目标用户定位。1999年诞生的QQ曾一度占领着中国社交领域霸主的地位,作为一款在线通信工具服务着上亿网民。而在2011年之后,腾讯的另一款社交产品微信诞生了,并以惊人的增长速度开启了比QQ更加辉煌的移动互联网社交时代,常年蝉联移动应用用户活跃榜第一,而被自家兄弟产品PK掉了的QQ退居第二,很大一部分的QQ用户转而使用微信。

虽然QQ慢慢成为老一辈人的回忆,但却由新一代的年轻用户所拾起。在对QQ做用户调研的时候,QQ团队非常惊喜地发现:虽然80后已经老去了,在慢慢地离开QQ,但是在21岁以下的群体里,QQ仍然是大家聊天软件的首选,而且大家打开QQ的频次,远远胜于微信。于是QQ明确自身的产品定位——面向更年轻一代，提供丰富的功能与服务的通信社交类产品。面对年轻用户爱玩、图新鲜等特点，在QQ的产品设计中也看出很多游戏化思维的体现。

（3）QQ的游戏化措施。QQ的游戏化措施如下：

① 喜悦增加行为意向使用——等级、勋章、排行榜。随着游戏向前推进，你可以获得更多的经验值、积分，带来成长的反馈，完成新成就。想当年让人疯狂的QQ等级，如图2-23所示，让多少用户日日夜夜都在挂Q升级，升级最终只是为了攀比，为了炫耀，从而实现高度享受（即带来喜悦），这就是利用用户内在的成就感来增加用户的行为意向使用，使用户想方设法地升级。

勋章是用户不同行为的成就集合，当用户行为达到某一数值时能够获得一枚特定的勋章，腾讯QQ的勋章在体验上相比其他产品更有内在的激励作用，如图2-24所示。获取勋章的仪式感、拟物化的设计让勋章倍感真实，勋章唯一编号也将拥有感、稀缺感捆绑。获得勋章的规则给用户做行为引导，勋章为玩家的行为做认证，根据用户所获取的勋章对用户进行细分，差异化产品体验，同时让用户具有强大的成就感，累积越多勋章就越自豪，投入更多成本，也就越离不开产品，从而实现增加用户的喜悦来刺激用户行为意向使用的效果。

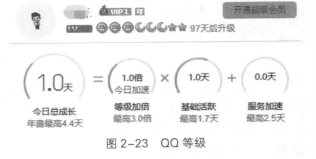

图 2-23　QQ 等级

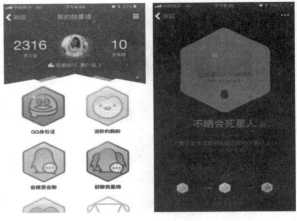

图 2-24　QQ 勋章墙

图 2-25　勋章排行榜、运动排行榜、等级排行榜

排行榜在游戏中算是个人成就在集体竞争中的体现。腾讯QQ中对排行榜的应用非常广泛，如图2-25所示，有勋章排行榜、运动排行榜、等级排行榜等。短时间周期类的排行榜对于用户行为意向使用而言更加有效，在排行榜的不断刺激中，朋友点赞不断带来受关注的喜悦感，用户自然产生霸占排行榜的想法。并且排名越高就越在意，以此实现增加用户行为意向使用的效果。

② 感知有用性增加行为意向使用——会员机制。在上图的等级排行榜中可以看到会员能够为等级上升加速，这就考虑了用户的感知有用性。QQ在不同的功能旁边都会引导用户开通会员，提供增值服务，让用户在使用产品的过程中感知会员特权的有用性，从而增加用户购买会员的可能性（见图2-26）。

③ 好奇增加行为意向使用——坦白说。坦白说是QQ内的一个好友之间匿名打标签的功能，如图2-27所示，你可以看到跟你有关联并且提供信息的好友（一个认识1年的女生、一个射手座的男生等）为你打的标签，你也可以看到好友们被打上的标签或者你为好友打的标签。这种在QQ熟人及半熟人之间的匿名社交方式也引起了一阵潮流。被打标签的人会感到好奇，不自觉地参与其中，从而刺激QQ好友间的社交互动。

④ 喜悦增加沉浸感——聊天关键词的惊喜掉落与多样化的动态交互。在与好友聊天时，当触发节日、表白等特定关键词时，聊天窗口会掉落一些与关键词相关的小物件，如图2-28所示。惊喜所带来的喜悦与关键词内包含的相关物件增加了用户讨论关键词话题时的沉浸感，无形之中给用户带来良好的用户体验。

戳一戳实际上是用户之间呼唤的行为，将"在吗？"换成了一个动态交互的效果，戳一戳的效果后期有了更加个性化的更新，在适当的场景尝试不同的动态效果，为聊天的动态交互带来新奇感与喜悦。如图2-29所示。

⑤ 控制增加沉浸感——虚拟人物。如图2-30所示，QQ厘米秀是每个QQ用户可以认领的小人，用户可以对代表你的人物形象的小人进行装扮，用户聊天时可以通过控制小人进行一些动态的互动。对代表个人形象的小人的控制，将社交之间常用文字的形式用小人之间的互动加以动态化呈现，达到一种用户聊天的沉浸感。

⑥ 好奇增加沉浸感。总的来看，腾讯QQ像是一个载体，以21岁以下的年轻群体为目标用户，以社交为中心，加入许多有趣的插件——如兴趣部落（兴趣社区）、QQ看点（新闻）、企鹅电竞（游戏）、腾讯动漫、腾讯课堂、QQ直播、QQ阅读等，渗透到用户的方方面面。同时，时常有特别的小功能如戳一戳、厘米秀、坦白说等上线。作为一个诞生20年的老产品，还能够给用户带来

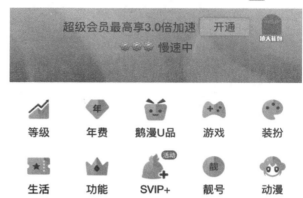

图2-26　QQ会员特权

图2-27　QQ坦白说

图2-28　QQ聊天之间的关键词触发物件掉落

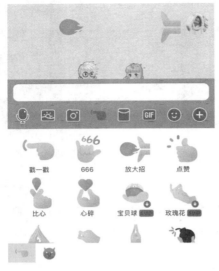

图 2-29　QQ 戳一戳　　　　　　　　　　图 2-30　QQ 厘米秀

新鲜感,让用户感到好奇,感到好玩,这也是腾讯QQ目前月活跃用户超过8亿人,成为社交产品中国民级产品的魅力所在。

◎ 2. HMSAM模型的研究贡献

模型提出者的主要贡献是对新的理论模型HMSAM的提出并提供经验支持,该模型在预测HMS的BIU方面比现有技术采用模型更胜一筹。用把joy作为子构造的CA更广泛的内在动机结构取代joy,比以往的研究更全面地表示了HMS使用中的内在动机。

此外,模型提出者将内在动机概念转化为认知吸收的子构造,这种内在动机的应用提供了一种理论改进,因为在现实中,喜悦、好奇、控制和沉浸感并不一定会同时出现,或者有相同的理论前因和因果机制。这种改进的建模提供了更好的理解,哪些构造对特定HMS的BIU贡献最大,哪些最少。

挑战现存的研究和实践,是该理论的又一贡献——模型提出者明确了PEOU在HMS使用中预测BIU的贡献和作用,并不是意味着模型提出者废除现存的与PEOU有关的研究;相反,模型提出者对HMS的使用进行了进一步的解释。

◎ 3. HMSAM模型的限制

HMSAM只关注个人使用HMS的情况,事实上,有几种HMS是为群体和在线社区而设计的——比如大型多人在线游戏、多人游戏、虚拟世界社区、社交网络,甚至还有一些博客。面向群体和社区的HMS越来越普遍,它们引入了其他动机,这些动机可能具有越来越大的相关性,并且已经被确立为与UMS和MMS研究相关——包括与增强交互性、文化、同辈影响和自我表露相关的动机;表达自己,发展中寻求同伴陪伴,寻求协调,并得到他人的认可。鉴于HMS的需求和社会影响迅速增加,这类系统在信息系统研究中理应占据更重要的位置。这些HMS的某些特性产生了如此强烈的需求,以至于它们的应用会改变传统生活的行为——甚至是上瘾——人们愿意花费数十亿美元和无数个小时来使用它们。

◎ **4. HMSAM模型的应用拓展**

　　HMS革命的设计含义不一定只适用于HMS。充分利用这些因素可能是非常有益的。如果UMS设计师能更好地挖掘用户的内在动机，设计师就能在使用自己的软件时获得忠实的追随者，这将超越系统使用的外在动机。这可能部分解释了iPhone和iPad的巨大成功：苹果已经清楚地理解消费者的内在动机的重要性。随着人们对系统使用的期望越来越高，内在动机在UMS的使用和发展中可能会发挥更大的作用。仔细设计，UMS开发可以利用享乐因素的能力提供内在的使用动机。

2.5　信息系统开发——设计理论

2.5.1　理论背景

◎ **1. 起源**

　　现代设计理论的出现，很大程度上是因为工业革命后，以满足人类物质需求为主的产品——人造物（artifacts）的生产方式发生了深刻变化。一方面，从过去的手工作业生产，变成了大规模生产。另一方面，自然科学如材料科学、工程科学、建筑科学和行为科学等的发展，也为设计的精准、可靠、符合自然规律和符合大规模物质产品生产等要求提供了手段，驱使人们在设计中越来越多地应用这些成果。人们越来越渴望提高设计新产品时的效率，提出"科学地设计"，现代设计理论也应运而生。而在互联网时代，这些理论被应用进了开发软件的设计过程中，精准地针对用户需求形成高效的解决方案。

◎ **2. 演变历程**

　　一开始的设计理论主要局限于建筑和工业设计艺术等方面。19世纪末和20世纪初，与西方现代主义哲学思潮发展同步，有人提出要"科学地设计"，以满足人类物质需求为主的产品——人造物，由此生产方式也发生了深刻变化。

　　设计科学的起源在于第二次世界大战后出现的运行研究方法和管理决策技术、20世纪50年代得到发展的创造性技术，以及解决问题的计算机程序。西蒙关于设计科学的观点正式推动了设计研究理论的发展。他的《人工的科学》，发表于1969年，建立在以前的发展和激励系统及与正式的开发设计方法相关的许多设计领域，例如建筑、工程、城市规划、医学、计算机科学和管理研究。

　　工程设计的研究在20世纪80年代也得到了强有力的发展。例如，通过ICED等一系列国际工程设计会议，第一批设计研究期刊也出现了。设计研究科学（Design Research Science，DRS）于1979年开始设计研究，1984年提出设计问题，1989年开始进行工程设计研究。现在，设计研究在国际范围内进行，DRS与亚洲设计研究协会也在2005年国际设计研究协会联合会的合作中得到了认可。

2.5.2 理论内容

◉ 1. 理论简介

设计理论（design theory），又称设计科学（design science）、设计研究（design reaserch）。它的作用很简单，就是帮助研究人员以最大的效率，设计一个满足特定需求并可进行有效执行的信息系统。运用到产品开发方面，即可以帮助人们高效开发满足特定需求并具有可行性的产品。

而学习设计理论的基础是理解两种不同但是互补的学科模型——行为科学和设计科学。行为科学是描述、解释并预测自然和人为现象。而设计科学提供解决方法并创建体现这些解决方法的人造物。

◉ 2. 理论基础：行为科学与设计科学

（1）两者简介（见表2-2）。

表2-2　行为科学与设计科学的简介

区别	行为科学	设计科学
研究对象	产品分析、设计、实施以及使用过程中的现象	一个特定的问题
研究成果	可以解释或预测现象的理论	可以解决特定问题的创新产品
基本组成活动	发现和证明	构建和评估

行为科学来自自然科学的研究方法。它致力于研究并提出一种理论，这种理论可以解释或预测组织和人们在产品分析、设计、实施以及使用过程中的现象。这个理论基本描述了人、技术、组织间的相互影响，并说明若一个组织想通过使用产品达到它的目标，则必须处理好以上三者之间的关系。行为科学研究产品的评估是针对两个方面：真实性和解释性，即必须与观察到的事实一致，并对未来做出预测与解释。它通常被视为由两个活动组成，即发现和证明。发现是产生或提出科学主张（例如，理论、法律）的过程。证明则是对此类声明进行有效性测试的活动。

如果说行为科学试图理解现实，那么设计科学则试图创造出符合人类目的的东西。它努力创造一种新的产品，来解决某一个问题，让产品获得更高的效率和更好的效果。这种理论产生的人造物无法摆脱自然法则或者行为理论并依赖于现有的核心理论来进行拓展。值得注意的是，设计科学家不提出理论，而是努力创造具有创新性和价值的产品。设计科学包括两个基本活动，即构建和评估。这些与行为科学中的发现与证明相对应。构建是为特定目的构建人造物的过程；评估是确定人造物执行情况的过程。

（2）两者的区别及相互作用。区别：两者的区别十分明显，设计科学提供解决方法并创建体现这些解决方法的人造物，行为科学则是描述、解释自然和人为现象。例如，行为科学家试图了解组织的功能，这是人为现象。同样，化学家试图确定合成化合物的性质，生物学家研究人造生物的行为。这些都是行为科学活动，即使它们以人工现象为对象。

相互作用：除了区分两种科学活动，还需要欣赏它们之间的相互作用。设计科学创造了人造物，产生了可以成为行为科学研究目标的现象。例如，群体决策支持系统可以培养作为行为科学研究主题的用户行为。此外，设计科学还提供了行为科学研究主张的实质性测试。因为真理本质上是在实践中起作用的，而行为科学家创造了设计科学家在开发技术的过程中可以利用的知识。因为人造物"无法忽视或违反自然法则"，他们的设计可以通过对自然现象的明确理解来辅助。因此，只有行为科学和设计科学协同工作，才能为设计理论的建立打下基础。

◎ 3. 指导方针

在打好基础之后，想要自如地运用设计理论，还需要遵守一套指导方针，概括来说，分为7个原则。

（1）设计为人造物：设计理论必须产生可行的人造物。设计理论是为解决重要的问题而创建的有针对性的人造物。在设计理论中构建的人造物很少是在实践中已经被使用的完全成熟的产品。相反，人造物是具有创新性的。设计理论的关键就在于将IS扩展到"过去不相信IT支持"的新领域。

（2）问题相关性：产品研究的目标是获取和理解可实现的解决方案、针对迄今为止尚未解决却又重要的业务问题。行为科学通过发展和辩证理论来解释并预测将会发生的现象以达到上述目标。设计科学通过建立针对出现变化现象的创新产品来达到上述目标。这两者相互交流，相互融合。问题可以定义为目标状态与系统当前状态之间的差异，解决问题可以定义为搜索过程，采取减少或消除差异的行动。设计理论就是为其开发基于技术的可实现的解决方案。

（3）设计评估：必须通过执行良好的评估方法严格证明人造物的效用、质量和功效。评估是研究过程的重要组成部分。评估方式需要考虑产品的技术基础设施以及商业环境，还需要定义合适的评价标准及收集和分析合适的数据。可以根据功能、完整性、一致性、准确性、性能、可靠性、可用性与组织的适应性以及其他相关质量属性来评估人造物。由于设计本质上是一种迭代活动，评估阶段为构建阶段提供了重要反馈。

（4）研究贡献：科学研究必须在设计人造物、设计基础或设计方法领域提供明确和可验证的贡献。大多数情况下，设计理论的贡献是人工制品本身。人造物必须能够解决迄今未解决的问题，它可以扩展知识库或以新的和创新的方式应用现有知识。在设计科学知识库中扩展和改进现有产品也是重要的贡献，而评价贡献的标准主要考虑其代表性和可实现性，这个产品必须是可实现的。除此之外，这项研究必须清晰地证明它对在商业环境中解决一个重要的尚未解决问题的贡献。

（5）研究严谨：设计科学的研究需要同时在设计产品的构造和评估的过程中使用严谨的方法。在行为科学研究中，通常遵守适当的数据收集和分析技术原则来评估严谨性。设计理论通常依赖于数学形式来指定和构造人造物。但过分强调行为IS研究中的严谨性往往导致相关性的相应降低。两者需要做一个取舍与平衡。在设计科学和行为科学研究中，严谨性源于知识库的有效利用，取决于研究人员是否选择适当的技术来开发构建理论或人工制品，以及选择合适的方法来证明理论的合理性或评估人造物。

（6）设计为搜索过程：设计本质上是发现一个有效问题解决方案的搜索过程。解决问题可以被视为利用现有手段达到预期目标，同时满足环境中存在的规则，而目的和规则通过将问题分解为更简单的子问题来简化问题。这种简化和分解可能脱离实际，但可能代表一个起点。一方面，随着设计问题范围的扩大,不断迭代,产品会变得越来越有效和有价值。另一方面,因为设计科学本质上是迭代的,对于现实的信息系统问题,寻找最佳设计通常是难以实现的。因此一般搜索策略的目标是产生可行的、良好的、可以在商业环境中实现的设计。

（7）研究交流:设计理论必须有效地呈现给技术导向和管理导向的受众。面向技术导向的受众需要足够的细节,以便能够在适当的环境中构建和使用所描述的人造物。面向管理导向的受众需要足够的细节来决定是否需要在特定的组织环境中建立并使用产品,重点必须放在问题的重要性以及在人造物中实现的解决方法的新颖性和有效性上。

◎ 4. 具体过程

（1）设计过程简述。真正理解和欣赏设计理论研究,必须面对一个重要的二分法。设计既是一个过程, 也是一个产品。它一方面描述了对世界的作用,另一方面描述了所见的世界。这种设计观点支持一种问题解决方式,即在设计过程和设计人造物之间不断改变视角,以解决同一复杂问题。设计过程是一系列活动,产生创新产品。然后对产品的评估提供反馈信息,以便改进产品的质量和设计过程。在生成最终设计产品之前,通常会多次迭代此构建和评估循环。而设计过程和设计人造物的演变也正是研究的一部分。

March 和 Smith 提出了由 IS 理论中的设计理论所产生的2个设计过程和4种设计产品。脱胎于上文提到的行为科学范式及设计科学范式,这2个设计过程是创建和评价。这4种设计产品是概念、模型、方法和实例。概念提供了问题和解决方案里用于定义和沟通的语言。模型使用概念来代表一个真实世界的情况——设计的问题和解集的范围。模型可以辅助理解问题和解决方案,并频繁地代表问题和解决方案组件之间的连接,设计决策和变化对现实世界造成的可以探索的影响。方法决定了过程。它提供了对如何解决问题的指引, 即如何寻找解。这些实例体现了概念、模型、方法可以被实施到一个工作系统中。它们证明了设计的可行性,评估一件产品是否符合其最终目标。它们同样能够使研究者了解真实的世界,了解产品怎样改变世界,而用户又是怎样适应世界的。

（2）详细设计过程。如图 2-31 所示。

图 2-31 是理解、执行和评估 IS 研究的概念框架,结合了行为科学和设计科学范式。

对于 IS 研究, 环境由人、组织和技术组成。人由角色、能力和特征组成,人可以感知到目标、任务、问题和机会,所以是研究中不可或缺的一部分。除此之外,对组织的策略、结构、历史和现有商业结构进行的评估对于精准需求的形成也至关重要。在技术方面,基础设施、应用、通信架构和开发能力也对研究形成造成了一定的影响。这三者共同定义了研究人员所感知到的精准需求,并保证了其相关性。

知识库则提供完成 IS 研究的原材料,由基础和方法论组成。以前的研究和成果提供了基础理论、框架、工具、概念、模型、方法和实例,而方法论则提供了指导方针等。在行为科学中,方法论是根植于数据收集和经验分析技术的代表。在设计科学中,计算和数学科学是主要用于评估产品质量和效果的。除此之外,经验主义有时候也会被使用。可应用的知识通过合适的基础和方法论变得精确。

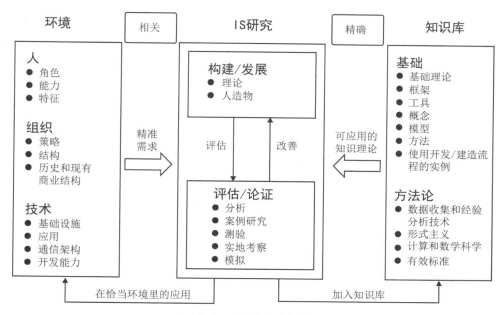

图 2-31　设计理论架构图

精准需求和可应用知识的输入，为IS研究提供了支撑。IS研究分两个互补的阶段进行，在行为科学中被称为发展和论证，设计科学中称为构建与评估。行为科学是解决预测与已确定的精准需求相关的现象，从而解决研究问题。设计科学旨在设计满足已确定的精准需求的人造物来解决研究问题。行为科学研究的目标是真理，而设计理论的目标是实用性。合理产生设计，而实用产生理论，这两者是不可分割的。但也可能出现一些异常情况，一些产品可能因为某些还未发现的原理而具有实用性，一个理论可能虽未能成熟地指出运用范围但也被运用到设计中。在这两种情况下，研究通过论证和评估活动会显露出其劣势，这就是需要精炼和改进的方向，系统就能通过不断地改善进行迭代。当最终生成一个满意的结果时，则可在适当的环境中应用于精准需求，同时被加入知识库以备未来的研究。

2.5.3　应用与总结

◎ 1. 应用

Keep 健身软件应用

数据显示，2017年我国健身市场规模已达900亿元。健身人口规模也从2016年的800万人增加到了2017年的1100万人左右。这批新兴用户，大多是有着健身需求，但是缺乏理论指导的健身小白用户。Keep就是为这批小白用户提供理论指导的软件，目前用户量已经突破5000万。设计理论在此产品的开发过程中得到有效的应用。

通过借鉴设计理论，Keep采取了科学的框架理念设计方式（如图2-32所示）。在建立初期，创始人通过对市面上现有健身App的调研以及对用户的调查，建立了初步总体框架需求方案，针对用户的精准需求：小白健身用户需要的是能让他最快、最便捷、最低门槛地开始运动起来的工具。在这样的明确指向下，平台否定了一开始想要引入教练做问答社区的打算，变成一个直接提供答案、直接提供课程的平台，并且把它作为所要解决的重点问题。在对现有技术资源进行详细了解后，一个初步的软件开发框架形成了。在总体框架定下来后，根据理论，开展平台系统构建与反馈活动，通过不断地迭代改善系统。在平台上线过程中，开发人员要与信息技术工程师沟通，并进行测试，保证系统能正常运行。除此之外，研究人员要收集使用者的反馈，然后组织开发者、信息技术工程师、管理负责人进行讨论，完善信息平台功能。比如在运行阶段中，Keep通过发现用户对于发布动态秀身材具有一定的需求，因此增加了社交功能。通过反馈，平台及时得到了改善。通过对课程浏览数据的分析，平台也能更好地掌握用户的喜好来对新推出的课程做出改善。

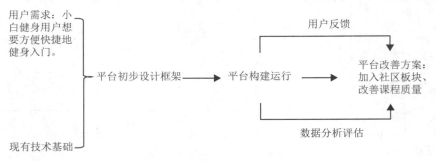

图 2-32　设计流程图

◉ **2. 总结与启发**

　　总的来说，行为科学想找到"什么是真理"，设计科学想创造"有用的东西"。它们两者是设计理论的基础，帮助研究人员以最大的效率设计一个可以满足特定需求并可进行有效执行的产品。但是就目前来说，设计理论尚且不完善，而技术的高速发展可能让设计理论的成果在被实施前就落后了。

　　它对产品开发有如下启发：

　　（1）通过对人、组织、技术三方面的分析得出精准的用户需求。

　　（2）运用一个反复迭代的思想，通过原有知识库和环境中的条件进行产品的构建，并不断地进行评估，指出错误，进行一次又一次的改善，最终可获得满意的产品。

　　（3）产品研发需要严谨性，无论是在产品的构建还是评价过程中，都可采用数据收集和分析技术等方式来进行验证，保证结果的客观性。

2.6　产品界面设计——认知负荷理论

2.6.1　理论背景

　　认知负荷理论的基本观点出现在20世纪80年代，当时认知心理学家已在如下一些方面达成理论共识：第一，人类的记忆主要包含工作记忆和长时记忆。第二，认知加工可分两类：控制加工和自动加工。第三，经过充分练习，所有的认知加工过程都可达到自动化。第四，贮存在长时记忆中的知识是有结构的，图式是知识表征的基本单位。

认知负荷理论者由此想到:个体从事复杂的认知任务时，由于需要在工作记忆中同时加工多个信息元素，容量有限的工作记忆可能出现超负荷，无法进行有效的信息加工。那么如何才能利用上述理论，来提升复杂认知任务的完成水平呢? 这就是认知负荷理论诞生的初衷。而到了信息时代，如何设计产品呈现信息,让它对用户而言更加简单便捷易上手,则是认知负荷理论新的用武之地。

2.6.2 理论内容

◎ **1. 认知负荷理论的基本假设**

认知负荷理论是基于人类认知结构与外界信息结构交互作用的理论，该理论有两个基本假设,如表2-3所示。

表2-3 认知负荷理论的两个基本假设

基本假设	简单解释
1.长时记忆系统具有无限的贮存容量	人类长时记忆系统是对工作记忆系统加工过的信息赋予意义和贮存的心理结构。绝大多数认知心理学家认为长时记忆系统具有无限的贮存容量，而且能够永久地保存来自工作记忆系统加工过的信息
2.工作记忆处理图式的能力是无限的	如果信息编码是图式的，那么工作记忆加工信息所承受的负荷较低。如果图式被反复应用，就会形成自动化。从某种意义上说，自动化的图式成了工作记忆的中央控制，无须工作记忆提取,直接驱动行为,也就是说工作记忆处理图式的能力是无限的

◎ **2. 认知负荷理论的基本观点**

基于上述假设，Sweller等人通过20多年的实验证实和发展了认知负荷理论，主要研究重点为通过有效的教学设计，把学习者的认知负荷调整到合适水平，以便于其合理地利用有限的认知资源，达成最佳学习效果。其中的认知负荷是指针对某一特定认知任务，工作记忆系统对其进行加工和保持信息过程中所承受的负荷总量。该理论认为,在工作记忆中的结构化的信息能使信息获取者快速开发出模式后存储在长期记忆中,提高知识获取效率。如何利用这些特点更好地呈现信息也是研究的一个重点,并可被应用在产品开发领域。

在分析信息结构与认知结构关系的基础上,认知负荷理论提出信息加工过程中施加在工作记忆上的3种认知负荷类型:内在认知负荷、外在认知负荷和有效认知负荷。

（1）内在认知负荷，是由材料的难度和信息获取者已有知识决定的。由于材料具有的元素数量、种类、复杂性是确定的，所以，材料本身需要的内在认知负荷是无法改变的。但是,由信息获取者内部因素——信息获取者的专业知识程度引起的内在认知负荷是可以降低的。如果信息获取者头脑中具有与材料相关联的图式，那么，信息获取者就会产生相对较少的内在认知负荷。对同一认知任务,不同的信息获取者会产生不同的内在负荷。如解开$6x+7-5=1$这个方程，就需要移项、去分母、约分等基本元素，这些基本元素之间既互相联系又交互,信息结构比较复杂。如果信息获取者长时记忆中没有相关图式,则承受负荷较高;如果有图式的话,就可以将移项、去分母、约分等步骤压缩为一个操作,大大降低了工作记忆负荷。

（2）外在认知负荷，主要是由不当的信息组织和呈现方式引起的。如果材料的组织和呈现方式对信息获取者建构图式及图式间的连接没有直接的效果，或者产生干扰，就会产生除了内在认知负荷以外额外的负荷。它是不利于信息获取者获取信息的。

（3）有效认知负荷，是指与促进图式构建和图式自动化过程相关的认知负荷。与外在认知负荷不同的是，有效认知负荷是促进信息获取者获取信息的。有效认知负荷主要源于信息获取者本身对认知任务的有效认知。比如，信息获取者会对材料进行重组、比较、推理等活动，这些活动能促进信息获取者更好地把认知资源分配到有效的活动中去。

因此为了促进信息获取，在信息呈现设计中应尽可能减少外在认知负荷，增加有效认知负荷，并且使信息获取者所承受的3种负荷之和不超过其工作记忆的总负荷。否则，就会产生较低的认知效率。

◎ **3. 降低认知负荷的方法**

通过上述关于认知负荷的介绍，我们可以得出，更好地设计产品，呈现有效信息的基本原则是降低内在认知负荷、降低外在认知负荷和提高有效认知负荷。

（1）降低内在认知负荷。归纳已有研究，降低内在认知负荷的策略主要有两种：部分任务策略和整体任务策略。

部分任务策略是指先呈现部分任务，然后依次呈现其余任务，最后呈现整体任务。部分任务策略主要由子目标方法和分割技术法组成。子目标方法是指采用附加一个标签或视觉分离方法，分解总任务为一些有意义的观念性片段的子任务。子目标分解了总目标，并构成有语义的信息组块，从而降低内在认知负荷。另外，子目标内部之间、子目标与总目标的内在联系，可能会促进信息获取者对此整合进行自我解释，指导信息获取者有意识地建构问题图式，产生更多的有效负荷。比如手机游戏设计，不会在一开始就列出所有规则，而是通过一个个新手任务来帮助玩家了解。分割技术法，即将任务分割成系列片段，并依次呈现。这样既降低内在认知负荷，又留给信息获取者一定时间分步深层加工。例如，假定信息获取者观看一个配有讲解的关于闪电形成的动画。由于画面内容丰富，且呈现速度较快，信息获取者可能没有足够的时间进行深层次信息加工。但如果在连续的呈现片段之间留一些时间，即把呈现材料分成几个片段，他们就能从每个片段中选择言语和图片，进行充分的认知加工。总之，呈现部分任务，从总体上降低了获取信息的内在认知负荷，有利于部分图式的形成。但这种策略也存在一定的缺陷，人为割裂任务细分目标，可能不能导向信息获取者对任务的完整理解，无益于完整图式的建构。因此，研究者提出了呈现整体任务的策略。

整体任务策略是指首先抽取任务本身包含的元素，接着将元素压缩成组块或信息单元并加以呈现，或逐渐释放元素，直至呈现整体任务。其分为两个步骤，一是图式的建构，二是图式的自动化。图式的建构是指把原本独立的若干元素组织成一个单一元素。例如，可把相似的功能放置在相邻位置，以同一个图标表示。比如音乐软件中的在线播放音乐和本地音乐播放功能。这样在看界面时，用户就可以很清楚地知道每个图标的意思，以图标为单位进行信息加工，认知负荷也被降低。记忆完成整个学习任务后，就可以进行图式的自动化。图式的自动化意味着信息加工从受控加工转向自动加工，从有意识的努力转向无须有意注意，因而也能够降低工作记忆负担。但是图式的自动化不是自动完成的，它也需要充分练习。比如在最初使用软件时，要对每个图标进行有意识的记忆。经过长时间的使用，可以不假思索地明白图标代表的含义，这就是相关图式自动化的结果。

（2）降低外在认知负荷。外在认知负荷是无效的，但可以通过有效信息呈现设计而控制它。有效降低外在认知负荷，需要综合考虑6个效应：通道效应、冗余效应、注意力分散效应、自由目标效应、样例效应、完成问题效应。它们分别对应信息呈现的形式和内容。

改善信息呈现的形式需要考虑通道效应、冗余效应和注意力分散效应。

通道效应是指以不同的感官通道（主要是视觉、听觉）呈现信息，可以扩展工作记忆的负荷。工作记忆对视觉信息和听觉信息的加工是分离的，其中的一部分仅专注于视觉信息，另一部分则仅专注于听觉信息。因此，单纯使用一种信息呈现形式，可能只用到部分工作记忆，使其他部分处于闲置状态；而综合利用多种信息呈现形式，则可以提高工作记忆的使用量，增强效果。比如将只以文本形式呈现相关内容和文本辅以解释性图片的方式相比，后一种呈现方式更好。虽然信息可由多种方式来呈现，但当单凭一种呈现方式就足以传达这些信息时，如果将相同的信息以多种方式同时呈现，认知负荷会加重，这就是冗余效应。比如图片加简要文字说明这种呈现方式，比图片加全文的呈现方式更有利。这意味着，在呈现内容时，冗余的信息最好省略。此外，还需要考虑注意力分散效应，虽然多种信息的适当整合是有利的，但信息获取者在信息获取过程中同时注意多种信息来源，也会导致效率下降。信息获取者同时注意两个或更多信息来源，也会使工作记忆负荷加重，导致注意力分散，学习质量下降。例如实验报告的展示，由于结论和讨论部分分离，但又必须同时考虑这两部分以理解结果的复杂性及其含义，信息获取者在阅读实验报告时产生了注意力分离效应；而通过整合结果和讨论部分，重新组织实验报告，则可以消除注意力分离效应。

改善信息呈现的内容则需要考虑自由目标效应、样例效应、完成问题效应。

当材料较为简单时，可以采用自由目标效应，即为了避免目标过分定向或漫无目标，任务呈现应考虑设计不明确的目标或设计多个目标，以促使信息获取者从目标导向的搜索方法转向关注任务状态和可用的方法，从而降低信息获取者的外在认知负荷。例如，在几何问题解决中，"尽可能多地计算各个角的值"，就比"计算角A的值"更能促进知识的获取。认知负荷理论研究者认为，如果呈现的问题伴随明确的终点目标，会导致信息获取者在解决问题时把几个条件同时置于工作记忆中，从而加重工作记忆负荷。目标自由可以降低信息获取者的外在认知负荷，从而促进图式的建构。而如果材料较为复杂，则可以采用样例效应，即呈现具有详细解答步骤的样例，让信息获取者通过样例学习，归纳出隐含的抽象知识来解决新问题。一般认为，解答样例能明确呈现解决问题所需的程序，凸显关于图式特征的清晰信息，因而使信息获取者只需注意与图式获得有关的信息，从而降低其工作记忆负荷，促进图式的获得和规则自动化。完成问题效应是指呈现给信息获取者没有完成解答的样例，让信息获取者根据题目要求而完成样例。使用解答样例的一个主要缺点是信息获取者不去细致地研究这些样例。在这种情况下，解答样例反而容易与要解答的问题混杂在一起，导致认知超负荷。为避免这种情况出现，研究者主张使用只完成了部分解答步骤的样例，然后让其完成剩余的解答步骤，这样可以减轻其认知负荷，促进图式的建构和迁移。

要有效利用各类效应,还需要考虑如下两点。

各个效应是相互联系的,考虑其交互作用,有利于优化信息,最小化外在认知负荷。譬如,应整合视觉呈现和听觉呈现两种呈现方式,以产生通道效应。但如果形式过多,导致外在认知负荷增大,会产生注意力分散效应。另外,随着信息获取者对任务有一定程度的理解,如果后面的任务仍然以双重的方式展现,甚至会发生冗余效应。

任务的复杂性和信息获取者的已有知识经验是影响各个效应出现的重要变量。考虑到任务的特征与信息获取者特征,会使降低外在认知负荷更有针对性。任务的复杂性不同,各个效应出现程度不同。譬如,对于简单性任务来说,有些效应可能意义不大,而对于复杂性任务,各种效应也许同时发生作用,而且可能存在交互作用。已有知识经验不同的信息获取者对各个效应的敏感性可能存在显著差异。譬如,知识经验少的信息获取者比知识经验多的信息获取者表现出更多的通道效应。

(3)提高有效认知负荷。有效认知负荷主要来源于信息获取者本身,因此增加有效认知负荷,必须唤醒信息获取者的认知投入。归纳已有研究,增加有效认知负荷的策略主要有任务变异设计策略和嵌入支架设计策略。

任务变异设计策略,即在设计任务时,变换任务本身(表面内容的变异与深层结构的变异)和呈现方式。譬如,在设计样例任务时,提供变异样例,而非仅仅关注样例的数目。变异的样例性,一方面促使信息获取者对相似或相关特征与无关特征进行区分,从而利于问题图式的建构;另一方面,为信息获取者提供了辨认相似特征的机会,扩展样例适用范围,利于图式发展和迁移。除此之外,情境干扰策略对认知负荷也有一定的影响。情境干扰策略实质是任务呈现方式的变异,即变化问题情境,让信息获取者在多种问题情境下练习问题的解答步骤。

嵌入支架设计策略,即设计任务时,嵌入一些支架(即帮助获取知识的设计、策略等,譬如提示、反馈等),引发信息获取者投入与图式建构和自动化相关的认知活动。归纳已有研究,嵌入支架设计主要有两种策略:嵌入隐性的支架和嵌入显性的支架。嵌入隐性的支架主要是在设计任务时,对任务本身内容做一些技术处理,使其隐含认知活动,从而促进信息获取者投入认知,随着引导来想象概念或问题解决步骤。嵌入显性的支架主要是在设计任务时,比较明显地给信息获取者提供加工任务的某些关键信息(譬如对样例解答步骤的解释、提示或暗示等),帮助信息获取者进行有效认知。从而引导其对相互关联的信息元素之间的关系做出自我解释,促进其理解。

2.6.3 应用与总结

◎ **1. 应用** --

认知负荷理论在淘宝软件设计中的应用

利用认知负荷理论,可以有效减轻新软件给用户带来的认知负荷,让用户更好地熟悉软件。结合认知理论,下面提出了4种策略,以淘宝为例来分析一个合格的界面设计。

(1)部分任务策略,基础功能重点呈现。简单来说就是先呈现部分任务,然后依次呈现其余任务,最后呈现整体,其中最基础的功能是重点呈现。比如淘宝,其实拥有非常多的功能。但在最开始,永远是先从购物这个基础的功能引导客户。而这个功能也会放置在界面的最显眼处。值得注意的是,当要求处理信息时,工作记忆一次只能处理2~3条信息,因此设计途径任务最好不要超过3个。

(2)清除冗余策略,减少无关信息干扰。界面要注重减少冗余的干扰信息,这可以分为两方面,一个是减少不必要的功能设计,另一个是减少不必要的美化设计。①减少不必要的功能设计。前文的部分任务策略要求设计途径任务最好不要超过3个,因此我们需要把用户做的这些没用的任务拿走,但是移除所有的任务是不可能的,可以采取以下两种方法:1)提供给用户一些可以编辑的功能项。例如导航,下拉菜单或是一个代表"更多"的图标(icon)。把不常使用的元素收起来,这就避免导航上摆放过多使用频率低的元素,减少了视觉上的混乱,如图2-33所示。 2)利用信息,移除部分途径任务,即减少到达目的的途径任务。比如像阿里巴巴有很多产品,只要支付宝登录了账号,使用淘宝时可以检测手机上已经存在的支付宝账号来自动登录,免去输入账号和密码的麻烦。又比如打电话的正常途径任务比较复杂,但是可以根据老年人使用手机的特点,发现老年人使用手机主要就是打电话,来固定设置打开手机直接跳转到通信录页面。②减少不必要的美化设计。例如避免使用华而不实的、与主题相关度低的复杂图文或是过度美化的用户界面、不易识别含义的图标等。

(3)关联记忆策略,获得认知支架。简单来说,就是利用用户已经理解的熟悉的知识,来降低其使用的难度。有两种方式。①利用普遍的设计模式。我们会发现,所有的外卖软件界面设计都大同小异,如图2-34所示。这正是利用了关联记忆策略,让用户能以最低的成本学会使用这个软件。不仅是相似的软件可以作为认知支架,用户所熟悉的事物都可以,比如现在老年人使用的平板电脑,不能简单仿照年轻人的平板电脑设计的少即是多的原则,而应该参照以前的收音机的形式,在界面上显示出各种按钮。除了大框架之外,小心地使用图标也是方法之一,尽量使用那些通

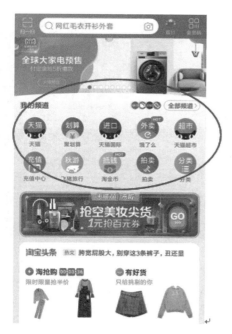

图2-33 淘宝界面图

图2-34 饿了么和美团相似的界面图

用的图标来代表功能,比如购物车代表想要购买的物品清单等。同时最好在图标旁边放上文本标签来指出它的意义,减少模糊。②利用邻近减负原则。这个策略非常容易理解,就是相似的功能放在一起,可以减轻用户的认知负荷。比如淘宝收藏衣服和收藏店铺永远是放在一起的,这让用户能更快地掌握软件的使用方法。

(4)增强可读策略,完善用户体验。当做到以上3点时,一个合格的界面设计已经初步完成,接下来要做的,就是一些细节上的优化。比如一方面,图片的介绍文本应邻近或嵌入图片,不应分离太远。同时图片和文本的呈现应尽量不要超过屏幕的显示范畴,避免阅者频繁地拖拉观看。另一方面,针对不同人群可以选择不同的表现形式,针对专家用户可以选择纯文字的,来放置更大的信息量,而针对普通用户可以是图标的或者图文并茂的。

◎ 2.总结

认知负荷理论是John Sweller在解决问题的研究中最广泛的发展成果。通过有效的信息呈现设计,可以减轻信息获取者的认知负荷,提高效率。它给予我们以下启示:不同的信息呈现形式可以带给信息获取者不同的效果。产品设计过程中结构化、图式化信息更能帮助用户了解产品。复杂内容展现时可采用部分任务策略或整体任务策略。认知负荷存在相对性和关联性。某种优化策略并非与某种负荷一一对应。一般而言,一种策略应同时降低外在认知负荷和增加有效认知负荷,或一种策略应同时降低内在认知负荷和增加有效认知负荷,或一种策略应同时降低外在认知负荷和内在认知负荷。优化三种认知负荷的策略研究是今后研究的趋势。因材施教,面对不同的人群要采取不同的策略。同样的认知任务对于不同用户具有不同的认知负荷含义。因此要找准用户定位,量身定做产品设计。

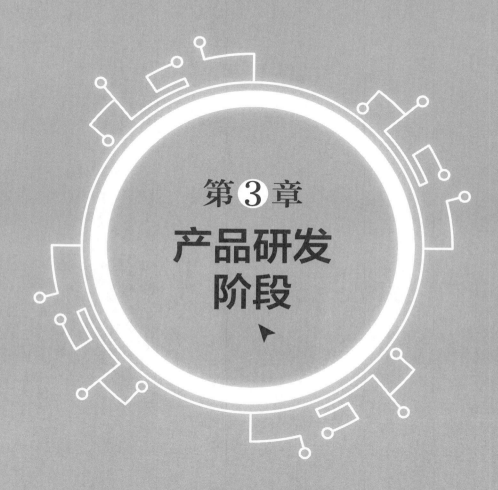

第 **3** 章
产品研发
阶段

▶

3.1 产品与组织结构的相互关系——适应性结构化理论

3.1.1 理论背景

◎ 1. 背景介绍

在过去的几十年中，出现了许多互联网信息技术，包括电子信息系统、执行信息系统、协作系统、群体决策支持系统以及其他通过复杂的信息管理使多方参与组织活动的技术。这些系统的开发人员和用户对它们改变传统组织设计、辅助决策的潜力寄予厚望，然而，当这些系统被公司运用之后，实现的效果往往没有达到原本的预期。那么，这些系统究竟给工作组织带来了什么样的变化？如何让新技术更适合产品的组织架构？在产品研发的过程中如何运用新技术、新系统来显著提高实操效率？ AST（适应性结构化理论）给出了较好的答案。

AST的提出建立在综合考虑不同学派的观点之上，因此从学术界的不同观点开始介绍。

（1）学术界的不同观点。对于影响组织结构的因素，当时学术界两个主要的思想流派有不同的观点，具体见表3-1。

表 3-1 两大思想流派的观点

关于技术和组织变革的主要学派	学派研究特征	理论模型
决策主义学派	专注于技术工程 确定性判断模型 相对静态的行为模型 实证性的研究方法	决策理论 任务技术契合模型 "垃圾桶"模型
制度主义学派	专注于组织结构 非确定性模型 纯过程模型 解释性的研究方法	社会信息进程调查 象征性的互动主义 结构理论研究设计

①决策主义学派主张的观点与理论。理性决策主义学派的基础是实证哲学家的传统研究假设，强调组织的认知过程伴随着理性决策，主张从心理学的视角研究技术采纳过程中的科技和变革。理性决策通常从完全的个体理性视角出发，彻底排除环境制度对个体的影响，混合的理性视角仅将环境制度视为普通的限制性因素，理性决策理论认为无数个体的理性行为组合成社会现象。决策主义学派相信系统理性主义（system rationalism），认为技术应该包括结构（如数据和决策模式），主张技术对组织的变革促进作用，认为技术可以弥补人类的弱点。

简单来说，决策主义学派认为技术是组织变革的核心。他们认为未能达到预期的变革反映了组织使用技术的失败。毫无疑问，技术属性可以在信息系统使用的结果中发挥关键作用，但没有明确的模型或者理论来表明某些技术属性始终导致积极或消极的结果。观察到的效果并不能很好地维持下去，比如某一技术在A组织结构中效果良好，却在B组织结构中毫无作用。为了在实证研究中获得更大的一致性，决策主义学派的研究人员提倡进行更精细的技术评估和准备更复杂的应急分类方案。

②制度主义学派主张的观点与理论。制度主义学派的研究人员提出了一种不同的方法：将技术研究作为改变的机会，而不是作为变革的因果因素。制度主义者的研究重点不在于技术内部的结构，而通常从整体的角度出发，把重点放在人类社会制度结构的社会演化上。制度主义者批判决策主义家的"技术中心"假设，他们强调正在进行的话语在产生技术的社会建构中的作用，因此在对高级技术效应的研究中强调人类互动，而不是技术本身。

对于制度主义者来说，高级技术的使用与社会秩序的形式密不可分。因此，随着社会实践的发展，对技术和组织变革的研究必须关注社会历史的进程。

（2）综合考虑视角及AST的提出。上述的两个学派都具有一定的局限性，因此，一些理论学者整合两派的观点，形成了我们所称的社会技术观点。这种思想主张认为技术本身具有影响力，但组织结构可以减少技术对行为的影响。

在这个理论的基础上，De Sanctis和Poole提出了适应性结构化理论，用以揭示互联网信息系统、社交结构和人际交互之间的相互作用。

3.1.2　理论内容

如何将一项新技术、一个新产品或者新的信息系统融入组织结构中呢？以理论来说，我们需要关注技术以及行动，两者不断交织在一起。但是，如果我们要准确地理解技术结构是如何引发组织变革的，则必须要揭示技术–行动关系的复杂性。这需要对技术产生的组织结构和行动产生的组织结构进行分析区分，然后考虑两种结构之间的相互作用。

◎ 1. 寻找信息系统的非技术对应物

AST专注于技术和行动提供的组织结构、规则和资源。我们需要在一个流程中找到对应的非技术部分，比如财税报销。现在开发了一个电子报税系统，那么它的非技术对应物就是传统财务人员报税的人工流程。在运用先进技术时，可以在诸如报告层次结构、标准操作程序等流程层次中找到某个结构。设计师将这些结构中的一部分融入技术中，即可以复制这些结构以模仿它们的非技术对应物，或者可以对它们进行修改、增强或与手动程序相结合，从而在该技术内创建新的结构。一旦完成，该技术呈现了一系列社交结构，可用于人际交互，包括规则（例如，投票程序）和资源（例如，存储数据）。随着这些结构的相互作用，它们在社会生活中被实例化。

◎ 2. 描述信息系统特征与价值主张

新技术带来了组织结构的改变，这种技术可以促进和限制工作场所中人们的互动行为。传统的计算机系统支持完成业务交易和离散工作任务，如计费、库存管理、财务分析和报告准备，信息系统除了支持上述活动还支持其他活动，如支持人与人之间的协调，提供完成人际交流的程序。例如，GDSS（群决策支持系统）提供了会议参与者之间交流思想的电子路径。

信息系统提供的组织结构可以从两个方面来描述：结构特征和价值主张。

（1）结构特征。结构特征指系统提供的特定类型的规则、资源或功能。例如，GDSS中的功能可能包括匿名会议记录、定期的评论汇总或用于决策的替代投票算法。然而，实际上大多数信息系统是"一组松散捆绑的功能，可以以多种不同的方式实现"。这种可能的实施方式将信息系统与传统的对应物区分开来。简单来说，技术越严格，用户可以采取的行动就越有限;技术限制越少，应用结构特征的可能行动就越开放。同样，也可以根据其复杂程度来描述信息系统。例如GDSS的三个一般水平:1级系统提供通信支持;2级系统提供决策建模;3级系统提供规则编写能力。

通过对结构特征的分类，以便小组可以开发和应用高度特定的交互程序。最后，基于它们的综合程度或结构特征集的丰富性来表征系统。系统越全面，为用户提供的功能的数量和种类就越多。通过查阅用户手册，查看技术设计人员或营销人员的陈述或者注意使用该技术的人员的评论，可以在限制性、复杂程度、全面性或其他方面扩展结构特征集。

（2）价值主张。信息系统的组织结构也可以根据其价值主张来描述。价值主张是关于一组给定结构特征的价值观、目标以及意图。韦伯斯特将价值主张定义为某种东西的"一般意图"。价值主张是技术人员在使用系统时如何采取行动，如何解释其特征，以及如何填补未明确规定的程序空白的"官方路线"。技术价值主张提供关于适用于技术背景的行为的规范框架。

价值主张是技术的一种属性，因为它是为用户提供的。设计师的意图都反映在价值主张上，但是不可能完全实现。用户对其的感知或解释也不是技术的价值主张。那么，如何识别价值主张呢？我们可以通过将技术视为"文本"并基于以下分析来理性地"阅读"，来识别什么是价值主张,以下列举3点:

①系统背后的设计隐喻。

②系统所包含的特征及其如何命名和呈现。

③用户界面的性质。

通常,阅读的最佳人选是研究人员,他能够与设计师协商,调查软件的结构,分析培训材料,研究实施方式。研究人员应该考虑用户和设计者对价值主张的解释,因为这些可以用来交叉检查从工件分析中得出的结论。

在考虑价值主张时,我们更关心诸如"技术促进了什么样的目标？"之类的问题,或者"支持什么样的价值？"而不是像"系统是什么样的？"或"它包含哪些模块？"这样的问题。表3-2给出了表征信息系统价值主张的可能方面,特别是GDSS。例如,GDSS可能具有组中推广的决策过程类型,系统可以促进某种领导方式或者可以强调效率的价值。

表 3-2　信息系统中的维度

价值主张维度	描述
决策过程	正在推广的决策过程类型,例如,共识、经验、理性、政治或个人主义
领导者	使用该技术时出现领导的可能性,一些领导人是否更有可能或更不可能出现,或者某些成员是否会平等参与而不是支配
效率	强调时间压缩,交互周期是否比不使用技术的交互更短或更长

续　表

价值主张维度	描述
冲突管理	交互是否有序或混乱,是否导致观点转变,或强调冲突意识或解决冲突
氛围	交互的相对形式或非正式性质,无论交互是结构化的还是非结构化的

信息系统的精神和结构特征集构成了其结构潜力,群体可以利用这些特征在交互中产生特定的组织结构。例如,一方面,具有高度形式主义和效率精神的限制性2级GDSS可能会促进一种简约、循序渐进、以数据为导向的群体决策方法。可能希望小组成员密切关注GDSS提供的议程和程序,几乎没有用规定的方法调用GDSS中嵌入的决策结构以外的决策结构。另一方面,具有非正式精神的限制较少的1级系统可能导致GDSS结构更容易应用于决策过程,气氛轻松,GDSS和其他结构混合出现在小组的互动中。

◎ **3. 外部结构对信息系统运用的影响** ------------------------------

信息系统只是群体结构的一个来源。给定工作任务的内容和约束是结构的另一个主要来源。例如,如果为预算目的优先考虑替代项目,那么有关这些项目的信息和计算预算的标准组织程序是参与者在进行优先级排序任务时的重要资源和规则。同样包括组织环境提供结构。例如,当参与者面对预算任务时,有利于某些项目的环境压力可能会产生影响。除了信息系统之外,企业的形成、任务完成的历史、文化信仰、行为方式等都提供了团队可以援引的结构。

因此,与信息系统交互的群体结构的主要来源是:技术本身、任务和组织环境。随着这些结构的应用,它们的输出成为额外的结构来源。例如,在群体决策中将数据输入GDSS之后,系统生成的信息成为社交结构的另一个来源。同样,通过应用任务知识或环境知识产生的信息构成了组织结构的来源。从这个意义上讲,随着社会行动的展开,人们可以借鉴规则和资源的新兴来源,即随着技术、任务和环境结构在社会互动过程中的应用,出现了新的结构来源。

◎ **4. 信息系统的运用与适应** ------------------------------

AST将信息系统或拥有其他结构性来源的规则和资源付诸行动的行为称为结构化。结构化是社会生活中组织结构产生和再现的过程。例如,假设GDSS提供了头脑风暴和记笔记技术(1级特征,具有低综合性),这些技术在其应用中具有高度灵活性(低限制性),并且这些特征被提升为促进效率和民主参与的精神。当一个团体在他们的会议中应用头脑风暴和记笔记技术,或者努力实现效率或民主的精神时,就会发生结构化。

总而言之,信息系统中可用的组织结构为行动的结构化提供了机会。随着时间的推移,可能会出现新的组织结构形式,这些代表了技术结构的再现,或者基于技术与其他结构(例如,任务和环境)的混合。

对于这些新的结构来说,可能影响团队如何使用可用结构的因素包括:

(1)成员的互动方式。例如,集权型领导者引入和使用的技术结构与民主型领导者会截然不同。其他风格差异,例如群体冲突管理风格的差异也可能影响适应过程。

(2)成员关于技术中嵌入的结构的知识和经验。例如,了解结构中可能存在的陷阱和不足之处可能有助于某些成员更熟练地使用它们。

（3）成员认为其他成员知道并接受结构使用的程度。结构越熟知，成员越可能会偏离我们的典型形式。这与"临界质量"的概念是一致的，即技术的感知价值随着它在社区中迅速传播而发生变化，后来的采用者受到早期采用者的价值观和行为的影响;反之亦然。

（4）成员就应该采用哪种结构达成一致的程度。对于哪种结构最适合于给定情况或权力斗争可能不确定，对结构适应达成更多协议应该会使集团的使用模式更加一致。

3.1.3　理论原理

◉ **1. 适应性分析** ···

适应性分析研究了如何通过话语将技术和其他组织结构来源纳入人类互动。这种分析可以在三个一般层面之一进行:微观层面、全局层面和制度层面。

从逻辑上讲,适应性分析可以从微观层面开始,因为在特定的对话过程中,新组织结构就开始形成了。关于技术的书面或口头讨论尤其重要,因为这是人们将该技术引入组织结构的证据。之后,适应性分析可以进入更高层次——全局和制度。通过分析可以帮助我们解释为什么技术在某些情况下（例如,在某些群体中）会带来变化,而在其他情况下不会带来变化。随着时间的推移,制度级适应会影响微观层面的适应,反之亦然。参与多层次的分析可以产生改进技术设计或使用条件的想法。

（1）微观层面。微观层面是指检查技术结构的微观情况,如句子、语言转换或其他特定的言语行为。在使用GDSS的情况下，微观分析可以研究在计算机支持的会议期间出现的群组成员的言语行为或言语行为的序列。为了使分析系统化,可以确定可能的适应范围,然后根据该方案对言语行为进行分类。从一般类型的适应动作开始,然后描述每种类型中的子类型。该组中任何言语行为可包括这些适应动作中的一个或多个。例如,考虑在面对面会议中使用GDSS的五个人之间的话语摘录,可以根据结构来源描述每次结构的变动。

群体在适应技术时的三个重要指标是:舒适度、价值感和挑战感受到的程度。这可以通过观察者的观察来评级衡量,也可以通过小组成员的自我报告来追溯。总之,微观适应性分析包括识别适应行动的类型,以及检查集团成员应用于技术结构的工具用途和态度。与个人言论行为相关的适应行动,在会议阶段或整个会议期间编制时,可能会揭示集团中占主导地位的主要模式。

（2）全局层面。全局层面分析是确定一个小组在一段时间内进行的最持久的适应行动类型的方法。全局适应性分析将对话、会议或文档作为一个整体进行检查,而不是隔离其中的特定行为。在GDSS环境中,全局层面的分析可能会考虑整个会议或一系列会议在整个过程中的适应,这可以通过在长时间内折叠从言语行为或多个会议阶段获得的数据来完成,或者可以以系统的间隔研究交互的片段,例如每次会议的开始、中间或结束,或整个会议的抽样。这里的目标是确定特定群体占用技术结构的方式的系统模式,包括占主导地位的移动（类型和子类型）,与适应过程相关的工具用途和态度。

（3）制度层面。整个制度层面的适应分析需要纵向观察有关技术,目标是识别出其跨业务部门（例如,生产与营销）、用户类型（例如,管理者）和组织（例如,制造业与服务业公司）与其他层面一样,分析旨在确定技术结构如何直接使用、解释等;但在制度层面,目标是确定引入技术后行为的持续变化,例如如何描述问题,决策或合法选择的变化。对于GDSS来说,典型的问题包括:在此业务单位或组织中,哪些类型的任务可与GDSS使用相结合;在GDSS结构中,具体决策技术是否已被广泛纳入组织会议;等等。

◎ 2.核心思想

结合前文所述,理论的核心思想如图3-1所示。

当一个新技术被引入到组织中的时候,往往会发生新技术产生的效果和管理者预期不同的情况(即效果较差),那么,管理者该如何确保先进技术对组织结构的影响,以及如何使技术与组织结构更加适应呢?

本理论指出,先进技术的引入直接影响组织结构,因此,我们需要对组织结构进行描述,在结构特征和价值主张两个方面为组织结构进行定性。此外,我们还需要考虑行为对组织结构的影响,也即先进技术之外的影响。此处的行为是广义上的行为,例如企业

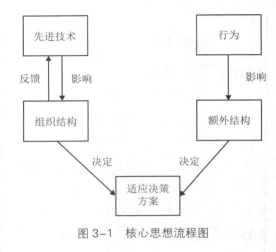

图3-1 核心思想流程图

形成过程、文化信仰、行为方式等。通过对先进技术和其他行为引起的组织结构进行分析与描述,由此决定使先进技术适应组织的决策方案。这种决策方案包括微观、全局、制度三个维度。

总的来说,在新技术引入的过程中,我们不仅要考虑技术本身产生的影响,还要考虑这个技术的外部环境,如公司文化、制度等。通过综合性的视角来制定方案,以完善技术或者改变组织结构,以使技术产生的效果能够达到企业的预期。

3.1.4 应用与启发

◎ 1.应用

AST可以用来分析各种创新的出现,如印刷机、电力、电报、大规模蒸发器、无线电、电话、电视、互联网等,并展示这些创新的结构如何渗透到各自的社会,以及这些社会的结构是如何反过来影响和修改了创新的初衷。总之,AST的应用过程可能是一个很好的模型,可以用来分析利用和渗透新媒体技术在我们社会中的发展。

直播技术对组织结构的影响

2017年是直播大热的一年,直播对于传统的组织结构有着颠覆性的影响,许多互联网公司都在它们的产品中增加了直播的功能,然而,大部分直播功能的加入并没有产生管理者所期望的效果,即没有从本质上了解先进技术对组织结构的影响。

(1)寻找信息系统的非技术对应物。在直播盛行之前,网友之间的沟通通常是由文字、语言组成。最早运用直播的行业是娱乐行业,直播技术的引入改变了人们的社交组织方式。我们以社交产品为例,传统的社交流程如图3-2所示。

图 3-2　传统社交流程图

可见,社交产品的非技术对应物为原来以文本形式传递的社交工具,将直播技术引入之后,社交产品的流程变成图 3-3 所示。

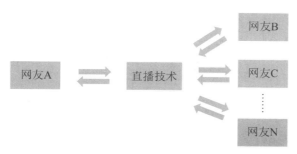

图 3-3　引入直播后的社交流程图

在产品研发时,需要将文本沟通的渠道替代成直播渠道,在这个过程中,需要注意替代技术对产品带来的结构上的影响,例如,社交面积的扩大,研发人员需要对这些组织结构的变化采取相应的措施,例如建立优质的服务器等。

(2)描述技术特征与价值主张。按照 AST 的观点,我们不仅需要考虑直播技术对组织结构的影响,还要考虑行动产生的额外组织结构,而在本案例中,直播技术具有明显的价值特征。

直播技术直接导致的组织结构变革,其特征在于良好的呈现性、互动的氛围。其价值主张有:①拉近人与人之间的距离,提供了以视觉沟通的社交渠道,提高产品的社交属性,等等。②良好的展现性,直播技术提供了一个即时展示的平台,包括商品(例如,衣服)、特长(例如,唱歌)等。③与此相对的,除了这些积极的价值特征,直播技术也具有软色情的属性。

在对技术进行特征描述后,研发者需要探讨这些特征是否符合研发的产品,主要考虑的方向在于:①产品是否具有较高的活跃度;②产品未来是否走社交道路;③直播技术的加入可以为产品带来什么样的积极效应等。

(3)技术与产品适应决策。在产品研发的过程中,直播技术的取舍存在两种决策情况:

①技术价值主张符合产品预期。陌陌就是一个很好的例子,在产品研发和产品迭代的过程中,原本靠文字、语音进行社交的陌陌业务抵达了天花板,而在陌生人社交上,直播技术具有得天独厚的优势,可以加速陌生人社交链的建立。

在引入了直播板块之后,外界看到的是陌陌直播业务风生水起——从 2016 年第一季度开始,直播超过会员订阅和移动营销成为陌陌第一大营收来源。2016 年第三季度,陌陌净营收首次突破 1 亿美元至 1.57 亿美元,同比增长 319%,净利润 3900 万美元。

当直播技术符合产品预期时,引入技术、顺应组织的变革就是一个良好的方案,如陌陌在产品迭代中加入直播,公司单独设立直播部门等。同样,淘宝引入直播试衣、51Talk 引入直播教学也是产品研发成功引入直播技术的案例。

②技术价值主张与产品预期差距过大。此种情况下,直播技术很难对产品产生正的收益,无

端引入直播技术无疑是对人力、财力的一种浪费，最终导致产品的业务并没有得到很好的提升。这种情况并不少见，在直播盛行的年代，各类App都跟风添加上直播技术，例如某些医美App、旅游App，而结果往往不尽如人意，因此，这种情况需要考虑技术价值，从而选择放弃或者选择其他技术。

◎ 2. 启发

（1）理论不足之处。理论从结构的二重性出发，一方面，组织结构本身既是由人类的行动建构起来的，因此，它应当受制于人的活动；另一方面，经过人的实践活动建构起来的结构又是行动得以建立起来的桥梁和中介。但是结构化理论是从基本概念去构建的庞大理论体系，从而容易导致概念之间的逻辑性不强，或者没有必然性。

（2）理论发展方向。伴随着组织信息技术投资规模的逐年增长，信息技术对组织绩效的影响一直是学术界和实践界关注的焦点。AST为探讨信息技术与组织变革的关系提供了新的视角和方向，指出信息技术内含的组织结构和组织结构之间的不匹配，以及信息技术的功能没有得到充分使用是导致信息技术投资回报率低的主要原因。前者的研究主要运用定性方法，从技术的结构化属性研究影响IT（互联网技术）项目实施的关键成功因素；后者的研究成果数量更多，内容更丰富，主要以信息技术采纳后阶段的适应性使用行为为研究对象，从微观的功能层面揭示探索性行为、革新性使用、扩展使用行为等的前置动因。

针对适应性IT使用行为的研究，学者们主要采用问卷调查、实验设计、焦点小组访谈和扎根理论等研究方法，重点阐释用户变量、任务变量、系统变量、制度特征和组织环境特征等如何影响信息技术采纳后阶段的适应性使用行为。然而，从微观的功能层面研究信息技术采纳后阶段的适应性使用行为尚处于早期阶段，研究者对此类行为前置动因的抽取深度和广度不足，未来的研究可以进一步抽取面向不同信息技术环境的适应性使用行为的前置动因，并且比较不同用户群体的适应性IT使用行为及影响的感知差异性。

3.2 产品研发如何降低交易成本——交易成本经济学

3.2.1 理论背景

◎ 1. 背景介绍

在早期的管理学研究中，研究的前提假设是完全理性，也就是古典经济学中所说的经济理性。理性经济人所追求的目标是使自己的利益最大化，具体来说就是企业追求自身利润最大化，消费者追求效用最大化，因此他们常常假设过程中是不存在交易成本的。但由于完全理性这一假设需要严格的内外条件支持，随着研究的深入与假设的发展，事实证明，市场环境的不确定性和复杂性让人们在收集信息和处理信息过程中具有一定的局限性，交易成本的产生是无法避免的，其基于完全理性的假设也因此被认为是远离现实的。可以说，几乎在所有的经济活动中，都涉及大量的交易成本，于是对交易成本的研究探讨逐步开展。

尤其是近年来随着信息产业和大数据技术的发展，外部资源利用的交易成本和风险大大降低，为新产品开发重塑全新的商业模式创造了可能。究竟在产品开发中，如何降低内部交易成本，提高企业的管控能力和工作效率？交易成本的概念能较好地阐述产品研发的管理范畴，因此需要相关人员深入了解交易成本经济学的原理并结合实际问题展开探讨。

◎ **2. 理论发展**

"交易"这一概念源于古典经济学，但含义相对狭隘，后来直到近代制度经济学研究，才成为经济学的一般范畴。从最初罗纳德·科斯在 1937 年发表《企业的性质》一文开始，交易成本经济学（TCE）至今已经历了 80 余年的发展。而在这 80 余年的发展历程中，交易成本经济学也一直在不断地完善改进，从概念提出走向发展成熟。纵观其发展史，交易成本经济学的自然演进总体可以分为三个阶段：

（1）概念阶段——科斯对交易成本的提出。科斯是在对新古典经济学进行反思的基础上才发现交易成本的，交易成本理论真正开始发展源于科斯在 1937 年发表的《企业的性质》一文。在古典经济学中，市场被认为是最有效的资源配置手段，而科斯认为除了市场，计划也能有效地调节生产，交易成本这一概念正是可以解释两者的调节效果。科斯揭示了交易费用在影响资源配置中的重要作用，企业这一组织的存在有效地节省了市场运作的成本，如何使得交易费用更低，从此也成了我们更加关心的问题。

（2）体系阶段——威廉姆森对交易成本理论的发展。科斯提出交易成本这一概念后，广大经济学家和研究学者基于此进行更深入的研究探索。以往科斯理论被引用较多，但应用较少，主要是由于该理论和现实的联系较弱。奥利弗·威廉姆森首先将交易成本加以整理区分为事前交易成本，如搜寻信息的成本、协商与决策的成本和契约成本，以及事后成本，如监督成本、执行成本、转化成本等。威廉姆森以有限理性和机会主义行为为假设前提，引入了资产专用性、交易频率和不确定性三个维度，更深入地对交易费用进行研究，从理论上明确解释了市场交易成本的来源，使得这一理论具备了可操作性和预测性。

（3）应用成熟阶段。交易成本经济学是新制度经济学的一个重要分支，经过前面两个阶段的发展，在概念和理论以及部分实证上都取得了较大的发展。发展至今，可以说交易成本经济学已经趋向成熟，由于交易成本在现实生活中普遍存在，因此交易成本经济学对于各个领域都有一定作用意义，该阶段交易成本经济学也逐渐被广泛应用到产业组织、公司治理、经济管理学、生产作业等领域中。

3.2.2　理论内容

◎ **1. 基本理论体系**

从字面上理解，交易成本理论是一门研究交易成本的理论。该理论以交易成本为主要核心，以宏观环境和微观个体为研究对象，也就是交易成本和研究对象构成了该理论体系，下文将对该理论展开详细的介绍。

（1）理论简介。既然交易成本理论是一门研究交易成本的理论，那么首先我们要知道交易成本是什么？关于交易成本这一概念的定义不尽相同。简单来说，我们可以将交易成本理解为在完成一笔交易时，交易双方在买卖前后所产生的各种与此交易相关的成本。由于社会环境的复杂性、交易者的有限理性、信息的不对称等因素，每一笔交易的发生都十分困难，也产生了大量的交易成本。交易费用与每个人都密切相关，如学生在网上选课比其他方式更便捷，这其中就包含了交易费用。

交易成本经济学就是研究交易中成本理论的一个学科，它把交易作为基本的分析单位，把每次交易视为一种契约，通过比较不同的组织形式和不同的治理结构，来解释交易成本如何导致某种具体的组织行为、组织战略或组织形式。交易成本理论的基本原则是人们喜欢以最经济的方式进行交易，因此，该理论的目的是通过分析影响交易成本的因素进而采取措施以降低或规避交易成本。也正是因为交易成本的普遍性和重要性，交易成本经济学也是新制度经济学当中唯一在实证检验方面取得成功的领域。

（2）研究对象。TCE的研究过程以交易为基本单位，一次或一组完整的交易分析过程所涉及的对象大致可以分为两个层面，即研究宏观制度环境和微观个体。

①宏观制度环境。制度是交易成本经济学涉及的特殊对象，制度环境实际上由许多变量组成，包括产权、法律、规范、习俗等，每一个变量的变化都会引起成本的变化。很多时候，制度是很难由个人去改变的，但制度又确确实实阻碍着交易的进行。比如企业在运转过程中因为要遵循政府规定的各种规章制度而产生大量经济、时间和机会等各种成本，造成交易成本增加。

②微观个体。"人"这一对象是一个复杂的研究对象。首先，人是有限理性的，尽管在主观上追求理性但客观现实中只能有限地做到这点，因此就需要正视为此付出的各种成本，包括计划成本、信息搜寻成本等。其次，"人"还存在机会主义行为，为了自己的利益可以不惜一切代价甚至违背约定。人的有限理性和机会主义行为的存在最终导致了交易活动的复杂性，引起交易费用增加。

（3）交易成本的产生。该理论认为交易成本产生的根源在于信息不对称和机会主义行为，如图3-4所示。

信息不对称就是指人们经常只具备有限的知识和信息，无法对产品研发进程进行最合理的规划以及对未来结果做出准确的预测，也不可能制订完善的应急计划。信息不

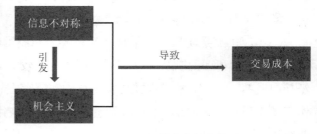

图3-4 交易成本的产生

对称或者说知识局限性所产生的问题是制约交易的关键性因素。在该情况下，就很可能产生机会主义行为，即交易双方处于不对等的形势下，持有较多信息的一方就可能利用这种有利的信息条件谋取私利。其实这在生活中也非常常见，比如说房屋中介利用了租客和房东之间的信息不对称进行的炒房行为、隐瞒行为，猎头利用用人单位和求职者之间的信息不对称进行的欺诈行为等。

◎ **2.交易成本类型**

交易成本包括三种类型，分别是市场型交易成本、管理型交易成本以及政治型交易成本。图3-5是三种交易成本的简单介绍：

市场型交易成本	管理型交易成本	政治型交易成本
完成市场交易整个过程中的耗费，包括搜集供求信息、寻找交易对象、进行交易谈判、实现交割等各个环节上的耗费	**组织内部的交易费用，**指公司或其他团体为了维系组织正常运转而必须支付的费用	设立、维持和改变**一个体制中的政治组织的费用**以及政体运行的费用

图3-5 交易成本的类型

（1）市场型交易成本。市场型交易成本主要包括搜寻信息费用、讨价还价和决策费用、监督费用与合约义务履行费用。在现实生活中，要进行一个具体的市场交易，决策者对于市场和产品的信息都是未知的，为了了解交易对象是谁、交易市场如何，他们就需要了解更多的信息。在信息不对称的情况下，首先潜在的交易对象必须搜寻了解产品信息以帮助自己做决策，确定交易对象和交易物品后需要进行一定的协商以拟定交易合约和交易条件，做出决策后，为了保证自己的利益必不可少需要进行监督和执行。因此在这一系列的过程中产生的费用构成了市场型交易成本。

（2）管理型交易成本。管理型交易成本即组织内部的交易费用，指公司或其他团体为了维系组织正常运转而必须支付的费用。以企业这一最典型的组织为例，其内部就存在所有者与管理者、管理者与监督者之间等多种不同于市场交易的交易。其交易费用主要包括设立、维持组织或改变组织设计的费用，以及组织运行的费用。第一种费用范围相对广泛，常产生于人事管理、技术投入等活动中，是一种固定的交易成本。而组织运行的费用属于可变的交易费用，可分为两个子类：一是与制定决策、信息关系、命令执行等相关的信息费用；二是与有形产品和服务转移相关的费用，如产品的运输费用、库存费用等。

（3）政治型交易成本。市场型交易成本和管理型交易成本都是在既定的政治背景中发生的，为了提供这种背景的制度安排及相关公共品而产生的成本就是政治型交易成本，政治型交易成本在一定程度上可以看作是管理型交易成本，只不过管理的对象是一种体制或是政党。政治型交易成本包括设立、维持和改变一个体制中的政治组织的费用以及政体运行的费用。

3.2.3 基本原理

◎ **1.理论模型**

交易成本的重要性和普遍性显而易见，对于实际的应用而言，更需要构建一个直观有效的理论模型对交易成本进行分析。

◎ 2.影响因素 --

从图3-6中我们发现在交易成本理论中，可用三个维度或变量来表征交易成本，分别是资产专用性、不确定性和交易频率。一笔交易可能涉及特定或非特定资产；具有低或高的不确定性；发生频次很少或很频繁。这三个维度共同作用对交易成本产生影响。

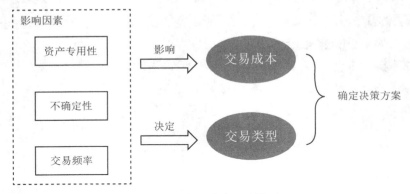

图3-6　交易成本理论模型

（1）资产专用性。资产专用性是指在不牺牲生产价值的条件下，资产可被用于不同用途和由不同使用者利用的程度。有些资产专用性较强，有些资产专用性则较弱。强专用性的资产由特定的经济主体拥有，并且只能用于特定的用途，如果转到其他用途或者由他人使用，则其创造的价值可能降低。一般来说，交易成本随着投资资产的增加而增加。

在新产品开发过程中，资产专用性主要包括场地专用性、物质资产专用性、人力资源专用性以及专用资产。而为了降低资产专用性，则可以借助"分享资产"的手段。比如说公司内部在研发阶段会有部门独立的专用资产，产品部与技术部相互独立的文件就属于各自的专用资产，两个部门在对接过程中则需要产生大量信息成本、时间成本，因而可以通过组织内部优化来共同产出共享的文件以降低资产的专用性进而降低交易成本。反观公司外部，若产品涉及特定复杂技术，在研发过程中，形成企业自有的专项技术代价过高，研发过程中往往会采取技术外包或合作联盟的形式来降低交易成本。

（2）不确定性。人类有限理性的限制使得我们面对未来的情况时，无法提前预测结果，加上交易过程中交易双方的交易信息都是不对称的，因此过程中难以预测可能发生的风险。交易成本也会随着交易不确定性的增加而增加。

创新产品的研发同样存在着不确定性，产品开发过程反映了与产品相适应的目标和约束，并且通常是迭代进行的。研发阶段产品的性能水平是一个不确定的变量，在初始阶段，产品的性能水平往往无法满足市场需求，一般来说，产品技术越新颖，不确定性会越强。尤其是在研发开始阶段，产品的市场需求是不确定的，市场环境的竞争性是不确定的，因此，在该阶段实时掌握市场需求，做出阶段性评估和改进是降低不确定性及交易成本的重要手段。比如说，提高用户在产品研发阶段中的地位：用户可以参与开发并实时反馈，进而更好地掌握需求变化以及改进方向。

（3）交易频率。交易频率指的是交易发生的次数。每一次交易都伴随着管理成本和议价成本的产生，所以交易频率决定于某一次交易建立的专门治理结构是否经济。若交易是经常性的，为了提高稳定性和便利性,那么企业需要建立专门的组织形式,如层级或网络,以节约交易费用。若交易是偶然性的,那么设置专门的组织形式则显得不划算。就比如企业短期需要较多的劳动力时会雇佣一些临时工,若需要是长期的,则雇佣专职职工。可见,交易频率通过影响交易成本,进而影响到治理结构的制定。

产品研发过程同样存在着许多重复频率高的事项,比如说由于开发人员与用户之间的信息不对称,那么需要不断地去搜寻市场信息,构成重复的搜寻成本,增加交易费用。为了减少这种重复的交易成本,降低交易费用,需要建立一种有效的制度安排,比如说建立专门的研发过程中信息搜寻小组以及固定的流程。一方面将独立重复的操作进行整合,另一方面降低独立重复搜寻信息的交易成本。

除此之外,可能还会有其他影响因素存在,比如外部的法律法规、技术进步、信息革命等,内部的资源、人力协调等。通过对交易中可能影响交易成本的因素进行分析,不仅可以从本质上了解交易成本的产生,也可以采取更具针对性的措施来降低交易成本。

3.2.4 应用与总结

随着互联网的普及和发展,信息传递的速度和范围得到了大幅度的提升,同时,市场规模扩大,个体观点有了表达渠道,使得消费者的个性化诉求开始得到更高度的重视。在这种外部环境下,对于互联网企业来说,它们更倾向于寻求更加灵活的组织方式,以降低开发过程中的交易成本,提高开发效率。

◎ **1. 交易成本在产品研发中的应用** --------------------------------

对于一个新产品的研发,在研发阶段,毫无疑问需要各个部门之间的相互协调、信息传递。但是,在大多数企业组织实践中,存在着大量"信息孤岛"的现象。"信息孤岛"指的是由于组织中的知识和信息资源得不到有效的交叉融合和共享,企业的整体知识资源浪费、透明度低和效率低,产生严重的信息不对称现象,这也因此成为交易成本大大增加的最主要因素。从交易成本的角度去考虑,为了打破信息不对称这一困境,下面将分别从资产专用性、不确定性、交易频率三个角度进行展开,分析如何降低交易成本,如图3-7所示。

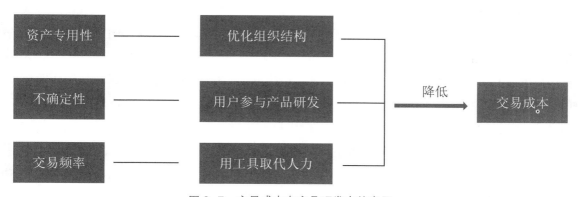

图 3-7　交易成本在产品研发中的应用

（1）从资产专用性角度降低交易成本——优化组织结构。通过优化组织，建立扁平化组织和网状组织，建立起企业组织间完整的信息链，获取传递信息并整合来自中间组织的信息共享型专家经验，让组织中的每一个人都能面对用户需求，同时部门与部门之间网状连接，可以有效地解决信息不对称这一现象，从而降低交易成本。

在"互联网＋"时代，环境越发复杂，市场也在不断动态变化，企业必须不断缩短新产品的开发周期，并不断对产品进行升级换代。在这种情况下，高效开发尤为重要，但实际上产品开发是一个跨部门的流程，由若干职能部门共同负责推动项目进展。由此可见，产品研发是否能高效完成其实是有条件的，由于在执行研发项目时，各个部门的目标和所获得信息不同，因此产出也会不同，那么不同部门之间存在着信息传递滞后以及信息消化困难的情况。在这种情况下，为了弱化各部门之间的资产专用性，就需要打破部门壁垒，将原来的跨部门协作变为同一组织同一部门内部协作，建立一个有共同目标的开发小微组织。比如将传统组织下的开发人员，包括企划经理、研发经理、技术经理等纳入小微组织，还应把财务经理、采购经理、供应链管理经理等相关人员吸收到小微组织中，统一对新产品开发项目负责，以便一个团队内可以实时获取、理解信息，并将一些工作进行并行处理进而提高效率。

（2）从不确定性角度降低交易成本——用户参与产品研发。用户参与是影响新产品研发成功的关键因素，在产品设计完成的基础上，在新产品研发环节中邀请用户参与到产品的迭代测试过程中，不仅增加了产品投入市场后用户使用新产品的可能性，最重要的是顾客可以将环境因素和自身因素进行整合，为产品迭代提出真正有价值的意见，减少了产品不能满足用户需求、无法得到市场迎合的不确定性。

当然，用户参与的方式也会在很大程度上影响到新产品研发的效果，这往往与用户类别和参与程度有关。根据用户与产品目标用户的拟合度从高到低我们可以将其分为三类，即高参与度用户、中参与度用户、低参与度用户。高参与度用户可以参与到研发的各个环节，并与企业建立一个更加密切的信息沟通、互动、信任支持方式，其角色更像是与企业平等的合作者；中参与度用户则通常在产品功能、外观迭代中参与进来，其角色更像是一个企业中的重要员工；而低参与度用户，可能仅仅参与研发中的信息分享，提供更进一步的需求，其角色就只是像一个建议提供方。只有在研发过程中将不同的用户类型与对应的参与度相互匹配，才能得到更加准确、有价值的信息，进而达到消除不确定性、降低交易成本的作用。

腾讯就是一个将用户贯穿到产品生命周期的一个企业，腾讯的互娱用研中心从2010年的客户端游戏时代开始，便为腾讯旗下的各个产品提供有关的用户行为与市场的数据支持。在用研中心，用户可以和研发团队进行更多直接的交流和互动，日常的产出建议也会直接传达给研发部，及时共享信息并发现问题。举个例子，大家都知道《魂斗罗》是一个经典的IP（知识产权），腾讯在将这样一个老IP做成手游之前也都对产品目标用户、核心玩法、市场接受度有些不清楚的地方。由于即将改版的手游版本和老IP版本的用户在定位上存在着较大的差异，为了降低不确定性，腾讯需要了解差异化用户对于新版本是否满意。因此，它邀请不同用户进行测试，并分析用户对游戏的接受度，通过多次的研究测试发现爱好动作格斗的用户是接受度最好的一个群体，因此针对这类用户的需求，在产品迭代中针对性地调整玩法及画面。

（3）从交易频率角度降低交易成本——用工具取代人力。不论是在哪项工作中总会有大量频率高且烦琐的工作，为了提高处理这些工作的效率，降低交易成本，最好的办法应当是善用工具的力量来取代人力去完成这些高频率的工作。就比如说数据的处理，在研发过程中都会产生大量的数据，只有及时地对这些数据进行分析，才能将大量碎片式的信息整合起来。为了节省该项工作的交易成本，可以通过建立大数据分析及应用系统，借助现代化信息技术工具高效有序地整合企业内部资源并分析市场变化。

◎ **2. 总结**

随着经济全球化和技术的迅速发展，及时推出客户满意的新产品已经成为企业竞争的重要手段，提升新产品开发效率就成了新产品开发管理的重中之重。日益复杂的新产品开发需要融合多个领域、学科的知识，单个企业或个人很难拥有新产品开发所需要的全部知识，但是多部门的合作则很难提高工作效率。威廉姆斯曾说交易成本在经济学中的地位就如同摩擦力在物理学中的地位，其重要性不言而喻。通过以上的分析，我们了解了交易成本理论的起源和发展，了解了资产专用性、不确定性、交易频率对于交易成本的影响程度及如何影响。当我们将交易成本与产品研发相融合，尝试从资产专用性、不确定性、交易频率角度去考虑如何打破产品研发中的部门信息壁垒时，原来的企业和用户之间的信息不对称性被打破，缩短了企业和用户之间的距离，提高了产品研发工作的工作效率，最终实现交易成本的降低，这对于新产品开发具有重大的意义。

3.3 语言对产品研发的影响——语言行为理论

3.3.1 理论背景

◎ **1. 背景介绍**

随着信息技术的发展，人们开始逐渐关注一个系统（产品）研发的本质，即人们更加注重对研发的解释，如何使产品在使用中更具效率。

整体来看，系统研发是一个复杂的网络。它可以从任何一个点开始研究，然后向其他方面扩展。举个例子，如果我们从系统实现开始考虑，我们一开始会考虑系统需要什么样的硬件，然后我们可以由此来定义用户界面；同样地，如果我们从考虑用户交互开始，我们最终会回到如何在硬件上有效运行上。由此看来，尽管所有的部分最终都会被考虑，但结果会因我们从何处开始而有所不同。

在这个基础上，语言行为理论则提出了一个特殊的视角：将语言作为人类合作活动的主要维度。从语言/行动的角度出发，只要某些工作涉及一组人之间的沟通和协调行动，我们就可以针对性地研发出更有效率的工作系统。

◎ 2. 理论发展

（1）理论提出。Fernando Flores 和 Terry Winograd 于 1987 年共同撰写了《理论计算机和认知》并在书中提出了本理论，"将语言作为人类合作活动的主要维度"不仅适用于人与人之间的面对面互动，还适用于信息系统的研发。

（2）理论完善。1988 年，Winograd 受邀在 Apple（苹果公司）的研讨会上介绍基本概念。一些 Apple ATG 研究人员看到了增强基于网络的计算机交互的用户体验的潜力。

LAP 在业务流程建模中的应用研究是在 21 世纪初英格兰西部大学计算机、工程和数学科学系的系统建模研究小组中完成的，这从模型层面完善了理论本身。

（3）理论改进。Terry Winograd 在 2006 年发表了语言–行动观点的两个关键导向原则：

①语言交流作为理解信息系统中发生的事情的基础。 最终所有信息都是通信，不是抽象的位和字节系统，而是人们交互的手段。

②语言就是行动。通过他们的语言行为，人们会改变世界。在强调信息技术的语言–行动框架时，我们强调行动维度而不是更传统的信息内容。

在信息系统的研发中，Terry Winograd 提出了一个概念观点，即信息技术在改善人类交流的能力方面可能受到限制。"专家行为需要对上下文具有精确的敏感性，并且能够知道应该做什么。计算机器专门用于处理与其上下文无关的符号，无法成为专家。"因此，对环境的敏感性更多地出现在人类领域而不是人工领域。

3.3.2 理论内容

◎ 1. 语言行为理论的三个细分

语言行为包括许多方面的观点，包括与计算机的各种互动形式。这些理论从以前的语言学著作中成长起来，并且还在发展。本观点的研发工作已经与语言学理论的研究混合在一起。作为一种概括语言/行动视角的广泛框架，本观点将采用和扩展语言学理论的传统细分：语法、语义和语用学。

语法是语言的可见（或发声）形式的结构。语法决定了语句的基本元素（字母、单词等）以及它们可以组合的方式。从广义上讲，对于语法的研究可以讨论等式、电子表格、发票甚至事件的语法，例如研究屏幕上的菜单项。语法与其他层次分析的区别在于它不考虑解释或含义。

语义是语言结构的潜在意义。它包括个别元素的定义（例如，词）以及结合起来产生的意义。在研究与扩展中，我们可以讨论研究工作站屏幕上、窗体中的空白语义或操作系统命令的语义。

语用学涉及语言使用的问题。一个经典的例子就是主人对仆人说"我很冷"。虽然字面意义是关于温度的陈述，但他的实际意图是想唤起仆人的行动。对于这个细分我们主要的研究兴趣在于语言在唤起和解释行动中的作用。

总的来说，现代语言学家倾向于采用一种复合型方式，使个人语言用户的知识和心理过程的结构正规化。在语言/行动观点中，我们更加强调语用学而不是语言的形式。在这样的方针下，语言行为理论是研究与发展的出发点。

2. 语言行为理论与对话结构

语言行为理论陈述了五个基本的语用,即你可以用话语来做的事情:

(1)主张:表达对某个命题真实性的判断。

(2)指令:尝试让听者做某事。

(3)承诺:陈述自己未来的行动方针。

(4)宣言:把语言行为和现实的命题内容联系起来,例如,宣告夫妻结婚。

(5)表现:表达对事态的心理状态,例如,道歉和赞美。

语言行为不是无关的事件,而是参与更大的对话结构。

举一个关于行动对话的简单例子,其中一方A向另一方B提出请求。对于这一请求,双方默认具有一定的满意条件,这是理论上对B的未来行动过程描述。在最初的话语(请求)发生之后,B可以接受(从而承诺满足条件)、拒绝(从而结束谈话)或反要替代条件。每一个行动都有其可能的延续(例如,在还价后,可以接受/取消请求,或反要约)。

关于这个对话结构的几点值得注意:

(1)我们使用对话是非常常见与平常的。它不必是口头交谈,只要以语言形式出现即可。例如一位医生在病人的表格上写治疗要求,即使没有当面说,他依然是与护士进行对话。

(2)对话是由一个请求发起的,从而植根于预期未来的一些行动。

(3)所有的行为都源自于语言。例如,通常遵循诺言的行为是从诺言到请求者的完成过程。随后,请求者声明该行为是否令人满意。满足条件所需的任何实际操作都在对话结构之外。

(4)满足的条件不是客观的现实。它们存在于倾听之中,双方之间的差异总是存在的,这可能导致故障以及双方互相间的理解。

(5)对话结构并没有直接指示人们应该做什么,或者如何处理他们行为的后果。

行动对话是人类组织的中心协调结构。我们互相做出承诺,使我们能够成功地预测他人的行动,并与我们自己协调。这里强调的是语言作为一种活动,而不是信息的传递或思想的表达。这里分析的相关结构是语言行为和他们的谈话。在将其应用于计算机系统研发时,我们并不是复制人的知识或思维模式,而是与它们相互作用的结构和在计算机系统中嵌入这些交互。

3. 计算机系统的行动对话

我们将通过描述在销售、财务、管理、运营和规划中使用的第一代会话系统来说明本观点对计算机系统的相关性。该系统的研发基于上面概述的对话结构,并且系统提供了用于生成、传输、存储和检索的硬件设备。

(1)对话工具。协调系统的用户界面是由菜单组成的,而菜单项指示用户可以采取的新操作。让我们先看一下如何打开对话以采取行动。

协调系统不提供统一的命令来开启新的消息,而是为具有不同隐含动作结构的对话提供了选项。当选择请求发生时,二级界面就会出现,提示用户指定收件人以及做出与传统邮件中的主题标题对应的动作描述。随后系统会询问用户的请求是什么,用户就可以在其中输入任何文本。此处有两个保证沟通有效性的措施:

①系统不主动理解用户写的文本，即让人们做对自然语言的解释，让程序处理明确的结构声明。这使得用户可以自由地用普通语言进行通信。

②保证与读者处于同一背景。一个可以理解的请求可能只包含一个词语，比如"中午？"。如果他们经常一起去吃午饭，他们就能够解释。

当用户发出信号表示文本已完成时，系统将提示他完成相关日期的填写。这些信息不仅提供了用于检索和监测完成的结构，而且使用特定日期在产生有效对话方面发挥了惊人的作用。

当系统的用户收到请求时（此处不讨论消息传输和检索的详细信息），他可以选择从菜单中选取应答来进行响应。这将弹出一个辅助菜单，如图3-8所示。

此菜单由来自网络的会话状态解释器自动生成，如图3-9所示。右列中的前三项（承诺、反要约和谢绝）表示状态2中的响应方可用的操作。如果选择了任何应答操作，则会自动生成一条新邮件，并带有一般文本。例如，如果响应是承诺，则最初的消息是我保证按照您的要求去做。用户可以使用嵌入式文字处理设备来扩充或替换此文本。启动请求或要约的消息需要包含描述操作的文本，例如，您是否可以将我们正在讨论的报告发送给我，但通常可以通过选择适当的菜单项并按下按钮来进行后续步骤发送消息。

谈话中行动	
自由形式	取消/新的承诺
中期报告	取消
	报告-完成

图3-8　响应请求的菜单

谈话中行动	
承认	承诺
自由形式	反要约
提交承诺	谢绝
中期报告	完成报告

图3-9　协调系统的逆向菜单

协调系统没有魔力来强迫人们实现他们的承诺，但它提供了一个简单的结构，在其中可以审查其承诺的状况，改变他们履行的承诺，以减少在他们的谈话中出现的错误，并使双方的工作状态更加明确。

（2）检索和监测。会话的结构和状态是系统中组织检索和审阅的主要依据。简单地说，结构是为隐含的问题提供直接和相关的答案。在检索和监测中，有几件事值得注意：

①系统中的基本工作单元是对话，而不是信息。在传统的电子邮件系统中，会话中的消息通常通过在标题中使用"Re："来连接。对于协调系统，每条消息（包括自由格式）都属于特定的会话。检索结构是两级的，用户首先标识对话，然后在其中选择要显示的特定消息。

②在消息的生成中，会话理论使检索成为可能。例如，如果你向我提出一个建议，那么我们的谈话就在一个状态，下一步是属于我的，此时，我还没有对你做出承诺。

③开放和闭合对话之间的区别是用来过滤被检索的。除非用户另有指定，否则协调系统将只显示那些仍可进行下一步操作的会话。

④显式完成日期可以用于面向时间的检索。日历子系统是集成的，因此所有这些项目都可以选择性地显示在个人日历中的适当位置，以及更常规的项目（例如，会议和约会）。

协调系统是一个以语言理论为基础的系统。所有的解释（例如，一个特定的消息是一个请求，或它应该在一定时间内完成）是由使用该系统的人，在适当的菜单和提示的引导下进行的。它是一个通用的工具，在某种意义上说，字处理器是用于特定类型的通信，而不考虑主题。同样，协调系统制度不是为任意序列的信息而建立的，而是针对协调工作核心的请求、承诺来完成的。

3.3.3 理论原理

◎ 1. 基本观点

语言行为理论在对话的过程中引入了会话类型，而不考虑对话的内容。当然，内容也有很高的重复性，这在组织交流的数量上是明显的（包括电子形式）。例如，当医生要求病人接受药物治疗时，我们可以根据上文所述的结构，将一般行动确定为一项要求，我们可以使用像协调系统这样的系统来监测其完成情况。从一个稍微不同的角度来看，我们可以把它看成是药物顺序对话，它是通过填充标准的空白（例如，患者姓名、药物的名称和数量等）来指定的。医生可以采取一个单一的行动（例如，菜单选择），以显示与其相关项目，与一些最初填写（例如，日期）。其他可能会自动填充（例如，标准用量/天）。

这些都不是新的。从航空公司柜台到杂货店，每一种生活体验都可以找到沿着这些路线创建的商业项目。我们可以把这些系统看作是一种稳定的对话结构。在研发表单和交互时，程序员体现了他们对一个专门的会话结构的理解和一组完成对话的过程。灵活的规范形式（或消息）和它们之间的关系使研发适当的窗体和空白更容易，并支持自动化。

从语言/行动的角度看，出现了两个基本观点。

第一，会话结构起重要作用。药物订购表单对特定对话中的动作（请求）进行编码。另一种形式，如护士的病人报告可以体现在谈话中的进一步行动（例如，报告完成）中。这些联系可以作为检索和介绍的基础，并为整个系统和随之而来的程序提供结构。

第二，语用学是语言行为的基础。传统上，语用学被描述为一种语言的形式和它所说的世界上某种真理条件之间的对应，分析集中于从元素的系统组合中引出意义。一个是理所当然的，另一个基本术语的集合——名词、动词、形容词等——指的是世界上可识别的对象、属性、关系和事件。从语言作为行动的角度来看，单词不能被孤立地定义在使用它们的特定会话设置中。词汇中的选择所反映出来的区别是通过经常性的谈话方式产生的，其中的行动细分导致了新的区别。

这在我们扩展的语言学角度也同样如此。基于计算机的表单具有语法，其中个人字段及其填充是基本单元。字段标记状态的解释不能基于状态的一般定义。它将取决于输入、解释和使用记录的人员和背景。只有在相关的背景被分享的情况下，沟通才能有效。业务数据处理文本讨论了数据字典的重要性，它规定了数据库中各个记录和字段的含义。在这项活动的背后，有关于定义是从哪里来，它们是如何被代表的，以及它们是如何被使用者理解等问题，这些与自然语言的问题类似。

◎ **2. 核心思想**

本语言行为理论，主要运用于解释计算机交互中的结构，它从语言的视角出发，注重研究语言学中的语用观点，并基于此提出了语言行为理论和对话中的结构，由此来说明计算机交互中的行为结构。其主要说明，人们生活中的语言可以被进行结构化，然后运用到计算机交互系统之中，由计算机交互系统去辅助人们决策判断以及提高效率。比如利用计算机记录两个员工之间的对话，通过不同的决策将会引出不同的结果，在此过程中，计算机会为决策做出引导，从而提高员工之间的工作效率，避免了他们进行会话之外的交流（如图 3-10 所示）。

3.3.4 应用与启发

◎ **1. 应用**

现代 App 中的语言行为理论——以钉钉为例

以目前产品研发的视角来看，语言行为理论似乎有点落伍。在 20 世纪 80 年代中，计算机才刚刚兴起，计算机与人之间应该如何交互是一个讨论的关键点，可惜的是，在观点后续发展中，并没有被广泛地研究与延伸。但是，语言行为理论也有它前瞻性的一面，许多产品都能看到它有价值的一面，对现代产品研发也有借鉴意义。

语言行为理论研究计算机是如何辅助人们进行工作交流的，从这个方面来看，钉钉就是一个广为人知的案例。

（1）参照工作流程。在产品研发的时候，需要明确出发点，在前面理论介绍中也提到了，我们需要以"语言"为出发点，换而言之，就是我们在工作中是怎么交流的。通常来说，工作中的交流是错综复杂的，具有复杂的结构特征。

以钉钉为例，它在研发初期，参考的是互联网企业架构与工作流程。企业分为许多部门，部门内与部门间又有许多交错业务，如图 3-11 所示。

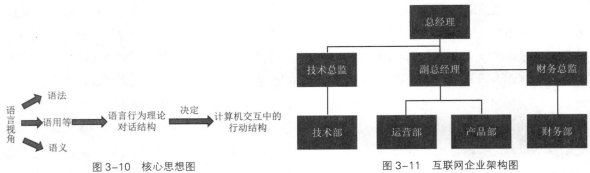

图 3-10 核心思想图

图 3-11 互联网企业架构图

依据不同部门间的语言沟通行为，钉钉通过部门内建立部门群、部门间利用审批的方式保证了部门内的沟通，也优化了部门间的工作效率。图 3-12 即部门间功能，如签到考勤实现线上化，自动生成部门考勤情况和个人考勤情况，帮助管理者从整体上了解各个部门、各个员工，同时与其他沟通语言隔离开来，提高管理效率。

（2）简化语言处理结构。语言行为理论中一个主要的理念是：按照工作系统的提示来完成某个工作流程，减少沟通双方之间不必要的其他交流，从而提高工作效率。举一个具体的例子，当你要想申请财务报销时，你向财务部门的人提交申请，可能你们在提交之外会聊一些"今天中午吃些什么？"这样额外的话题，当这种行为不断积累时，会对企业整体带来效率上的影响，对此，钉钉研发迭代审批功能，各个部门都可以设置审批模板（如请假模板），其他部门的人只能填写相关的语言信息，审批人可以在统一时间进行回复，大大提高了业务效率（如图3-13所示）。

（3）拓展语言表达形式。语言行为理论提出，当某一个行动请

图 3-12 钉钉界面图（1）

图 3-13 钉钉界面图（2）

求发生之后，其他结构就随即做出回应。举个简单的例子，当你的钉钉处于忙碌状态时，对方给你发信息（这就是一种请求），此时，系统会自动显示"未读"（这是其他结构的回应）。从整个公司角度来看，传统公司的老板和项目经理经常在QQ或微信群内发布任务，需要人工查看"收到"个数并反复比对，严重降低了工作效率。其实，这就是一种辅助交流的系统交互形式，通过协助系统来简化语言处理的过程，在机器不主动提供理论自然语句的前提下，完成沟通效率的提升。

语言行为理论提出，语言可以以不同的形式记录，例如声音、文字、图片等，在互联网的言语沟通中，钉钉利用多种形式进行言语沟通，协助了双方的交互，丰富了使用者的应用场景。

◎ 2. 启发

（1）理论不足之处。按照常理来说，从任何一个角度都无法完全理解技术影响。因此，在研发一个连贯的系统时，我们是以一种视角为指导，但同样要考虑本视角可能忽视的关键点。其他一些观点将与从对语言操作的关注中产生的研发进行交互实现。

①实现中的问题。从实现的角度来看，我们关注的是硬件、操作系统、语言、数据格式等问题。从关于系统研发的大量详细文献这个角度来看问题，因为它必须有实际的理由。因此，我们不能孤立地看计算机系统。实施研发是围绕计算机系统本身的更大的网络问题的一部分，例如研发、购置、安装、维护、雇用或培训人员使用系统。这些因素包括经济、政治和社会方面的考虑，每一个都有自己的对话领域。

以21世纪的视角来看本观点，依然存在许多缺陷，例如观点中提出的机器辅助人类做出决策，在人工智能的浪潮下，显得不那么先进。自然语言识别恰恰是让机器拥有自己对语言识别的能力，不再把机器只看做是一种科技。从这个方面来看，语言行为理论在某种意义上，已经不适合人工智能的时代了。

②信息处理中的问题。传统的系统观点集中于输入、存储和访问的信息种类，以及与之相关

的逻辑规则。就执行而言,这显然是需要处理许多细节的观点。我们对这些问题的相对缺乏注意并不意味着它们不重要。我们的论点是,与实现一样,应该以从属的方式来观察它们,这是由对使用系统的人在语言行为的结构中所扮演的角色的考虑所指导的。

从语言/行动的角度来看,我们可以理解在进入特定经常性对话的潜能方面的作用。但是我们没有任何工具来描述各个组成要素的分布或相互作用的潜力。在观察一个人的角色时,我们需要认识到他的身体在同一时间只能在一个地方,而且它的能力是有限的,并且需要观察他从一个地方移动到另一个地方。在某种程度上,这是一个很烦琐的过程,需要去研究与解决。

(2)理论发展方向。从声明开始,即系统研发者受益于对语言行为理论的明确认识,产生了关注和问题,并提供了可以解决它们的结构化分析方法。虽然每一项研发最终都必须从各个角度面对问题,但其总体方向却受到主要因素的影响。我们已经展示了如何将合作工作解释为语言行为和对话的产生。协调系统的经验证明了这一观点在研发工作组通信工具方面的价值。它作为对话行动的一般媒介,在各种环境中提高了工作能力和效力。下一步是将语言/行动观点应用到系统的研发中,以处理会话的经常性内容、其他类型的对话以及将一个会话与另一对话联系在一起的关系。对于哪些核心问题将确定办公系统和计算机支持的合作工作的研究领域,几乎没有达成一致意见。这些字段不能由特定的实现技术或信息处理原则来定义,因为这些领域适用于所有计算机系统。我们认为,它们是一项新的学科的一部分,侧重于系统结构与工作结构之间的相互作用,我们预期语言行为理论将在其发展中发挥重要作用。

3.4 打造更适合用户的软件——接受与使用统一技术理论

3.4.1 理论背景

◎ 1. 理论起源

信息技术如今已经被广泛地应用于社会的各行各业中,工作中使用的各类信息系统、手机上装载的大量 App 无一不是信息技术的产物,它们的出现对于我们日常的工作生活产生的巨大影响已经毋庸置疑。但我们在使用这些产品的时候难免有过由于产品自身设计的缺陷而产生糟糕体验的经历,那么作为产品的研发者如何来规避产品的设计缺陷呢?"微信之父"张小龙曾说过的一句话可以很好地回答这个问题:一切以用户价值为依归。如果说用户在使用产品时产生了不良体验,显然是由于产品的研发者在产品的研发设计中没有对用户的真实需求进行周全的考量以及将其融入产品中。想要很好地解决这个问题,简单地说就是产品研发者应该从用户的角度思考,明确用户的需求是什么,思考以怎样的方式才能更好地满足用户需求,实现用户价值。而这种产品研发设计中的用户思维和接受与使用统一技术理论不谋而合,根据用户的需求以及用户特征逆向选择合适的技术,并设计操作流程合理的产品。

◎ 2. 研究基础

解释用户对新技术的接受程度通常被描述为当代信息系统文献(如 Hu 等 1999)中最成熟的研究领域之一。这一领域已经诞生了很多模型,包括理性行动理论(TRA)、技术采用模型

（TAM）、激励模型（MM）、计划行为理论（TPB）、综合 TAM 和 TPB 的模型（C‐TAM‐TPB）、计算机利用模型（MPCU）、创新扩散理论（IDT）、社会认知理论（SCT），这八个理论解释了 17% 到 53% 的用户使用信息技术意图的差异，接受与使用统一技术理论正是通过对这八个模型的研究以及综合后形成的。

3.4.2 理论内容

◎ **1. 理论简介**

UTATA（接受与使用统一技术理论）最初是一种可以帮助管理层评估组织引入新技术成功的可能性的工具，帮助他们理解用户接受技术的驱动因素，以便主动设计针对可能倾向于不采用新系统的用户群体的干预措施。这一理论也可以被应用在产品的研发中，即在产品的研发设计阶段就将用户的需求作为产品要实现的目标，分析用户特征，采用反向思维倒推产品设计方案，打造更适合用户的产品。

◎ **2. 理论的主体结构**

（1）基本概念框架。Viswanath Venkatesh 在 "User acceptance of information technology：toward a unifind view" 一文中提出接受与使用统一技术理论的基本概念框架（见图3-14），解释了构成本研究基础的重要内容——个体对于信息技术的接受度，简单来说，对于信息技术使用的态度。比如说积极的或是消极的态度以及对技术的重视程度构成使用信息技术的意图，意图会直接影响到实际使用信息技术的效果，同时态度带来的情绪等因素也将对实际的使用效果起到一定的影响。基本概念模型中提出，实际使用技术的效果能够反向作用影响到个人的态度。

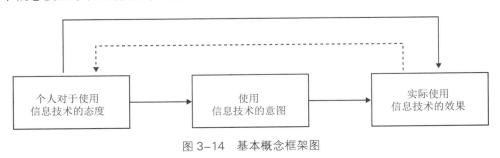

图 3-14　基本概念框架图

（2）研究模型结构。Viswanath Venkatesh 在 "User acceptance of information technology：toward a unifind view" 一文用图表的形式对接受与使用统一技术理论这一理论构成进行了详细阐述（见图3-15）。

在接受与使用统一技术理论的模型中，在解释个人对于信息技术的接受以及使用行为时，认为行为意愿和促进条件是直接影响因素，而行为意愿由绩效期望、努力期望、社群影响三者组成，同时模型还将性别、年龄、经验、自愿性作为调节因素，将会对绩效期望、努力期望、社群影响、促进条件产生影响。

接下来将对绩效期望、努力期望、社群影响、促进条件这四个影响条件进行详细的阐述。

①绩效期望被定义为个人认为使用该系统将给他带来的收益是多少。绩效期望又由五个预

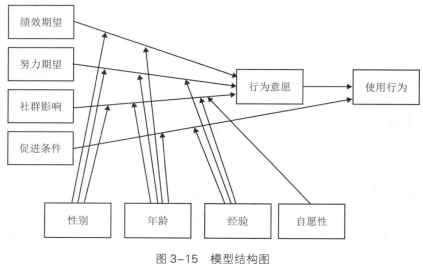

图 3-15　模型结构图

测因子组成,包括感知有用性、外在动机、工作协同度、相对优势、结果期望。

感知有用性指的是用户认为使用该系统对自己的工作有帮助,这通常是一个产品最基础的目标;外在动机是指为了推动新系统的使用而设置的一系列激励机制,常见的做法通常是产品在正式推向市场时会通过发放补贴来吸引用户,比较成功的案例是拼多多的邀请好友砍价的做法;工作协同度具体解释为能否有效地降低完成工作所需要的时间成本并且提高收益,这一点与感知有用性比较相似,但工作协同度更强调与工作本身的契合度;相对优势则是从使用前后用户的体验这一角度进行解释,使用该系统会比没有使用该系统好很多;结果期望则是一个更为宏观的长期因素,比如使用该系统是不是能有助于个人职业生涯的发展。

简而言之,绩效期望描述的是个体对于采用新技术、新产品所能产生的预期效果的期望,同时绩效期望也受到性别和年龄的影响:男性相比于女性更倾向于结果导向,而且越年轻的人事业心越强,对于绩效期望越看重,因此用户对产品能实现的绩效期望对于年轻男性的影响比较大。这里所说的绩效期望通常不是指产品能够带给用户的精神愉悦,而是相对而言比较功利性的目的,能说明这个问题的一个很好的例子是股票软件,尽管股票软件在产品设计上非常糟糕,用户体验差,但只要能提供精准的市场信息,炒股者依旧对其趋之若鹜。

所以一个产品在设计时要明确目标用户的期望是什么,同时要注意要将产品的定位明确传达给用户,让用户能够感受到产品是与自身期望相符合的,从而接纳产品。

②努力期望与系统的易用程度紧密相关,是个体对于新技术的使用能否减少工作量、减少多少工作量的判断。努力期望由以下三个预测因子组成:感知易用性、复杂性、使用的方便性。

感知易用性可以理解为用户认为使用系统不用耗费很多的精力,很容易用系统进行工作;复杂性则解释为在初期需要耗费很多时间来学习如何使用该系统;使用的方便性和感知易用性比较相似,但前者更加侧重于对于系统是不是很容易理解。

努力期望与人们对于初期新系统的学习、正式的使用过程中难易度的判定有关。与此同时,努力期望受到性别、年龄、经验三个因素的影响,通常来说,女性会更加重视系统的易用性;年龄的增加会导致对于处理复杂刺激的问题的能力减弱,所以年龄大的人也更加偏向于使用简单易用的系统;对于缺乏经验的新人而言,他们尚未培养自己处理该类型的工作的习惯,所以他们会比经验丰富的人更容易适应采用新的系统进行工作。因此,年龄较大且对于该系统经验相对较少的女性更加看重努力期望,所以在面向这一人群进行新技术的推广时,应尽可能简化新系统的使用流程以及操作难度,使他们更容易上手。

张小龙曾说过"少即是多",一款产品的功能越是繁杂,用户对于产品的努力期望越会大大提高,也就是认为自己要花更多的时间来学习使用产品,提高用户门槛,因而在产品设计阶段添加新功能时需要思考新功能的添加是不是真的有必要,新功能在向用户提供更多功能的同时对于所有用户体验的损害是否值得。

③社群影响指的是个体所处的环境中其他个体对于他是否应该使用新技术的影响。社群影响由以下三个因子决定:主观规范、社会因素、形象。

主观规范被理解为个体用户对新技术的态度受到来自他重视的人的影响;社会因素则是所处社群中其他一般重要的人对于新技术的使用程度,相较于主观规范,更强调周围群体的影响;形象则是被理解为使用新技术对于他在社群中形象的影响,比如说使用该系统能为他在群体中建立一个喜欢创新的形象。

社群影响受到性别、年龄、经验、自愿性四个调节因素的影响。一般来说,女性对于其他人的观点更加敏感,所以在形成使用新技术的意图的初期时,社群影响更加显著,但是效果会随着经验的增加而下降;年龄的增加会使得他们更加遵守社会的要求与规范,所以社群效应对于年龄较大的人而言更为明显,但是影响力也会随着经验的增加而下降;同时还值得指出的一点是,在强制性环境中,社群效应只在使用该技术的早期阶段才具有意义,其作用会随着时间的流逝而逐渐消失。

④促进条件是指个人认为在使用技术过程中,组织和技术基础设施以支持系统使用的程度,由三个预测因子组成:感知行为控制、促进因素、兼容性。

感知行为控制指的是真正使用新系统时的难易程度;促进因素则是指环境中存在的客观条件使得新系统的利用率更高,比如说免费的系统会比付费的系统更能提高用户的使用率;兼容性具体解释为新系统的价值、使用流程与潜在使用者的需求的匹配程度,比如说组织中使用的新的财务报销软件,如果和原有员工习惯的流程基本一致,那么用户会更加容易接受。

促进条件受到经验和年龄的影响。一般而言,用户使用新系统的过程中,能够寻求到多种途径获取帮助和支持,效果随着经验的增加而增加;同时研究还指出老年人随着年龄的增加对于新事物的接受程度会下降,所以他们更加重视在工作中获得帮助。

◎ **3. 总结**

接受与使用统一技术理论对于产品研发设计具有很强的指导价值,接受与使用统一技术理论指出,首先,接受与使用统一技术理论指出绩效期望是行为意图的决定因素,也就是说产品的价值是影响用户对产品接纳度的重要原因。以淘宝和拼多多为例,为何拼多多能够在淘宝这一电商巨头的压制下快速获得过亿用户,根本原因是拼多多凭借低价收割了三、四线城市以及大量农村用户,低价就是这些用户对于拼多多的绩效期望,因此产品在研发设计阶段必须明确的目标是用户希望产品能实现怎样的绩效期望，并根据这最重要的一点设计产品。其次，产品使用的难易程度必须在目标用户可以接纳的范围之内，比如说微信和QQ都是腾讯旗下的即时通信产品，但是两者在产品的设计思路上迥然不同。QQ面向的是年轻群体，年轻群体对于复杂系统的学习能力更强，所以QQ可以更加注重功能的多样性以期望尽可能覆盖用户的所有需求；微信面向的群体年龄跨度更大，所以微信在产品的研发设计上也更加注重功能的简单易用，比如说微信在界面设计上将语音发送功能提到与默认的文字信息发送功能同等的位置，而QQ中显然不是这样的。再次，社群影响强调的是周围环境对于用户使用产品的影响，产品设计时可以加入社交因素从而使产品可以在后续推广中借助用户的社交网络推广，比如说可以利用微信小程序以红包的形式向对方发送实体礼物的收货信息，而对方在接收到这份特别的礼物时会不自觉被这种特殊的礼物吸引，从而试用该产品。最后，促进条件相对而言比较复杂，可以是产品的设计细节更符合用户一般的使用习惯，也可以是通过补贴的手段去吸引用户使用。

3.4.3 应用与启发

◎ 1. 理论的应用 ┈┈

基于接受与使用统一技术理论模型的钉钉产品分析

考虑到接受与使用统一技术理论最初基于的研究场景是工作这一场景，因此选择钉钉作为分析的产品，运用该理论来解读钉钉是如何根据用户的需求去进行产品的研发设计的。

（1）明确的绩效期望——提高组织沟通效率。企业内部人员之间的沟通对于企业而言是至关重要的，按照沟通双方的地位进行区分，可以简单分为上下级之间的"上令下达"式的沟通和同级别之间的协作式的沟通，这样的沟通在工作中是无处不在的。但是试想一下，如果采用微信、QQ这类型的即时通信工具，当上级在QQ或微信群内发布任务时，需要不定时人工查看记录来确定员工对于消息的接收情况以及反馈程度，严重降低了工作效率，而且员工也很容易出现工作时被微信、QQ上的与工作无关的信息干扰的问题。另外一些大公司会自行搭建企业沟通平台或者购买相应软件，但这对于中小型公司而言，经济负担较重，可行性较低。

钉钉就是一款为了解决中小型企业内部沟通的企业办公平台。那么钉钉是如何解决这一问题的呢？

钉钉刚上线时的核心功能之一是DING功能，当你发送一个DING消息给相应的组织内的成员时，你能够在消息未读一栏中快速看到消息的反馈情况，这一消息未读提示功能适合的正是"老板分发任务"的场景；DING功能的创新不仅在市场上赢得了大多数用户的认可，也可以说是对传统OA（办公自动化）流程的"移动化"创新，因为这本质上还是一个流程性质的功能。当你发送一个DING消息给别人时，其实是对该消息所携带任务的责任转换。当别人点击确认时，意味着责任或通知的传递完成。

另外，DING功能支持用户在DING消息下面回复，这一点做的也是很贴心，可以让用户快速沟通，毕竟及时的沟通能极大提高团队协作的效率（见图3-16）。

（2）外在动机的激励——契合中小型公司员工的拉新活动，帮助钉钉快速获得用户。能够提高组织的沟通效率是高层决定在组织中推广钉钉的根本原因，而对于普通员工而言，使用钉钉的确能提高效率,但新的组织沟通方式需要付出的学习成本会让很多员工使用钉钉的意愿并不是很高,那么钉钉要如何才能在达到公司的绩效期望的同时去激励员工使用钉钉呢？以钉钉的两个营销推广活动进行分析。

图3-16　DING功能界面图

一个活动是2016年的春节活动——幸福回家路（见图3-17）。这是一个2016年春节前夕的活动。该活动的规则较为简单,是一个简单的以拉新为导向的活动。用户不停地拉入新人,组成自己的回家助力团,每拉一个人就可以踩一脚油门。活动后期上线了一键到家的功能,该功能上线后,钉钉的下载量突然猛增,在App Store（苹果应用程序商店）的排名也随之直线上升,上升了60多位。

另一个活动则是钉钉在2017夏季举办的高温补贴活动——酷公司员工高温补贴。该活动于2017年上线,也是着重于进行线上拉新的活动。玩法清晰简单:连续完成打卡任务即可领取高温补贴,连续签到

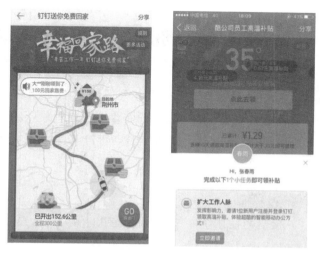

图3-17　推广活动界面图

15天就可以获得提现的资格。此外,钉钉会结合当前位置城市的天气状况,有相应的宝箱翻倍的机会,当天可以获得比较高的现金奖励。这个活动的目标人群也非常的清晰,那就是普罗大众。

两次推广活动成功的原因:一是运营活动更需抓住用户痛点,每年春节最火爆的话题就是春运回家。活动于春节前期上线,这个时段几乎任何跟该话题挂钩的活动都能很好地获得用户的关注。钉钉的用户就是在各中小企业工作的员工,对价格、优惠、促销等相当敏感。针对这批用户的运营动作可谓非常的精准。二是活动主题精准对标用户,能够吸引职场员工的关键词是补贴、年终奖、红包、晋级、升职、技能等。而钉钉产品上的大多数中小企业员工对该类关键词则更为关注。钉钉是一款以提高工作效率为目的的产品,运营活动更讲求场景的精准度。试想你正在埋头于无止境的辛苦的工作,忽然出现了一条推送,上面写着高温补贴,此时你的情绪是不是会很快被点燃。员工想要高温补贴的心愿在钉钉上得到了满足,这个时候让用户去拉新做任务似乎门槛都降低了一些。

（3）设置合理的努力期望——过于复杂的功能同时增加了产品的可用性和使用门槛。在钉钉后期版本的迭代中,陆续上线了很多将公司日常事务从线下转移到线上的功能（见图3-18）,标志性的功能有基于地理位置的考勤打卡、财务申报审批、业务汇报模板的下载以及办公通讯协作工具的使用,与公司原有事务的流程比较相似,兼容性高。

图 3-18　钉钉工作界面图

钉钉的目标是成为企业办公平台,因此在钉钉这一款软件中几乎覆盖了所有的企业事务甚至很多办公工具,但是钉钉出于个性化的考虑,很多功能的模板都需要员工在后台进行自主设计,降低了用户对于产品的感知易用性,提高了用户的学习成本,对于用户的学习能力要求较高,产品用户数量的天花板较为明显。

◎ **2. 总结**

接受与使用统一技术理论最初的研究背景是21世纪初,也就是信息设备和信息技术尚未得到大规模普及的时代,它更多是服务于公司组织,作为其提前预判新技术引入成功的可能性的依据,而现在随着智能手机的快速普及,市面上各种App也是层出不穷,但显然只有少部分App获得了成功,在深入分析这些App时,发现它们都或多或少地继承了接受与使用统一技术理论的核心思想——关注用户的需求和特征,但与最初的接受与使用统一技术理论关注的是用户对于新技术的接受度不同的是,它们更关注用户对于技术的表现形式的不同态度,怎样才能让用户体验得更好,或者说是对接受与使用统一技术理论的进一步拓展,从向用户推广产品演变为从细节设计上抓住用户,潜移默化吸引用户。

3.5　什么流程适合互联网虚拟化?——过程虚拟化理论

3.5.1　理论背景

◎ **1. 理论起源**

在这个互联网发展迅速的时代,我们日常生活中有许多以往只能在线下发生的过程,被搬到了线上,并且操作越来越简便。这种"过程虚拟化"现象正在许多情况下发生,包括正规教育(通过远程学习)、购物(通过电子商务)和社交发展(通过社交网站和虚拟世界)。但是,你是否知道在研发一个产品时,哪些流程比其他流程更适合虚拟化呢? 例如,远程学习似乎更适合某些教育过程,电子商务对某些购物流程起到了很好的作用,但对其他过程却没有。这些观察结果激发了本文提出的核心问题:哪些因素会影响流程的"可虚拟性"? 随着信息技术的进步为社会创造越来越多的过程虚拟化的潜力,这个问题变得越来越重要。为了提供调查这个问题的一般理论基础,"过程虚拟化理论"出现了。

过程虚拟化理论(process virtualization theory, PVT)是一个较为新颖的理论。传统上在物理环境中进行的许多社会过程正在转变为虚拟环境。例如,购物过程正在从实体商店迁移到在线商店,教育过程正在从物理教室迁移到在线教室。然而,并非所有过程都被证明同样是"可虚拟化的",并且许多过程似乎固执地植根于物理世界。过程虚拟化理论旨在通过解释为什么某些过程比其他过程更适合虚拟地进行来解释这种差异。

理论认识到在使用或不使用信息技术的两种情况下可以虚拟化哪些过程,并通过讨论信息技术在表示、覆盖和监控能力上的调节作用,明确了信息技术在过程虚拟化中的理论意义。这有助于解释信息技术的进步如何实现新一代虚拟流程。

◎ **2. 研究现状** ┈┈┈┈┈┈┈┈┈┈┈┈┈┈┈┈┈┈┈┈┈┈┈┈┈┈┈┈┈┈┈┈┈┈┈┈

迄今为止对过程虚拟化感兴趣的研究人员已经从两个方面研究了信息技术的使用和过程虚拟化。一方面,研究人员试图解释过程是否适合在IT工件实施之前迁移到虚拟环境中,以便虚拟化过程;另一方面,在IT已经实施并且过程已经虚拟化一段时间之后,研究人员试图解释个人如何以及为何实际执行(或拒绝)IT支持的虚拟过程。然而,鉴于PVT的相对新颖性,几乎没有经验测试和进一步的研究。只有少数研究尝试研究特定(虚拟)过程的可虚拟性。表3-3列举了部分对其进行研究的论文。

表3-3 关于过程虚拟化理论的研究

标题	时间	作者
Process Virtualization Theory and the Impact of Information Technology	2008	Eric Overby
Services in Electronic Telecommunication Markets: A Framework for Planning the Virtualization of Processes	2010	Christian Czarnecki & Axel Winkelmann & Myra Spiliopoulou
Task-Technology Fit and Process Virtualization Theory: An Integrated Model and Empirical Test	2010	Eric Overby & Benn R. Konsynski
Why People Reject or Use Virtual Processes: A Test of Process Virtualization Theory	2013	Bilal Balci & Daniel Grgecic & Christoph Rosenkranz

3.5.2 理论内容

◎ **1. 理论简介** ┈┈

PVT从客户或用户的角度为调查影响过程可虚拟性的因素提供了一般理论起点。在这种背景下,理论将"过程"定义为实现目标的一系列步骤,并适用于组织、个人和整个社会所从事的活动;"虚拟"过程是一个已消除物理交互的过程。PVT旨在解释和预测一个过程是否适合虚拟地进行。此外,它描述了如何在没有人与人、人与物之间的物理交互的情况下过程的合理性。有些过程在虚拟化方面更成功,而其他过程在物理协作方面更成功。据推测,这可能是因为某些过程比其他流程更适合虚拟化。PVT提出了一组构造和关系来解释和预测一个过程在虚拟环境中的适用程度。但是,需要强调的是,最终还是由个人客户决定他们是喜欢以传统(物理)还是以虚拟方式执行过程。因此,在决定是否可以虚拟化过程、应采用何种虚拟化解决方案以及哪些过程适合虚拟化时,客户意见和感知是非常重要的。因此必须从个人的角度分析过程的可虚拟性,并且必须相应地定义影响因素。

过程虚拟化理论中有四个变量描述过程特征:感知要求、关系要求、同步要求以及识别和控制要求。其描述了在没有人与人之间或人与物之间的物理交互的情况下过程的合适性。假设这些构造中的每一个都对过程虚拟化具有负面影响,换句话说,随着这些要求中的每一个的增加,该过程变得不太适合虚拟化。这并不意味着不能虚拟化具有高感官、关系、同步和/或识别和控制要求的过程;相反,它意味着如果这些要求很低,那么虚拟化会更容易接受。过程虚拟化的因变量是连续的,而不是离散的,应该被认为是程度问题,而不是实物问题。这是一个至关重要的区别。

过程虚拟化理论的一个关键前提是:IT可用于通过帮助满足感知、关系、同步以及识别和控制要求来使过程更易于虚拟化。过程虚拟化理论包括三个用于表示此效果的IT特征变量:表示、覆盖范围和监控能力。这些变量调节过程特征变量和因变量之间的关系。例如,期望具有高感官要求的过程相对不适合虚拟化,除非可以通过诸如视觉、听觉、触觉或嗅觉界面的信息技术充分地表示感官要求。

◎ 2. 理论解释

"过程"被广义地定义为实现目标的一系列步骤。物理过程涉及人与人之间或人与物之间的物理交互。虚拟过程是移除人和对象之间的物理交互的过程。缺乏物理互动是学术上使用虚拟术语的一个共同主题。从物理过程到虚拟过程的转换被称为过程虚拟化。以下示例说明了这些定义。

考虑购物和社交的发展。这些步骤中的每一个都可以被认为是一个过程,即作为实现目标的一系列步骤。购物过程中的步骤包括确定购物地点、检查替代方案、付款等。目标是获得商品或服务。社交发展过程中的步骤包括会面、确定共同利益、创造共享经验等。目标是发展互利关系。

物理购物过程的例子之一是访问实体店铺,这涉及与产品和销售人员的物理交互。虚拟购物过程的一个例子是电子商务,它通过以下方式消除购物的物理交互:①通过网页提供产品描述,以帮助购物者评估产品而不与它们进行物理交互(即消除人与物体的相互作用);②通过基于Web(网络)的结账流程处理支付,该流程不需要与销售人员进行物理交互(即消除人与人之间的物理交互)。同样,社交发展可以作为一个物理过程(在聚会上聚会、共进午餐、一起去看电影等)或作为虚拟过程(在线会面、交换电子邮件等)。

大多数当代虚拟过程的主要推动因素是IT,它被定义为"计算硬件、软件、通信网络以及收集、转换和传播信息的数据资源"。但是,重要的是要认识到过程虚拟化不需要IT,就像IT不需要拥有虚拟团队一样。例如，目录购物是与物理交互脱离的购物体验的长期例子，函授课程长期以来允许学生在没有实际出勤的情况下参加正规教育课程，笔友之间的写信是一种古老的关系创造方法。这些都可以使过程虚拟地进行（即没有其他人或过程中涉及的对象之间的物理交互），但没有一个需要IT。因此，虚拟过程可能但不一定基于IT。

基于IT和非基于IT的虚拟过程之间的区别是基于"虚拟化机制"（其是过程虚拟化的手段）还是基于IT。例如，购物作为虚拟化的过程。有多种机制可用于虚拟化购物过程，包括邮购目录和电子商务网站。这两者都是虚拟化机制，因为它们各自消除了访问商店以及与销售人员和/或实际产品交互的需要。但是，邮购目录不是基于IT的，而电子商务网站则是。因此，目录购物代表没有基于IT的虚拟过程，电子商务代表基于IT的虚拟过程。

过程虚拟化不应与过程自动化混淆，因为许多虚拟过程需要积极的人为干预。例如，通过电子商务购物是一个虚拟过程，但它不一定是自动化过程，因为人们经常积极参与决定要查看哪些网页，要添加到购物车中的产品有哪些等。此外，不应将过程虚拟化与模拟混淆。在虚拟过程中，该过程实际上是进行的，而不仅仅是模拟过程。

◎ **3. 理论结论**

与任何新提出的理论一样，过程虚拟化理论可以从经验测试中受益，这将导致模型的变化，并帮助确定每个构造的相对影响。例如，识别和控制要求可能比零售银行业务过程的感官要求更重要，但对许多购物过程来说可能相反。经验测试也可能导致识别其他结构或关系。这在理论发展中很常见，是研究人员在彼此的工作基础上建立的一种方式。最初的步骤是开发理论构造的测量尺度。

随着IT的代表性、覆盖范围不断扩大和监控能力不断提高，新的信息技术将继续扩大社会和企业可以运用虚拟化的范围。尽管毫无疑问，在虚拟环境中将会有越来越多的过程，社会似乎不太可能放弃这些不断变化的虚拟环境。过程虚拟化理论有助于我们了解和预测哪些过程将继续抵制虚拟化。具体而言，该理论预测具有高感官、关系、同步以及识别和控制要求的过程将继续在物理上进行，将虚拟地进行这些要求相对较低（或可通过IT的表示、范围和监视能力适当地满足）的过程。该理论还可以帮助我们预测在短期内我们可以期望虚拟化的过程与我们预期需要更长时间的过程。随着商业和社会继续向虚拟环境迁移，对虚拟化现象的理论理解会变得越来越重要。

3.5.3 理论原理

◎ **1. 模型框架**

理论分别从4个描述过程特征的变量和3个用于表示此效果的IT特征变量提出了9个命题，并做了较详细的解释（见图3-19）。

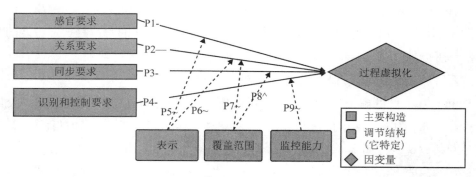

图 3-19　过程虚拟化理论模型框架图

◎ 2. 变量解释

（1）感官要求。提出影响过程可虚拟性的第一个构造是感官要求,其定义为过程参与者能够享受过程和其他过程参与者以及对象的完整感官体验。感官体验包括品尝、看见、听见、闻到和触摸其他过程参与者或对象,以及参与者在参与过程中的整体体验,例如兴奋、脆弱等。感官要求越高,过程虚拟化的难度越大。

（2）关系要求。提出影响过程可虚拟性的第二个构造是关系要求,其被定义为流程参与者在社交或专业环境中彼此交互的需要。这种互动往往导致知识获取、信任和友谊发展。关系要求被认为与过程虚拟化具有负相关关系。

（3）同步要求。提出影响过程可虚拟性的第三个结构是同步要求,它被定义为构成过程的活动需要以最小延迟快速发生的程度。假定同步要求与过程虚拟化具有负相关关系。

（4）识别和控制要求。提出影响过程可虚拟性的第四个构造是识别和控制要求,其定义为过程需要对过程参与者进行唯一识别的程度以及对其行为施加控制/影响其行为的能力。建议识别和控制要求与过程可虚拟性具有负相关关系。

（5）表示。过程虚拟化理论的第一个IT构造是表示,它被定义为IT提供与过程相关的信息的能力,包括物理世界中的参与者和对象的模拟、它们的属性和特征,以及我们如何与它们交互。这有助于将感官要求集成到基于IT的虚拟过程中。

（6）覆盖范围。过程虚拟化理论的第二个IT构建是覆盖范围,这是IT允许跨时间和空间进程参与的能力。就跨时间的覆盖而言,IT允许全天进行许多过程。例如,当人工柜员不在时,ATM(自动取款机)允许银行交易,并且当实体店关闭时,电子商务允许购物(包括在信息商品的情况下获得实际产品)。在跨越空间的范围内,IT允许位于世界各地的人们参与相同的过程。例如,基于IT的虚拟过程(如电子商务和在线远程学习)分别将购物和正规教育过程的范围扩展到所有具有互联网链接的位置和参与者。

（7）监控能力。过程虚拟化理论的第三个IT构造是监控功能,即IT部门对过程参与者进行身份验证和跟踪活动的能力。监控功能有助于实现具有高识别和控制要求的过程虚拟化。

◎ **3. 命题提出**

命题1（P1）：一个过程的感官要求越高（越低），该过程实际上进行的操作就越少（越多）

这个命题背后的逻辑推理是直截了当的。过程虚拟化消除了人员之间以及人与流程之间的物理交互。缺乏物理交互使得虚拟过程中的参与者难以与对象和其他人建立感觉连接，因为他们不能直接感觉到它们。如果一个过程依赖于此，它将受益于物理环境并抵制虚拟化，其他条件不变。

购物、正规教育和关系发展过程的研究支持P1。首先，在许多虚拟化购物过程中遇到困难的一个关键原因是无法触摸、感觉到产品，这对于某些产品类别（例如，杂货）尤为重要。其次，对教育的研究表明，学生和学习材料之间的互动对于有效学习很重要。如果这种相互作用本质上是感官的，则可能难以在虚拟环境中复制。最后，某些类型的关系发展过程在很大程度上依赖于感官体验，尤其是与约会和婚姻相关的感官体验。

命题2（P2）：一个过程的关系要求越高（越低），该过程实际上进行虚拟的越少（越多）

这个命题的逻辑推理是基于对关系发展、正规教育和购物的研究。信息和通信文献中的一些研究调查了是否可以以及如何通过诸如电话、电子邮件和社交网站之类的虚拟通信媒体形成关系。这些理论表明，物理的、面对面的交互可以传递更广泛的通信线索，例如手势、姿势和表情，而不是通过诸如电子邮件之类的媒介进行虚拟交互。

命题3（P3）：过程的同步要求越高（越低），过程实际上越少（越多）适合进行

这个命题的逻辑推理如下。物理过程往往是高度同步的。这是因为物理过程参与者可以彼此交互并且与过程对象相互作用而几乎没有延迟，因为它们都位于相同的物理设置中（只要参与者和对象的数量被适当地限制）。相比之下，虚拟过程参与者彼此之间以及过程对象被抽象出来，这可能会导致过程延迟。实际上，异步性有几个优点，包括允许过程参与者在他们方便的时候进行活动。这可以通过给予他们额外的时间来回应之前提高他们的参与质量的要求。但是，如果一个过程需要以同步的方式进行，它将受益于物理环境并抵制虚拟化，其他条件不变。这是因为同步通常是通过物理过程"自由"地进行的。

对购物过程的分析为P3提供了支持。在许多购物过程中购物者可以访问产品的物理过程中是直截了当的，但在虚拟过程中可能并不简单。虚拟化购物过程中遇到困难的原因之一是客户订购商品和收到商品时之间的延迟，这是生鲜产品特别关注的问题。

命题4（P4）：对过程的识别和控制要求越高（越低），该过程实际上进行虚拟的越少（越多）

这个命题的逻辑推理是：虚拟过程易受身份欺骗的影响，因为参与者无法亲自检查其他人以确认其身份。结果，虚拟过程可能遭受控制问题，因为可能难以检测谁参与活动或影响他们的行为。

对关系发展、正规教育和购物过程的研究表明，许多虚拟过程在满足识别和控制要求方面存在困难。首先，在建立关系时，尤其是在关系变得亲密的后期阶段，了解对方的身份非常重要。与关系发展过程虚拟化相关的一个主要问题是人们隐藏自己身份的情况，在极端情况下会导致掠夺和暴力行为。其次，在教育中，教师必须确认学生身份并控制资源的访问。这些任务在基于课堂的环境中很简单，但它们可能不属于虚拟环境。虽然在线远程学习环境提供授予和控制资源访问的功能,但确认学生身份仍然存在问题。最后,在购物过程中,买方将卖家识别为商品或者服务的合法提供者是很重要的。许多虚拟化购物过程的一大问题就是难以确定这一点以及由此带来的欺诈风险。

命题5（P5）：IT提供的表示能力可以积极地调节感官要求和过程可虚拟性之间的关系

这个命题背后的逻辑推理是，IT可以用来模拟物理世界的感官元素,这是虚拟现实研究的基本前提。例如,几年来,视觉和听觉已被纳入基于IT的虚拟过程中。虽然嗅觉和触觉接口技术的进步分别具有前景,但嗅觉和触觉难以复制。命题有助于虚拟化多个过程。例如,许多与购物相关的感官方面可以通过IT来表示,包括如何驾驶特定汽车（通过虚拟现实）。同样地,教育中学生与学习材料有联系的感官可以通过IT模拟来表示。在某些情况下,这些模拟可能要比物理情况下的学习效果更好。

不基于IT的虚拟进程也具有表示功能。例如,邮购目录可以通过文本信息、图表和照片来表示产品。但是,通过IT提供的表示在质量上与其他技术提供的表示不同,主要是因为IT表示可以随着条件的变化用新信息动态更新,而非IT表示往往更加静态。

IT的表示能力还有助于实现具有高关系要求的过程的虚拟化。

命题6（P6）：IT提供的表示能力可以积极地调节关系要求和过程可虚拟性之间的关系

这一命题背后的逻辑推理是,IT可以应用于捕获具有高度代表性的概况,这些概况可以帮助匹配具有相似或互补利益的人,这为关系发展提供了基础。My Space和eHarmony等网站的受欢迎程度、参与者分享有关他们自己的详细信息以建立与他人的关系,说明了这种影响。

命题7（P7）：IT提供的覆盖面积极地缓和了关系要求和过程可虚拟性之间的关系

这一主张背后的逻辑推理是,IT提供的覆盖范围有助于发展本来不存在的关系。通过扩大潜在合作关系伙伴的潜力,可以为世界各地的人们提供新的机会来满足流程中的关系要求。通过帮助过程参与者找到具有相似兴趣的其他人,覆盖范围还有助于形成关系。例如,互联网社区网站或论坛中那些志同道合的人可以找到彼此并进行互动。因此,在非基于IT的虚拟过程中可能未得到满足的关系要求闲置变得更加可行。覆盖范围使伙伴们能够相互寻找,并且提供了一个丰富的环境,可以在其中进行交互并体验。

覆盖范围还有助于实现具有高同步要求的过程虚拟化。

命题8（P8）：IT提供的覆盖面积极地缓和了同步需求和过程虚拟化之间的关系

这一命题的逻辑推理是,IT提供的覆盖范围使得多个过程参与者能够同步参与过程。这是因为IT促进了与过程的实时双向连接。例如,诸如Second Life和许多在线远程学习环境等虚拟世界允许同步参与,人们可以在其中实时响应。共同浏览技术允许不同地点的人同时参与虚拟购物过程。

命题9（P9）：IT的监控能力积极地调节了识别和控制要求与过程可虚拟性之间的关系

这一主张背后的逻辑推理是,基于IT的虚拟过程的参与者通常需要通过登录或其他方法对自己进行身份验证,这样可以识别参与者,并以系统自动化的方式跟踪和分析他们的行为。例如,对正规教育的研究表明,在线教育环境为监控学生的参与提供了重要的能力。虽然身份欺骗仍然是基于IT的虚拟过程的风险,但生物识别技术等识别技术的进步正在降低这种风险。

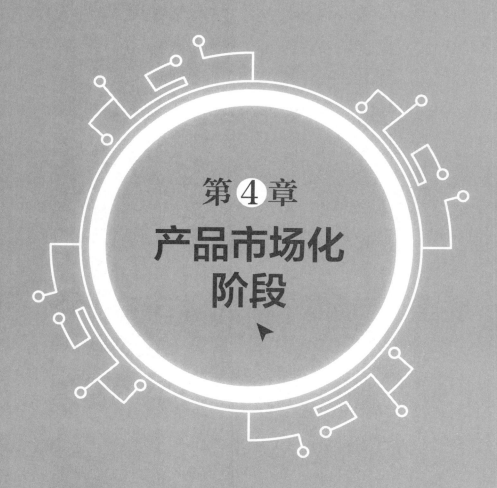

第 **4** 章

产品市场化阶段

▶

4.1 避免用户反感地获取信息：技术威胁规避理论

4.1.1 理论背景

◎ **1. 理论起源**

信息技术是一把双刃剑。当它以服务良性为目的被适当地利用时，会有巨大的潜力去服务人和社会。然而，当它被用于恶意目的时，它可能对个人、组织和社会都构成巨大威胁。许多形式的恶意信息，如病毒、蠕虫、垃圾邮件、广告软件和木马等都可能影响个人电脑甚至企业IT结构，进而造成大规模生产与财务的损失。CSI/FBI调查显示，由于计算机犯罪和安全问题，仅2006年美国313个组织损失的5250万美元中就有1570万美元是由病毒攻击引起的。2006年单单由于病毒攻击便造成全球金融成本133亿美元。鉴于恶意信息带来的巨大影响，IT安全研究人员和从业人员对此高度重视。为了防止潜在的危害和损失，必须有效应对各种IT威胁。因而，对IT用户的威胁规避行为进行深度研究和探讨是非常有必要的。

我们再把视野移向现在这个互联网时代，如今网络安全已经得到了基本保障，许多病毒、木马类恶意信息已不再是最困扰用户的IT威胁。关系到用户隐私和自身利益的信息安全问题已然成了用户关切的重点，例如许多用户对App窃取自身隐私数据的行为极为反感。其实，用户避免自己隐私信息泄露的心理行为与动机与用户遭到恶意IT威胁是同源的，因此我们基于技术威胁规避理论来实现产品的运营推广时，应避免在获取用户信息时引起用户反感，从而再发挥这些数据的价值，改进自身产品。

技术威胁规避理论（technology threat avoidance Theory, TTAT）是信息安全研究领域较为新颖的理论，最早由美国东卡罗来纳大学商学院管理信息系统系终身教授Huigang Liang和Yajiong Xue在2009年提出。技术威胁规避理论的研究成果最早发表在信息系统学会顶级学术期刊*MIS Quartery*（《管理信息系统季刊》）上。H.Liang & Y.Xue（2009）在总结大量文献的基础上，融合了心理学、健康心理模型、风险分析以及信息系统等理论的核心内涵及思想，进而提出并发展了技术威胁规避理论。他们不仅界定了技术威胁规避理论的概念内涵，而且还构建了技术威胁规避理论的元变量及其理论模型。

◎ **2. 发展历程**

技术威胁规避理论是一个比较年轻且仍处于发展中的理论，以该理论为理论基础的实证研究还比较少，代表性文献如表4-1所示。

表4-1　技术威胁规避理论的实证研究

研究概述	研究结果
H.Liang & Y.Xue（2010）实证研究了 PC 用户对间谍软件威胁的规避行为	用户的 IT 威胁规避行为受到规避动机的影响，感知威胁、保护措施有效性、保护措施成本及自我效能等因素通过规避动机对用户规避行为产生影响，而感知严重性和感知敏感性是影响感知威胁的两大因素
Manzano 等（2012）定量分析了自愿情境下 PC 用户使用反恶意软件规避恶意软件威胁的影响因素。	实验组中，感知威胁、保护措施有效性、保护措施成本及自我效能对规避动机有影响；控制组中，感知威胁对规避动机影响不显著，其他的变量对规避动机都有影响。实验组中感知威胁由感知严重性决定而不受感知敏感性影响。而控制组中感知威胁由感知严重性和感知敏感性共同决定
Arachchilage 等（2013）在网络钓鱼攻击及反网络钓鱼教育的研究中，构建了一种可以规避网络钓鱼攻击的游戏设计框架	为了用户能够规避网络钓鱼攻击，感知敏感性、感知严重性、感知威胁、保护措施有效性、保护措施成本、自我效能等因素应该引入游戏设计框架之中
Arachchilage 等（2014）探讨了在反网络钓鱼安全教育中，概念性知识和程序性知识对 PC 用户自我效能的影响	概念性知识和程序性知识的交互效应正向影响计算机用户的自我效能
Herath T 等（2014）基于安全服务应对机制，引入变量"内部机制"，对电子邮件认证服务用户采纳意向的影响因素进行了研究	指出 H.Liang & Y.Xue（2009, 2010）的研究仅仅聚焦于外部机制（如安全工具）对应对机制的影响，缺乏对用户自身内部的探讨
Wu Y（2009）研究了社会环境影响与个人信息安全保护措施实现的关系	个人对社交网站的影响在隐私风险感知和隐私保护措施之间起中介作用
Bulgurcu B（2010）引用技术威胁规避理论中面对威胁的应对方法来研究社交网络信息隐私与安全问题	提出了两种问题聚焦应对策略类型：保护措施和克制
Claar（2011）分析研究了在私人计算机环境下，用户安全软件的接受动机及行为	感知脆弱性、感知障碍、自我效能、年龄与感知障碍的交互作用，教育和福利的交互作用，以往经验和感知严重性的交互作用，以往经验与自我效能的交互作用均对计算机安全使用有显著影响
Lai F. 等（2012）研究了面对网络交易中因身份盗窃带来的威胁，用户的传统性应对和技术性应对两种应对行为	传统性应对和技术性应对都能有效地防御身份盗窃，技术性应对由用户的传统性应对、自我效能、感知应对有效性和社会影响力所决定
Posey 等（2014）研究了组织内部人员对信息安全工作有效性的影响	深入了解组织内部人员如何衡量对信息安全威胁的建议响应的有效性，还探讨了组织内部人员和专业人员的安全观念之间的几个关键性因素的差异

研究概述	研究结果
Zahedi 等（2015）引入技术威胁规避理论，构建了概念化检测工具影响模型	以用户为中心评估虚假网站检测工具的显著特征，以及这些特征如何改变用户对工具的依赖性及其自我保护行为
Kristadi 等（2016）基于技术采用模型和技术威胁规避理论，研究了影响 IPv6 用户和 IPv6 网络环境管理者接受网络安全行为的因素	易用性与在 IPv6 环境中避免威胁的相关行为无关
朱慧等人（2014）引入变量"社会影响"，从威胁规避行为动机视角，实证分析了移动商务环境下消费者的信息隐私风险感知及其规避行为	消费者对隐私威胁所造成的结果感知越严重、对隐私越敏感，消费者的感知威胁越强；消费者对隐私安全保护措施的感知有效性越强、自我效能越高，用户感知规避能力越高；消费者的规避行为是由规避动机触发的，规避动机受社会影响、感知威胁和感知规避能力的影响

相对于技术采用模型，国内对技术威胁规避理论的介绍和实际应用非常少，原因主要有两点：一是技术威胁规避理论于 2009 年才问世，仍在发展阶段；二是国内学者主要基于技术采用模型或技术采用模型的扩展模型，进行用户接受或采纳行为研究，而很少关注用户威胁规避行为的相关研究。目前明确提到或使用技术威胁规避理论文献的学者只有朱慧等人（2014）和安宓（2014）。

4.1.2　理论内容

◎ **1. 理论简介** --

技术威胁规避理论的中心主题为当用户面对一个信息技术威胁时，如果他们相信这个威胁可以通过安全保护措施规避，他们会被激励从而积极采取安全保护措施来规避威胁，如果他们感知到通过任何可用的安全保护措施都不可规避威胁，他们将会被动地规避威胁，表现为集中情绪应对。

鉴于在信息安全情境下，信息安全威胁（如病毒、身份盗窃等）会让用户感到紧张和倍感压力，用户的安全行为可看作一种特殊的应对行为。TTAT 认为用户的信息安全行为是一个动态正反馈循环，它包括两个认知过程：威胁评价和应对评价。用户首先分析信息安全威胁存在的程度，然后分析该威胁的可避免性有多大，在这些分析的基础上，用户决定采取何种安全措施，即 PFC。同时，用户为降低威胁造成的情感失衡，也会采取 EFC 来应对威胁。根据 TTAT，一个安全威胁（如病毒、间谍软件等）的威胁性由可能性和严重性两个变量决定，其可避免性由安全措施有效性、安全措施成本和用户使用安全措施的自我效能三个变量决定。

在以上理论研究的基础上，通过实证方法研究了个人计算机（PC）避免间谍软件威胁的行为。基于 TTAT 建立了研究模型，实证结果表明 TTAT 在信息安全领域具有很好的适用性，对于研究个体用户的信息技术安全行为非常有效。

TTAT 构建了解释规避 IT 威胁的个体行为的通用性理论框架，从非强制性控制资源视角，改善了信息安全研究领域理论相对匮乏、单一的状况,对信息安全研究和实践都具有非常重要的意义。

◎ 2. 模型框架

理论分别从技术威胁规避理论的过程理论(图4-1)和方差理论(图4-2)提出了技术威胁规避理论的通用模型及研究框架,并对相关变量做了详细的解释。

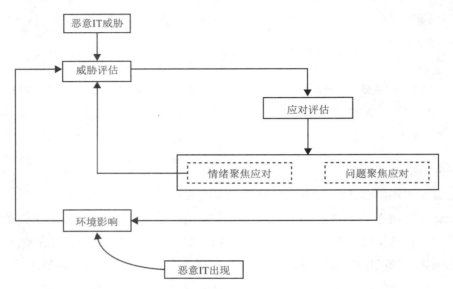

图4-1 技术威胁规避理论过程理论模型(H.Liang & Y.Xue, 2009)

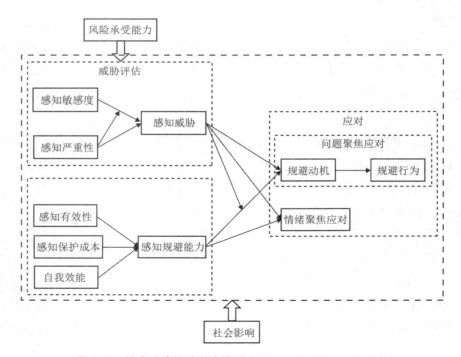

图4-2 技术威胁规避理论模型(H.Liang & Y.Xue, 2009)

（1）过程理论角度。技术威胁规避理论认为恶意IT威胁下的用户规避行为是一个动态过程。环境中出现恶意IT，用户通过两个认知过程来确定对恶意IT的反应：威胁评估和应对评估。这些认知过程受评估环境因素的影响，包括社会规范、可用的信息和个人经验等。在威胁评估过程中，用户评估恶意IT攻击后潜在的负面后果。用户当前状态与其不期望的最终状态之间的差异与潜在负面后果的严重程度成反比。当差异减小到一定值时，用户就会感知到威胁。威胁感知激活应对评估过程，用户评估可用的行动选项，并决定如何应对威胁，差异值越小，感知到的威胁越大。威胁评估必须出现在应对评估之前，只有在确定了威胁之后，用户才会产生紧迫感，并积极寻求和评估与应对威胁相关的信息。因此，存在威胁的感知是寻求应对方法的必要条件。

理论指出，恶意IT的威胁会对威胁评估产生影响，而后者继而影响用户应对威胁。用户可能选择两种应对方式：利用问题聚焦应对（problem-focused coping，PFC）或情绪聚焦应对（emotion-focused coping，EFC）来减轻恶意IT带来的威胁。一方面用户会采取问题聚焦应对，从客观上减轻恶意IT带来的威胁。另一方面，用户同样可能采取被动性规避威胁应对，即采取情绪聚焦应对，从主观上减轻恶意IT带来的威胁。

问题聚焦应对通过采取保护措施直接处理威胁的来源，例如安装安全软件、禁用cookies（小型文本文件）、定期更新密码等。当保护措施生效后，用户感知到当前状态是远离非期望的最终状态，从而减轻威胁。鉴于IT用户会进行理性思考，他们通常会先尝试问题聚焦应对。通过评估一系列保护措施选项，选择一个最有可能减少恶意IT威胁的保护措施。当保护措施生效后，用户感知到当前状态是远离非期望的最终状态，从而减轻威胁。

如果用户用尽了方法，仍然不能找到一个能帮助他们规避威胁的保护措施，他们会尝试情绪聚焦应对，以便维持心理幸福感。当用户采取的保护措施无效时，情绪聚焦应对就会被激活。因为恶意IT通过产生新的变异来不断地发展，用户经常发现采取保护措施并不能完全消除IT威胁。因此，仅仅用问题聚焦应对不可能足够消除恶意IT威胁，情绪聚焦应对也是必要的。

该理论指出，情绪聚焦应对是倾向于创造一个错误的环境感知，并没有真正改变客观现实，结果是缓和与威胁相关的负面情绪（恐惧、压力等）。情绪聚焦应对减弱的是感知威胁或应对威胁动机，而没有改变客观现实，即被动性规避威胁，从主观上减轻恶意IT带来的威胁。它包括多种模式，例如宗教信仰（相信上帝会解除威胁）、宿命论（容忍危险的处境）、否认（否认危险的存在）和无助（因无法控制危险，自责和自我放弃）。

（2）方差理论角度。

① 威胁评估过程。用户评估感知威胁的两个决定因素是感知敏感性和感知严重性，感知严重性与感知敏感性对感知威胁具有正向影响，并认为用户的风险承受能力对感知威胁具有负向影响。此外，感知严重性与感知敏感性对感知威胁具有正向交互作用，其临界值是只要前两者之中任一个变量的取值为零，另外一个变量与感知威胁的关系就会消失。例如俄亥俄州居民尽管明知飓风的巨大破坏力但并不认为飓风对他们造成威胁，因为他们认为飓风几乎不可能登陆俄亥俄州。同样地，当用户认为恶意IT没有机会影响到他们时，他们不可能感受到威胁，即使恶意IT可能造成严重损害。当用户相信恶意IT引发的后果并不严重时，无论恶意IT出现的可能性有多大，用户也不会感受到威胁。

理论进一步指出,社会影响力会影响用户对感知威胁、保护措施及规避威胁的评估。此外,理论还介绍了感知威胁、感知敏感性与感知严重性三个变量的具体内涵,内容如下:

1)感知威胁。感知威胁是TTAT模型中威胁评估方面非常重要的一个自变量,对于准确定义"威胁"十分关键。理论认为在IT安全领域,威胁(threat)是指特定类型攻击的来源和手段。理论把感知威胁定义为个体对恶意IT带来的威胁或伤害的感知程度。

在用户的认知世界中,其隐私风险的感知强弱,取决于用户对电子商务个性化推荐采纳程度高低,以及推荐方式给用户带来的隐私威胁感知强弱。如果用户认为电子商务个性化推荐方式对其隐私存在威胁,则用户的隐私风险感知就会增强。朱慧等对移动商务环境下消费者的信息隐私感知风险进行了研究,以健康心理模型为基础,引入"感知威胁"解释消费者对信息隐私风险的感知及其行为,并把"感知严重性""感知敏感性"两个变量作为"感知威胁"的前因变量加以阐述。通过实证研究发现,在威胁评估过程中,"感知敏感性"与"感知严重性"对"感知威胁"具有正向作用。

2)感知敏感性。感知敏感性是指用户感知消费者信息隐私受到恶意软件攻击或者非法利用的主观感知。概率理论把感知敏感性定义为当个体对安全事件风险实际发生在用户身上时的一种信心。作为一种直觉感知,用户对由个性化推荐方式引起的隐私暴露的敏感程度因个体不同而存在差异。因此本文认为,感知敏感性是指用户对电子商务个性化推荐方式暴露其隐私的敏感程度的一种主观判断。

3)感知严重性。在健康信念模型中,感知严重性是指个体对特定健康问题严重性的感知。H.Smith, S.Miberg & S.Burke(1996)在关于组织参与的个体信息隐私关注量的研究中指出,感知严重性是基于信息系统中的隐私文件进行大量测试项目试验得出的。理论认为,上述测试项目是在用户个人信息和私密信息的丢失率及计算机性能(如处理速度、网络连接及软件应用)降低的情况下开发的。感知严重性还被定义为用户感知到的由恶意软件造成严重后果的程度。感知严重性也被定义为用户对安全突发事件及由此给用户生活方式带来的负面影响的感知。

② 应对评估过程。威胁评估过程中产生的感知威胁催生规避行为的初始动机,然后用户启动应对评估过程来评估潜在的保护措施。感知规避能力的定义为:个体评估通过采取特定的保护措施能够规避IT威胁的可能性。用户通过保护措施如何有效地规避IT威胁、与保护措施相关的成本以及他们对采取保护措施的信心程度来评估采取保护措施下IT威胁的可规避程度。因此,影响用户威胁评估主要有三个要素:保护措施有效性、保护措施成本以及自我效能。综合考虑三个因素,用户才得以评估采取保护措施后可规避IT威胁的程度。

保护措施有效性的定义为:用户对保护措施有用程度的一种主观性评估。保护措施有效性反映了用户对使用保护措施产生的客观效果的感知。以往关于IT安全的研究一致地认为保护措施有效性能驱动用户采取保护性行为。保护措施越能有效地规避恶意IT威胁,用户越有动机采取保护措施。

当用户选择一种保护措施时,他们不仅需要考察它的有效性,而且应考虑到它的成本。保护措施成本是指使用保护措施带来的身体和认知上的成本,例如时间、金钱以及需要掌握的学习能力。这些成本常常为行为制造障碍和减少行为动机,因为在个体决定采取行动前,常进行成本—

收益分析。例如人们在决定采取健康行为之前,通常会将付出的成本和带来的收益进行比较,如果付出的成本过高,他们不太可能采取健康行为。以往的IT安全研究也表明,与网络安全相关的成本会显著降低用户确保家庭无线网络安全的可能性。因此,用户规避IT威胁的动机受到使用保护措施而带来的潜在成本的抑制。

自我效能是指人们对自己实现特定领域行为目标所需能力的信心和信念。在技术威胁规避理论中,自我效能的定义为用户对采取保护措施的自信心,它是规避动机的重要决定因素。在IT安全的情况下,保护措施通常是IT行为(例如,反病毒软件、关闭cookies、编辑电脑注册表文件等),随着用户的自我效能增加,用户更加有动机采取IT安全行为。因此,用户对保护措施的自我效能越高,用户采取保护措施规避IT威胁的动机就越强。

③应对过程。用户感知到恶意IT威胁后会采取行动保护自己,这种规避的倾向是由人性决定的。恶意IT对用户计算机相关的幸福感造成负面影响,从而带来一个负面刺激,驱动用户规避威胁。规避行为可以有多种可能,只要满足能扩大用户当前状态与其不期望的最终状态之间的差异。感知威胁本身并不能决定采取什么保护措施,但它激发了用户采取保护措施和激活情绪聚焦应对的紧迫感。

理论认为用户可以采取问题聚焦应对或情绪聚焦应对来规避威胁,并进一步指出当用户感知到恶意IT威胁时,会先尝试问题聚焦应对。他们会评估一系列保护措施选项,选择一个最有可能减少恶意IT威胁的保护措施。当用户采取无效的保护措施时,情绪聚焦应对也能被激活。因为恶意IT通过产生新的变化来不断地发展,用户经常发现采取保护措施并不能完全消除IT威胁。情绪聚焦应对可以减弱感知威胁或应对威胁的动机,但不能改变客观现实。

感知威胁与规避动机是一种凸曲线的关系,后者会随着感知威胁的增强而变弱。感知威胁对感知规避能力和感知规避动机具有负向调节作用,因此后两者随着前者的增强而减弱;如果感知威胁为零,则认为感知规避能力与规避动机的关系就会消失。用户的规避动机会促使用户采取规避行为,也就是说用户会利用保护措施来减弱威胁。理论还指出,社会影响力会影响用户对感知威胁、保护措施的评估及规避威胁的动机。

4.1.3 应用与启发

◎ 1. 应用案例

电商个性化推荐采纳中用户隐私风险感知的影响因素模型构建

此研究在理论方面主要从个性化推荐中用户隐私问题、用户隐私风险感知的研究现状出发,引入技术威胁规避理论、社会交换理论等构建理论模型,然后运用实证研究方法进行验证。

通过文献梳理及分析发现,目前对隐私风险感知的研究仍然较少,更多是以隐私风险感知作为中介变量,研究隐私关注与消费者相关意愿或行为的关系。文献研究发现,个体特征(网络密切度、个人创新、经历满意度及使用经验)对用户隐私风险感知具有显著影响,Cockcroft等发现消费者对网络隐私的关注会增加其对隐私风险的感知程度,在TTAT中以感知威胁及感知规避能力为用户规避动机的自变量,并证明感知威胁对用户规避动机具有负向影响。

（1）模型建立如图4-3所示。

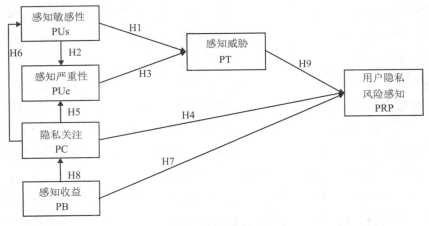

图4-3　研究模型

（2）研究建议。根据前文研究结果可以发现,用户的隐私风险感知不仅受个性化推荐方式的影响,还与电子商务网站提供的服务有密切联系。因此,本部分将针对电子商务个性化推荐服务、推荐方式选择提出一些建议。

①在电子商务个性化推荐中选择合适的个性化推荐方式非常重要,用户对网站所选择的推荐方式比较在乎。主要是因为用户担心推荐方式会泄露个人隐私,以及由此带来各种不可预估的后果。如果电子商务网站选取的推荐方式过于暴露用户隐私信息,或让用户感觉到会暴露其隐私信息,则将会大大增加用户的隐私风险感知程度,从而拒绝该种推荐方式,拒绝电子商务网站的个性化信息服务。

分析发现,用户对电话或短信这类推荐方式非常抗拒,而对网站页面推荐（"猜你喜欢""你可能感兴趣的"）比较乐意接受, 对一些社交化的推荐方式（如微信、QQ、微博等）接受程度也较高。因此, 电子商务网站可以在加大页面推荐力度的同时结合一些社交化推荐方式,而少用或不用电话、短信等推荐方式。

②电子商务网站在给用户进行个性化推荐服务时, 提高用户的感知收益程度, 满足用户服务需求,以及选用实际便利的推荐方式是极其重要的。用户看重的不仅仅是产品,更重要的是体验。另外,由研究结果可知,用户的感知收益越高,其隐私关注度越低。因此电子商务网站应该极力提高推荐信息的个性化,同时选择对用户来说方便有利的推荐方式,从而提升用户的感知收益程度,降低用户的隐私关注程度。

③降低用户的隐私关注程度。由研究结果可知,用户自身的隐私关注程度的增加不仅会加剧用户的感知敏感性、感知严重性,而且对用户的隐私风险感知具有直接正向影响。因此电子商务网站应该积极寻求相关措施降低用户的隐私关注程度。例如, 提高网站的信誉度,在给用户进行个性化信息推荐的同时提供保护用户隐私的承诺或举报电话等。

（3）消费者应进行对商家信誉共谋的实证研究。信誉共谋（reputation collusion）,又称信誉欺诈,是指在网络购物平台,多个恶意交易者串通一气,通过对商家给出较高的反馈评价,意欲人为地抬高商家信誉,以获得更多的交易量,最大化自己的经济利益。这里主要关注淘宝或天猫中存在的商家信誉共谋,俗称"刷单"。常见的信誉共谋方式有三种:通过真实的交易相互炒作信誉;在无实际交易的情况下,双方互给好评;通过在"刷单"平台发布任务,进行虚假交易,快速提升销量和口碑。前两个易被电子商务平台的虚假交易检测系统发现。

① 模型建立:技术威胁避免理论提出了基于技术威胁规避理论的变异模型,来测试用户如何通过特定的保护措施来规避IT威胁。与技术威胁规避理论一致,用户的威胁规避行为是由规避动机决定的,而规避动机受到感知威胁的影响。感知威胁不但受到感知敏感性、感知严重性的影响,还受到二者之间交互作用的影响。原有的技术威胁规避理论认为保护措施有效性、保护措施成本和自我效能以感知规避能力为中介,进而影响规避动机和情绪聚焦应对。因此规避动机受三者直接影响,规避动机的变化能够精确地描绘保护措施有效性、保护措施成本和自我效能的变动效应。

IT威胁的来源和保护措施不一定必须是IT,一个威胁的来源可以是一个人(比如黑客)或一个事件(比如拒绝服务),保护措施可以是一个行为(比如更新密码)或不作为(比如停止下载免费的东西),具体研究可以针对不同的威胁来源和保护措施来构建模型。对于信誉共谋情景下消费者的在线购物过程来说,商家信誉共谋是威胁来源,保护措施是在购物过程中识别虚假评论。

此研究以商家信誉共谋为主题情景,基于技术威胁规避理论的核心内涵,并参照上述的研究模型,引入习得性无助,构建了"消费者应对商家信誉共谋"的研究模型,如图4-4所示。

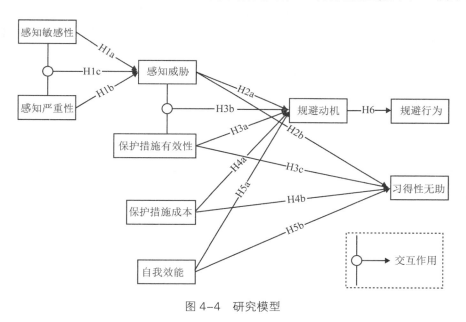

图 4-4 研究模型

假设(见表4-2):

表4-2 研究假设汇总

假设编号	研究假设
H1a	消费者的感知敏感性正向影响感知威胁
H1b	消费者的感知严重性正向影响感知威胁

续　表

假设编号	研究假设
H1c	消费者的感知敏感性和感知严重性正向交互影响感知威胁
H2a	消费者的感知威胁正向影响规避动机
H2b	消费者的感知威胁正向影响习得性无助
H3a	消费者的保护措施有效性正向影响规避动机
H3b	消费者的感知威胁和保护措施有效性负向交互影响规避动机
H3c	消费者的保护措施有效性负向影响习得性无助
H4a	消费者的保护措施成本负向影响规避动机
H4b	消费者的保护措施成本正向影响习得性无助
H5a	消费者的自我效能正向影响规避动机
H5b	消费者的自我效能负向影响习得性无助
H6	消费者的规避动机正向影响规避行为

②实证分析:本研究采用偏最小二乘法（PLS）进行数据分析。基于偏最小二乘法的优点:适用于多因变量对多自变量的建模;能够减少多重共线性对研究的影响,通过对数据的分解筛选,提取携带信息可以达到最大;可以克服样本数量较少的问题。

通过采用结构方程模型对研究模型进行分析,在本研究的13个假设中,有11个假设得到了验证。综合以上的模型计算结果,如图4-5所示。

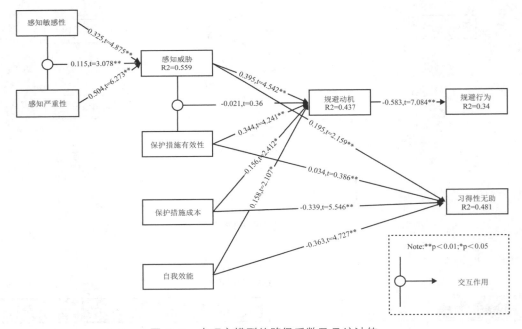

图 4-5　本研究模型的路径系数及 T 统计值

③研究结果:研究证明了面对商家信誉共谋的威胁时，消费者会评估由商家信誉共谋带来的负面后果。威胁感知激活应对评估过程，消费者积极寻求和评估与应对相关的信息，并决定如何应对威胁。一方面消费者会采取问题聚焦应对，在购物过程中识别虚假评论，从客观上减轻商家信誉共谋带来的威胁。另一方面，消费者同样可能采取情绪聚焦应对，从主观上减轻商家信誉共谋带来的威胁，消费者多次努力试图识别出信誉共谋的商家而未能成功，产生即便继续识别也无法达到规避信誉共谋的商家,选择放弃的习得性无助的想法。

◎ **2.启发**

理论的不足之处。国内外技术威胁规避理论的实证研究和理论应用如表4-3和表4-4所示。

表4-3 技术威胁规避理论的实证研究领域

实证研究领域	来源
恶意IT规避	H.Liang & Y.Xue（2009）
信息隐私	Wu Y（2009）、Bulgurcu B（2010）、Lai F.et al.（2012）、Posey et al.（2014）、朱慧等人（2014）、安宓（2014）、Kristadi et al.（2016）
安全软件	H.Liang & Y.Xue（2010）、Claar（2011）、Manzano et al.（2012）、Zahedi et al.（2015）
反网络钓鱼教育	Arachchilage et al.（2013）、Arachchilage et al.（2014）
电子邮件认证服务	Herath T et al.（2014）

由表4-3可以清楚得出，目前国内外技术威胁规避理论的实证研究领域包括信息隐私、电子邮件认证服务、安全教育、安全软件等。以技术威胁规避理论为理论基础的相关实证研究仍然较少,且涉及主题比较有限。

表4-4 技术威胁规避理论的应用部分

技术威胁规避理论的理论应用部分	来源
提出技术威胁规避理论	H.Liang & Y.Xue（2009）
问题聚焦应对	Bulgurcu B（2010）、Lai F.et al.（2012）、Kristadi et al.（2016）
威胁评估和应对评估过程	Wu Y（2009）、Claar（2011）、Posey et al.（2014）、安宓（2014）、Zahedi et al.（2015）
威胁评估和应对评估过程,问题聚焦应对	H.Liang & Y.Xue（2010）、Manzano et al.（2012）、Arachchilage et al.（2013）、Herath T et al.（2014）、Arachchilage et al.（2014）、朱慧等人（2014）

由表4-4可以清楚得出，技术威胁规避理论的理论应用主要体现在威胁评估和应对评估过程、问题聚焦应对,缺少对情绪聚焦应对展开的研究。

4.2 如何减小认知和感知的差异——基于顾客的差异理论

4.2.1 理论背景

◎ **1. 理论来源**

满意度可以被认为是需要或想要的满足程度,是一种广泛使用的衡量成功的方法。使用满意度作为达到成功的措施,很好地配合合理的行动和计划的行为理论,表明积极的态度将导致理想的后果。满意的用户促成使用系统的意图。服务、信息和系统质量的感知让用户满意。如果满意度真的是如此有用的一个度量工具,那么我们就需要更好地理解它的形成。过去开发的模型可能无法成功地捕捉到满足的基本结构,且许多年来,管理学科的研究人员都认为满意度的形成是一个比较的认知过程,因此探究客户的满意度是非常有必要的。

◎ **2. 演化过程**

IS领域长期以来一直对开发信息系统成功的衡量标准予以了高度关注。系统使用、成本与收益、财务回报、决策影响和组织优势等指标都会被用来衡量IS对个人和组织的好处。早期的IS研究提出了用户满意度为IS成功的标志,这些研究人员认为,当主要利益相关者对IS产品感到满意时,IS就获得了成功。从广义上讲,我们认为满意度是利益相关者对信息系统产品或服务的总体情感评估。

用户满意度是根据态度来衡量的,用来感知信息价值和质量,以及对决策有效性的感知改进。早期的研究曾设计了一种衡量广泛应用的用户满意度的工具。然而,Doll和Torkzadeh(1988)建议早期仪器的设计过于狭窄,不适用于数据处理环境,并扩展了一般用户满意度指标。这种扩展的规模包括信息内容、信息准确性、信息格式、易用性以及终端用户计算环境中的及时性。Chin和Lee(2000)通过比较终端用户的标准(先前的愿望或期望),为Doll和Torkzadeh的五个满意度指标的实现制定了额外的措施。表4–5提供了描述衡量用户对信息系统满意度的方法的相关研究摘要。

表 4–5　IS 研究中用户满意度的发展

研究	影响用户满意度的因素
Swanson(1974)	及时性,相关性,独特性,准确性,指导性,简洁性,清晰度,可读性,效率,便利性,可靠性,不可靠性,充分性,及时性,有价值,合作性
Gallagher(1974)	数量,质量格式,质量可靠性,及时性,成本
Schultz and Slevin(1975)	个人工作表现,人际关系和沟通,组织变化,目标,最高管理层支持/抵制,客户/研究员工作关系,紧迫性
Schewe(1976)	决策有效性,管理能力,工作效率,个人声望,管理控制,信息有用性,信息质量,企业成本,文书成本,公司程序
Larcker and Lessig(1980)	关于决策过程中信息的六个方面的感知有用性(重要性和可用性)

研究	影响用户满意度的因素
King and Epstein（1983）	报告周期,充分性,可理解性,免于偏见,报告延迟,可靠性,决策相关性,成本效率,可比性,定量性
Baroudi and Orlikowski（1988）	信息产品，EDP员工和服务,用户知识和参与
Doll and Torkzadeh（1988）	信息内容,准确性,格式,使用方便,合时
Bergeron and Berube（1988）	存在用户支持结构（指导委员会、信息中心和支持小组）,咨询支持结构的频率,制定微机计划和制定政策
Igbaria and Nachman（1990）	IS经理的领导风格,硬件/软件可访问性和可用性,用户的计算机背景,用户对最终用户计算和系统利用率的态度

目前已经提出了用于IS用户满意度测量的许多标准。通常为了尽可能考虑到不同的计算环境（例如互联网个人购物、B2B计算、电子学习、外包等）下满意度的重要方面,研究人员已经提出了用于测量用户满意度的不同指标体系。

4.2.2　理论内容

◎ **1. 产生基础**

客户对于某一产品或者服务达到满意的过程可以描述如下:首先,客户在服务之前形成来自业务单元特定服务的初始期望。其次,他们接受业务部门提供的产品或服务。经过一段时间的体验,形成对该部门产品或服务质量的看法。最后,客户根据原始期望评估其感知服务,并确定他们的期望得到确认的程度。此处的满意度表示在获得产品或服务的实际体验后的客户满意度。在此过程中,研究人员必须确定受试者对照组:选择适当试验对象作为比较的第一个组成部分;第二个组成部分是受试者体验到的自然状态。两者通过比较进行判断,以得到对评价对象的满意度。

◎ **2. 理论简介**

差异理论研究是以先验状态和后续感知之间的研究差异理论得出的满足感为基础的个体的认知比较。两个自然状态在一个相同的衡量标准下进行比较,形成的差异影响个人满意程度。个人确定一个期望状态作为比较的基础,然后形成一个满意度,以比较的期望状态与感知的自然状态为同一指标,比较产生的差异和方向偏离期望状态的程度。差异的方向和大小在确定满意度方面至关重要,这种由比较过程形成的关系被称为差异论。

◎ **3. 相似理论**

差异分为期望—现实的差距、目标成就差距、社会比较产生的差距,其中期望–现实的差距是常见的差异,也是适用性最高的差异模型。期望–构象理论(ECT)是期望–现实差距的衍生物。在较多研究文献中,ECT已成为解释消费者满意度的主要理论之一。ECT规定,满意度取决于产品或服务的感知性能与预先期望之间的差距。正向差异(表现>期望)可能导致满意,负向差异(表现<期望)导致不满。图4–6显示了期望的锚定状态、自然状态、整合和满意度之间可能存在的

关系。

　　个人的期望就是锚定状态，客户在使用产品或者服务之前会根据理想的、先前经验、期望的水平、预测或其他人所采用的标准来设定一个使用前的个人期望，而在使用之后有一个自然状态就是实际产品或服务绩效，这个是客户实际使用的体验情况，将两者进行比较，确认期望之后就可以得出个人的满意度。

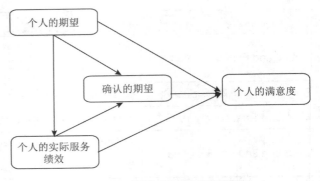

图 4-6　期望-现实的差距模型

4.2.3　基本原理

◎ **1. 框架原型**

　　消费者满意度有一个总体框架来检验交付和期望的差异如何影响用户满意度。消费者满意度通常被定义为一种"选择后的评估"，反映预期的性能（框架如图4-7所示）。

　　在消费者满意度研究中，性能是指产品或服务按照提供者承诺增加价值的能力，作为比较的标准用以评估不确定。预期和性能交付感知导致对预期和感知性能之间差异的不确定度量。预期可以影响感知的表现，因为感知可能被预期所蒙蔽。预期、对性能的感知，以及对性能是否满足预期的感

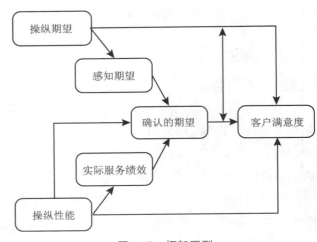

图 4-7　框架原型

知，都会影响消费者满意度。虽然消费者满意度研究中实证调查的主要焦点是建立不确定性和对满意度的影响的模型，但研究结果表明，绩效并不是满意度的主要预测因素。这也许可以解释为什么消费者满意度研究的重点转向了感知期望、不确定和满意之间的关系。其中不确定性源于"预期与实际表现之间的差异"。

◎ **2. 运作机理**

　　为了实施空白解释理论，至少有四大问题需要由研究人员来处理。这些是：①确定适当的组，分为期望状态和自然状态；②测量偏差；③选择适当的状态为满意关系；④分析关系。期望和自然状态应由基础理论或强有力的经验支持决定，而这两种成分之间的差异的最佳测量形式必须由方法和数据质量问题来驱动。

　　（1）确定适当的组。第一步是考虑不同现象构成个体满意度的因素。例如，在数字营销中，研究过去30年消费者满意度研究中使用的20种不同定义，得出了客户满意度是一种不同强度的

情感反应,并受到销售活动、信息系统(网站)、数字产品/服务、客户支持、售后服务和公司文化等方面的影响。因此,必须首先确定可能影响满意度的因素。

第二步是考虑"参考标准"。个人会根据理想、经验、期望、预测或其他标准来比较他们的感知性能。适应理论假设刺激知觉(即知觉的表现)与一个适应的标准(即认知标准)联系在一起,这个新标准代表了对刺激、环境和有机体的感知的适应水平,并在随后的评估过程中被用作基准(即满意度判断)。

以经验为基础的规范可以是整合的另一种替代标准,是指基于过去个人使用经验和证据而形成的类似产品/服务的某些信念。以规范为基础的标准可以比基于期望的标准更优越,因为过去的经验与类似的评价对象有关。但是,规范受到个人实际经验的限制,可能不适用于新产品/服务。

(2)测量偏差。在早期满意度研究中,差异不同,对应的满意度评价也会不同。例如,服务质量的差异通常被概念化为消费者预期的产品性能水平与消费者对产品使用后实际性能的体验之间的差异。差异评分作为一个心理过程的"模拟"以衡量复杂的认知评估过程,还过于简单。由于有许多可能的期望形式,多重解释"期望"可能导致严重测量错误。因此差异评分通常有不稳定的维数,可靠性低,判别效度差。

(3)选择适当的状态为满意关系。从分析的角度来看,最简单的假设关系是线性的。客户对产品或服务会有特定的期望,不满足这种期望会导致不满,超过它会达到满意。至少在期望的合理范围内,线性关系充分表达了期望和实际的满意度。然而,比较关系并没有那么简单。

过去在满意度研究中纳入了多种形式,涉及比较的各种方法。服务的某些方面可能是非线性的,设定客户对服务水平的期望由 U 形曲线和二次方程表示。在组织内的服务中,有些认为不满发生的越多,你在最低标准下期望就越低,满意度增加超出了期望水平,从而达到了相对平坦的满意程度。这是一个普遍应用的前景理论形状的变化,可能适用于一些个人喜好和最佳表示的三次方程式。在部分情况下,研究人员应该考虑具体的应用场景。

(4)分析关系。回归模型可以通过将高阶项纳入多项式方程中,将差异所决定的各种因素合并在一起,回归系数可以被确定为每个组或更高的顺序期限的重要性。通过三维图和响应面分析可以解释组件与满意度之间的关系,可以直接将组件变量包含组件的路径模型与满足的线性关系引入模型。非线性关系则更为复杂,但创建模块变量似乎是一个有效的解决方法。

◎ 3. 结论

差异理论在解释满意度方面提供了广泛的借鉴意义。从根本上说,满意是从一个比较过程中派生出来的,它考虑了一个事件、产品或过程的事先形成的印象以及同一事件的经验、产品或流程。比较是由一系列因素决定的,其中预期与现实体验之间的关系是认知上的结合,共同影响满意程度。这些是信息系统研究人员进行满意度研究时主要考虑的因素。

一旦确定了研究方法,并根据理论完善了自然状态,就需要在所有组件中使用同样的方法,这样就可以将结果相似但不同的状态进行比较。

用户满意度可以在产品(即开发和实施的系统)和服务的满意度方面加以区分。根据现有文献发现,消费者满意度的差异可能促使研究人员对商品和服务进行区分。这些只是几个方向,是研究满意度可能采取的结构模型。

4.2.4 应用与启发

◎ 1. 应用一

C2C交易市场

电子商务主要将感知质量分为3个维度:信息质量、系统质量和服务质量。信息质量下只有1个要素,仍采用信息质量一词;系统质量包括技术层面的4个要素,即易用性、速度、安全性和网站设计;服务质量包括接触性、可靠性、响应性、移情性和服务补偿。

如果产品或服务的表现达到期望,那么会形成中等的满意或者无所谓的评价,而顾客对产品或服务的感知水平越高,越可能超过顾客期望,因此感知水平与期望差异成正向相关关系,关于网上服务,研究指出信息质量通常需要具有准确性、完整性、及时性等特征。在C2C环境下,消费者网上购物同样需要了解来自市场及卖家双方的信息,以做出购买决策。

因此假设在影响顾客满意度的诸多因素中,信息质量对期望差异有正向影响,易用性对期望差异有正向影响,速度对期望差异有正向影响,网站设计对期望差异有正向影响;安全性对期望差异有正向影响,接触性对期望差异有正向影响,可靠性对期望差异有正向影响,响应性对期望差异有正向影响,移情性对期望差异有正向影响,服务补偿对期望差异有正向影响,期望差异对顾客满意度有正向影响。

最后研究结果是顾客感知到的速度、安全性、移情性与期望差异不呈显著正相关,可能的解释是:C2C电子商务平台在安全性方面,仍然会使消费者感到担忧。因此电子商务平台与一些银行启动风险联防计划,针对付款这一环节进行联合研究,在支付时智能判断订单状态就显得尤为重要。而在速度这一维度上,主要是指网页打开速度缓慢,用户在面对缓慢的加载速度时,通常不会耐心等待而是选择关闭网页。网站打开速度通常受服务器、程序代码、网页设计等多重因素影响,电子商务平台需要在这几方面做出改进,以提升消费者对这一方面的满意度。在移情性方面,消费者感受到的C2C电子商务卖家的移情性水平较低,甚至很多卖家不能提供相关服务。

综上,信息质量、易用性、网站设计、接触性、可靠性、响应性和服务补偿与期望差异呈显著正相关。按顾客感知水平由高到低,各个维度的排列顺序依次为易用性、信息质量、响应性、网站设计、接触性、可靠性、服务补偿。从目前的调研数据看,国内C2C环境下顾客感受到的服务质量水平处于中等水平,C2C电子平台及诸多卖家仍然需要做出持久的努力,共同提高服务质量水平。

◎ 2. 应用二

团购模式

随着团购模式在美国的兴起,团购在中国也开始迅速发展起来,很多团购网站应运而生,越来越多的用户参与到团购中来。在竞争如此激烈的团购市场中想要立于不败之地,持续吸引新客户和提升客户留存度相当重要。在研究基于团购模式的顾客满意度影响因素时,有感知质量、价格优势、转换成本、顾客满意度、顾客忠诚度五个潜变量,感知质量包括产品质量、网站质量、服务质量、信息质量四个维度。团购市场中顾客对质量的感知很大程度上会影响顾客满意度,顾客满意度会正向影响顾客忠诚度,转换成本与顾客忠诚度间相关关系不显著,价格优势对顾客满意度影响不显著,产品质量对质量感知的影响系数最大。因此现阶段团购运营商应该将产品质量放在首位,可以通过保证产品质量来提高顾客质量感知,从而提高顾客满意度,只有拥有良好且稳定的产品质量,才能够保证客户不流失,让企业长久持续发展。服务质量、网站质量、信息质量也能够极大提高顾客质量感知的因素,需要予以一定的关注。

◎ 3.启发

消费者购买商品后,都会产生不同程度的不满意情绪。这是因为任何商品都有其优点和缺点,而消费者在购买时往往看重商品的优点,而购买后,又较多注意商品的缺点。当别的同类商品更有吸引力,消费者对所购商品的不满意感就会越大。企业在营销过程中,应密切注意消费者购后感受,并采取适当措施,消除不满,提高满意度。如经常征求顾客意见,加强售后服务和保证,改进市场营销工作等,力求使消费者的不满降到最低。

同时由于客户的期望可能随着时间的推移而变化,管理层可以建立一个数据库,帮助识别客户的期望和感知的服务绩效,最终构建忠诚度。

4.3 如何有效地激励用户参与——Keller的激励模型

4.3.1 背景介绍

广义的"学习"是人在生活过程中,通过获得经验而产生的行为或行为潜能相对持久的行为方式。行为动机影响着学习的质量与效果。内容输出者进行内容传输设计,主要是以促进受众学习为目的,对传输目标、传输内容、传输对象、传输方法与策略、内容实施以及内容评价等环节进行具体计划,选择合适的传输活动和过程。而在学习的过程中,由于客观环境因素,包括外界干扰,受众内在因素等影响,存在受众的学习动机不足、学习积极性不高等问题。研究显示:个人信息素养的高低与个人信息需求动机的产生、提出和实现程度之间存在密切关系,学习动机的提高有助于信息素养的提高。

20世纪70年代,美国佛罗里达州立大学的John. M. Keller教授对教学动机设计与教学效果的相关性进行了研究。John. M. Keller教授整合多种学习心理学理论,于1983年提出ARCS动机模型,探讨如何通过内容设计来提高受众的学习动机问题。在后来的发展过程中,这一模型的应用范围从教育扩展到方方面面,在信息系统、电子商务等领域中也有一定的应用。

当前互联网背景下,信息内容的传输变得多样化,而如何运用动机激励理论,提高受众行为的主动性,有效提升受众的行为动机激励成了内容传输与吸收的关键。而在产品市场化阶段的过程中,激励实际上与"学习"想要达到的效果是类似的,目的是通过一些手段给用户带来价值从而使用户能够产生相对持久的使用产品的行为。

4.3.2 具体内容

◎ 1. ARCS动机模型的理论基础 ------------------------------

ARCS模型的理论基础是Keller的动机－成绩－教学影响理论（1979）。其模型如图4-8所示。

这一理论的目的是辨明影响个体的努力、取得的成绩的个体行为和内容设计方面的主要变量。从上面的模型图可以看出，行为（behavior）是人（people）与环境（environment）相互作用的结果，B=f（P，E）。在这一理论中，Keller描述了P与E这两类因素对三类行为反应（即努力、成绩与后果）的影响。

该理论以当今的学习动机理论为基础，对之前研究者的动机理论、需求层次理论及学习理论进行了演绎分析，将动机理论、行为主义心理学、认知心理学、信息加工过程等研究结合起来，通过综合归纳、解释内容传输活动，而形成基础理论。因此，这个理论是一个宏观的理论，而不是微观的理论。

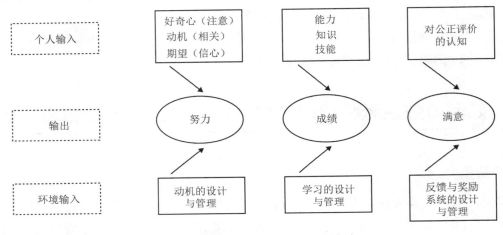

图 4-8　动机－成绩－教学影响模型

◎ 2. ARCS动机模型的简介 ------------------------------

ARCS动机模型是一种用于设计学习环境和动机方面问题的解决方法，主要应用于系统化内容设计，希望使学习内容的设计更符合受众的学习需求，激励受众参与互动，以激发和维持受众的学习动机。这个模型有两个主要部分。

第一部分是动机的四大组成部分，如图4-9所示。与其他动机模型的不同之处在于，ARCS模型并不重视对动机内涵与类型的抽象界定，而是以实践为目的分析动机的生成机制并据此提出合适的内容传输策略，认为学习动机的生成依赖于注意（attention）、相关（relevance）、自信（confidence）和满意（satisfaction）四个既具有层次递进性又高度相关的动机过程。只有满足这些条件，才能有效激发受众的学习动机，提高内容传输品质。

因此，内容输出者在进行内容设计的同时，还应该包含适当的动机设计，即针对受众群体的动机状况和内容的特点设计相应的动机策略，设法使内容传输过程能够引起并维持受众的注意，进而建立起内容传输与受众之间的切身性，使受众产生并维持对学习的自信心，并提供一种满意感。在满足以上条件后，内容传输就能激发受众的学习动机。

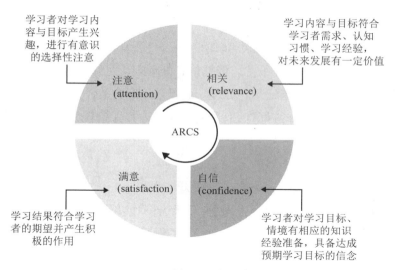

图 4-9　动机的四大组成要素

　　模型的第二部分是一个系统的设计过程,创建适合于给定受众集合的动机。这种集合可以帮助识别受众动机的各种要素,设计过程用于分析在特定的学习环境中受众的动机特征,然后设计适合他们的动机策略。

4.3.3　基本原理

◎ 1. ARCS动机模型的四大要素

　　ARCS动机模型的主要内容包括引起注意、切身相关、建立信心、获得满足四大要素,如表4-6所示。在实际应用过程中,这四个要素是一个整体,没有主次之分,缺少任何一个要素都可能会影响受众的学习动机。

表 4-6　ARCS 动机模型的四大要素

分类	定义	过程问题
引起注意	抓住受众的兴趣,激发学习的好奇心	怎样才能让这种学习体验既刺激又有趣?
切身相关	满足受众的个人需求/目标,形成积极的态度	这种学习经验在哪些方面对受众有价值?
建立信心	帮助受众相信他们会成功并辅助他们实现成功	怎样才能通过指导帮助受众成功,让他们控制自己争取成功?
获得满足	奖励强化成就（内部和外部）	怎样能使受众对他们的经历感到满意并且有意愿继续学习?

（1）引起注意。

① 要素简述。引起注意，指唤醒知觉和激发好奇，是受众进行学习活动的前提条件。为了激发动机，受众的注意必须先被激起并维持。依据信息处理理论可知，人们虽然可以接收许多信息，但只有受到注意的信息才会被大脑记忆与处理。而提升注意力的设计策略，不仅在于引起受众感官上的注意，更重要的是激发求知的好奇心，并使受众对内容保持较为持久的注意力，由此才能够更有效地进行后续学习过程。

② 影响因素。

知觉唤醒（perceptual arousal）——如何使受众产生兴趣？

使用意外或不确定的方式使受众产生兴趣，需要分三个步骤实施：1）设置悬念，激发好奇心（给受众提供选择那些能满足其好奇心和探索需要的题目及任务的机会）。2）情景创设策略，即创设情境，吸引注意力。3）挑战受众的认知。

探究唤醒（inquiry arousal）——如何激起受众探究的态度？

通过提出具有挑战性的问题或需要解决的问题来刺激好奇心。

多变性（variability）——如何使用"变化"维持受众的注意？

善变策略，维持受众兴趣。1）变换信息的呈现方式，来保持受众的注意（信息技术提供新颖的学习资源和多元化的信息资料呈现方式）。2）增加内容传输活动的丰富性，来维持受众的兴趣（交替进行受众与内容输出者间的相互作用以及受众与受众之间的相互作用）。

（2）切身相关。

① 要素简述。相关性（切身性），指传输的内容与受众需要或目标之间的密切联系，即要向受众解释这次内容传输活动的重要性。新鲜的事物能帮助受众集中注意力，但是在理解和内化新知识时，受众往往倾向于结合本身已熟悉且了解的内容来进行学习。他们很有可能会问"为什么我们必须学习这些材料""这些材料和我们的兴趣或目标有什么关系"等问题，这些涉及的就是相关性的问题。对这些问题的积极回答有助于激发受众的动机，让受众认识到知识的相关性和重要性之后，受众就会进行有目标的学习，进而主动联系过去的学习经验，进行符合个人需求的学习任务。

② 影响因素。

目的指向（goal orientation）——如何将内容与受众的目标相结合？

目的指向切身性指的是功利主义或实用主义的切身性，用于解释说明内容的用途，向受众说明内容的目标和学习内容的价值。例如，如果学习内容能帮助受众达到未来生活中的重要目标，受众的动机就会被激发，这就是产生了目的指向的切身性。这正是内容输出者常常使用的方法，即告诉受众"这些知识现在可能用不上，但对你们的将来很重要"。

（过程指向）动机匹配（motive matching）——何时、如何为受众提供合适的选择、责任和影响？

动机匹配对切身性的影响是把内容与受众的各种学习需求匹配起来。在这个过程中，受众更容易被合乎自己个人需求、愿望及兴趣的活动激起动机。提供个人成就机会、合作活动、领导责任和积极的榜样等方式，使内容能够契合受众的动机和价值观。例如，竞争环境下的受众会被非竞争性的小组合作的情境所吸引，高成就需要的受众则更喜欢允许自己设立目标和标准，允许个人对目标的达到与否负高度责任。

熟悉性（familiarity）——如何将内容与受众的经验相结合？

内容输出者要结合受众的专业和文化背景等特点，让受众了解内容与当前学习任务、未来生活和工作的相关性，通过提供与受众工作或背景相关的具体内容使之熟悉。

（3）建立信心。

① 要素简述。信心，指受众个体对自己能完成某事的推测和推断，建立信心，是帮助受众克服困难，取得成功的动力，即受众需要具有"自我效能感"。自信的受众会主动地探索未知世界，主动探索所获得的知识，记得牢，用得活。自信来自于有意义的成功感，有意义的成功感来自于战胜困难后的心理感受。如果没有自信心，即使引起了注意并产生了切身性，他们也有可能放弃学习任务。受众的自信心与受众实际的努力程度相关，内容输出者不仅要善于通过表扬等激励方式，帮助受众克服畏难情绪，还需要不断给予受众学习的自信心和热情，维持适度的学习动机。

② 影响因素。

学习要求（learning requirements）——如何帮助受众建立对成功的积极期望？

期望成功是让受众明确任务的要求和评价标准，知晓考察者对自己的期望。如果个体坚信自己能成功，他就会投入更多的努力，在个体激发动机之后获得成功的概率会提升很多。值得一提的是，一个人可能对自己的能力具有与客观情况不一致的信念，对成功的预期与成功的客观可能性并不相符，但这种信念并不妨碍这种期望变成现实，这本身可能会促成成功的结果。

成功机会（success opportunities）——怎样支持或强化受众自己的能力的信念？

在对成功建立了预期之后，对于受众来说，真正成功地完成有意义的挑战任务是很重要的。内容输出者要设置多元的成就水平，提供给受众的学习任务对于受众来说不能太容易，也不能太困难，允许受众确定个人的学习目标和成绩标准，让每个受众都能体验到成功。

对于那些刚刚学习新知识或技能的人来说，通常都喜欢有一个相当低水平的挑战，加上频繁的反馈，帮助他们确认能够成功。在掌握了基础知识之后，受众已经准备好迎接更高水平的挑战，此时布置难度适中且具有挑战性的内容任务，是激发信心的重要策略，包括设计帮助他们锻炼和提高技能的比赛等。内容输出者面临的挑战是如何调动人员，需要尽快切入主题以避免无聊，但不能太快，否则受众变得焦虑，并随着受众的能力水平的变化而调整节奏。

对于同一起跑线上但不同水平的受众，内容设计者要为不同的受众提供不同难度的学习任务。这虽然在理论上成立，但在实施时困难重重。首先面临的问题是要充分了解受众何其难，通常的做法是根据全体受众的平均水平，提供一般难度但产出不同反映面的学习任务。学习任务的设定需要具有适应性，对于学习水平较低的受众，内容输出者要提供足够多的支持来帮助他们克服学习困难；而对于学习水平较高的受众，内容输出者则提出更高的要求，要求他们以更高的水平完成任务，因为学习任务没有唯一的结果，并且在受众完成学习任务的过程中，每一个进步都要给予表扬和反馈。

个人控制（personal control）——如何使受众明白他们的成功源于自己的努力和能力？

受众应该对他们的学习和评估有一定程度的了解和掌握。自信通常与个人对成功的感知以及成功后的结果的感知联系在一起。然而，在学习环境中，"成功"的控制权掌握在内容输出者手中。为了提高受众的动机，内容输出者的控制影响应该集中在引导和激励受众上，并为此提供一个稳定的学习环境，在这个环境中，受众应该被允许尽可能多地控制实际的学习进度。同时内容输出者要提供反馈，告诉受众自己之所以取得学习上的成功，是自己具有能力并且付出努力的结果。例如，受众在学习前了解学习的内容和进度，就容易把握学习的重点，当受众相信自己的选择或努力能对行为的后果产生影响时，他们就对自己的行为更有自信。相反，如果学习内容让受众混淆不清，他们就容易丧失信心，产生挫败感，从而对学习产生厌倦甚至恐惧的心理。内容传输过程中能促进个人控制感的那些特征有利于受众发展自信和坚持学习行为。

（4）获得满足。

① 要素简述。满足，指通过努力取得成功后的一种轻松愉快的自得情绪，即对客观环境和自我情况满意。在学习情境中，是当学习的结果与受众的积极期望相一致的时候，受众心理上获得的满足，是维持受众学习动机的一个重要条件。因此，在学习的过程中要创造条件让受众获得学习成果，供给受众真实的问题解决情境，让他们应用已学的知识去解决实际的问题，由此体验到完成任务后的成就感。因此，满足感所带来的最主要的结果即持续性动机。

② 影响因素。

内部强化（intrinsic reinforcement）——怎样才能为受众提供有意义的内生知识/技能呢？

运用内部强化为受众提供有意义的内生知识和技能可以塑造并维持行为，因此也能维持完成某任务的动机。如果运用得当，能保证受众得到自己所预期的奖励，帮助受众在行为和后果之间建立起一种一致的安全感。只要这种奖励对受众来说很重要，就能将受众的动机维持在一个较高的水平上。

外部激励（extrinsic rewards）——怎样激发他们内在的对学习经验的兴趣？

有时，外部奖励会降低动机，尤其是当这种奖励并不是学习的自然后果且又在其他人的掌握之中的时候。如果某人原来对任务具有轻度的内部兴趣，那么外部奖励会使他的注意力离开任务本身而转移到奖励上。

公正公平（equity）——怎样建立受众对公正对待的觉知？

认知评价是影响满足感的第三个因素，公平的评价有助于激发受众的学习动机，它是指按照个人的预期来评价行为后果的过程。如果一个人对成功的期望很高，那么在完成任务后他可能对结果产生不了满意感；相反，如果预期水平较低，则可能会产生满意感。

◎ **2. ARCS动机设计过程**

在Keller的ARCS理论中，动机设计是一个较为核心的内容。动机设计的主要过程有四个，即分析动机问题、设计动机策略、执行策略以及评价后果。流程如图4-10所示。

在这四个阶段中，每一阶段又分别包含若干主要活动，如表4-7所示。

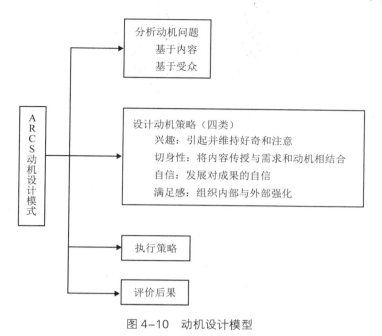

图 4-10　动机设计模型

表 4-7　动机设计活动和过程问题

阶段和活动	过程问题
确定:分析动机问题 1.听众动机分析　2.动机目标 3.动机效标测量	听众对即将学习的内容持有什么样的态度? 我想对听众的动机作什么样的改变? 如何确定是否达到了动机目标?
设计:设计动机策略 4.产生可能策略　5.选择策略 6.整合策略	可促成实现动机目标的策略一共有多少? 哪些策略对听众、内容输出者、情境来说最合适? 如何将内容成分和动机成分结合在一个整合的设计之中?
发展:执行策略 7.准备动机材料 8.增加现有的内容材料 9.发展性测验	如何定位或形成实现目标的动机材料? 如何重新改进内容材料以提高其动机吸引力? 如何获得有关反馈以明确这些动机策略是否起作用?
测查:评价后果 10.进行测验　11.评价效果 12.确证或修改	如何准备并进行一个实验性的测验? 如何检测我所期望的和不期望的动机效果? 如何决定对内容体系做出修改还是继续进行?

（1）分析动机问题。分析受众的动机状况有助于明确动机激发的重点。这个过程可以严格地以测量的形式进行,如采用调查问卷的形式等;也可以采用非正式的方式,如基于对听众群体的了解或访谈等方式而进行。然后,根据受众动机状况的特点,内容输出者就可以确定动机激发的重点,并决定采取哪些方面的动机策略。

（2）设计动机策略。动机目标的确定也是很重要的一个步骤,动机目标可以为动机策略的设计、执行提供指导,同时它也是衡量动机策略的效果的重要标准。在设计和检查动机策略时,最好是先决定自己所期望的动机效果,并写下相应的动机目标。动机目标一般有学习成绩、情感反应、行为持续性的增加以及持续性行为的一贯性、自信提高的程度、切身性提高的程度、兴奋水平的提高和参与任务的自主性等。但是动机的提高,尤其是持续性动机的提高并不一定伴随着学习成绩的明显提高。因此,研究动机,尤其是在实验情境中研究动机时,动机目标的确定最好在学习目标外再增加所期望的动机行为。

(3)评价后果。对策略效果的评价也是很重要的一个环节。这既有助于了解已采用的策略的效果,又可以及时发现问题,总结经验。一般而言,动机效果的测量可以采用两种指标,一种是情感反应水平,即要求受众用一个简单的标准衡量或简单地用语言来评价自己喜欢内容传输过程的程度,以及认为这种内容传输形式好还是不好;另一种是成就水平,也就是说,考察动机策略是否促进了学习成绩的提高。高水平的成绩与积极的情感是动机策略的重要目标。

◎ **3. 总结**

在ARCS动机设计模式中,Keller将动机理论、动机策略与内容设计理论相结合,整合了许多动机研究的成果,在此基础上提出了动机激励的四要素,并阐述了动机设计的流程,其有效性在国外已经得到了许多实验证实。ARCS动机设计模式以问题为导向来讨论如何解决动机问题,使内容输出者能够了解影响受众动机的因素,分析受众的动机状况,确定动机激励的重点和策略,从而提高内容传输成功的可能性。由于这一模式与内容设计紧密结合,因此它对于内容输出者如何在内容传输过程中激发受众的动机提供了重要的指导和启发。

4.3.4　应用与启发

◎ **1. 应用案例**

基于ARCS动机模型探究薄荷阅读的商业逻辑

(1)背景。随着互联网技术发展的不断成熟和人们对教育重视程度的不断提高,在线教育行业的发展也越发火热。而英语教育是目前在线教育中最核心的细分市场。而在市场上主流的英语学习工具主要为词典翻译类、背单词类和口语听力类产品,在线英语阅读类产品还处于市场教育阶段,尚未发展成熟。

2016年年中,背单词类产品巨头百词斩新推出了一款基于微信端的英语付费阅读产品——薄荷阅读。这个"小鲜肉"产品以"每天10分钟,100天读完10万字的英文书"为slogan(口号),"我在【薄荷阅读】的第X天,已读XXX字"也一时之间成了2017年微信朋友圈刷屏的热点,带起了一波英语阅读的热潮。如图4-11所示。

图 4-11　在朋友圈刷屏的"薄荷阅读"

本节将通过 ARCS 模型探究薄荷阅读是如何激发受众的阅读动力,并激励其持续阅读。

（2）存在问题。英语阅读作为实用英语的一种,在学习英语的过程中受众也存在着一些共同问题。

① 英语学习枯燥且难以坚持。

② 学习过程中产生疑问往往不能及时解惑,也存在难以相互交流的问题。

③ 多数以应试为目的的英语学习具有周期性,用户通过特定考试之后就会难以继续使用产品学习。

（3）产品介绍。薄荷阅读是百词斩旗下的一款基于微信端独立运作的英语付费阅读产品,它将英语放在实用性更强的阅读场景学习,让学员以碎片化的学习模式,在微信社群内共同学习,例如在 100 天完成 3~4 本英文名著阅读任务。用户使用薄荷阅读的行为路径如图 4-12 所示。

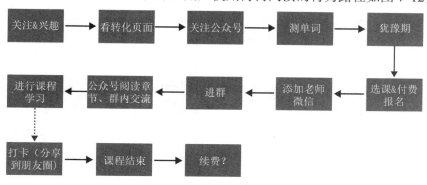

图 4-12　使用薄荷阅读的行为路径

① 学习流程:

1）入营测试,匹配书单:薄荷阅读会先对用户的词汇量进行评测,再根据测试结果分级匹配书单。

2）碎片化阅读:将书的内容切分为每天的阅读任务,用微信推送给读者（语音+文字）,根据学员词汇量在阅读内文中标注生词,阅读完成后还有五题基于内容的测试题,实现每天 15~30 分钟的轻量级学习。

3）社群化运作:同期同等级成员会组建为一个学习群,带班老师会每天在组内提醒阅读、讲解当日阅读材料等,组织学员讨论等。

② 激励机制:

1）朋友圈打卡:朋友圈打卡满 80 天送实体书。

2）物质奖励:课程内读完一本书将能永久保留查看电子书。

3）老用户优惠:完成打卡任务的老学员下次参与可优惠 20 元/期。

4）病毒营销式拉新奖励:老学员每推荐一位好友加入阅读,即可获得 20 元代金券,推荐人数最多的前十位老学员可以额外获得最高 2000 元的附加奖励。

③ 运营数据。目前,薄荷阅读每两周发布新一期报名,如图 4-13 所示,每一期分为基础入门、经典、进阶、高阶等四个大的等级,共 9 个级别、17 种书单,据估算,其近几期的报名人数已超过万

人。薄荷阅读每期单价为149元,老学员续报为129元。照此估算,薄荷阅读上线以来已经完成了数千万元的营收。

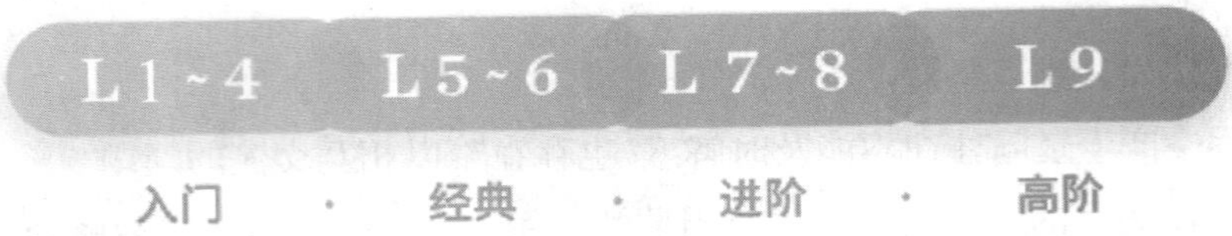

图 4-13　薄荷阅读分级标准

（4）ARCS动机模型在运营过程中的应用策略。

① 引起注意。当你看到你的朋友圈内好多朋友正在努力学习坚持阅读英文书,而你每天刷着朋友圈无所事事,与他人的差距便愧疚感油然而生。你看到闺蜜坚持了100天之后又积极地开启了下一期,还获得了阅读打卡满80天的一本英语实体书奖励。"我也能坚持100天看完10万字的英语书吗?"（探究唤醒）这对你来说是一次不小的挑战,抱着试一试的态度,带着探究的好奇心,于是你点开了朋友的阅读链接,也开始投入"好好学习,天天向上"的行列当中。

② 切身相关。经过了在微信社群内与老师和同期的小伙伴一起学习、一起讨论、一起参与活动,每天花费十五分钟左右的时间学习。你对英语阅读的态度,从一开始的目标指向——英语阅读是为了提高自己的英语水平,到过程匹配——对英语产生了更多的兴趣,更加激发了你的学习动力,英语阅读也变得没那么枯燥。

③ 建立信心。（学习要求）你每天都有学习的小目标（15分钟左右的碎片化阅读,课后的小练习）,也有长期的大目标（完成100天10万字3~4本英语原著）。不知不觉也坚持打卡,读了上万字,读完了人生的第一本英语原著。（成功机会）阅读内容的难度由浅到深,你也能明显感受到自己阅读能力的提升,（个人控制）自己的坚持也得到了回报,让你有了更多的信心。

④ 获得满足。（内在强化）你成功坚持了100天,完成了当初立下的目标,因为阅读也认识了许多爱好者,你的英语等级也比一开始刚刚参加阅读时的水平提高了两个级别,这给你非常大的满足感。（外在奖励）除此之外,完成一期阅读任务的你获得了继续下一期的优惠和满80天赠送的精美英语原著图书,这让你又充满动力开启下一期的阅读计划。

◎ 2. 启发

正如Keller所讲的那样,这一模式是一个启发性的模式,而不是一个处方性的模式。它为内容输出者提供的仅仅是一种启发性的指导,内容输出者在具体应用这一模式时,需要根据受众群体以及教学内容的具体特点,充分发挥自己的主动性和创造性,而不能简单地依赖这一模式。该模式的实际效果在很大程度上取决于内容输出者本人对模式的领悟、理解及创造性运用。在将这一模型运用到产品市场化过程中,不一定是照搬模型去制定计划,而是在模型给操作者带来启示的基础上,去创造可以实现目的的实际策略。

4.4　如何提高产品使用过程中用户活跃度——体现社会存在理论

4.4.1　理论背景

◎ 1. 研究背景

交互,是人类永恒的需求,人类需要不停地同外界进行交互,进而认识世界、认识社会、认识信息,通过不断地交互来获得精神与物质上生存的资本。

体现社会存在理论是为了研究单独的人类个体如何通过社会媒介物进行交流而建立起社会存在价值,以及在这个过程中对社会活动的影响。体现社会存在理论认为,人们可以在满足社会背景、在线交流和互动这三个维度的行为之上,提升对于人的社会存在感,进而获得强烈的社交感,增强社区意识。这种意识能够增加参与者之间的互动,在虚拟世界中如公司移动办公会议、入职培训教育等,通过体现社会存在理论来加强彼此的联系,增加组织内部的联动性。通过良好的互动和社会存在感的建立,可以使大多数需要社交、互动、沟通的行为更好地进行。

步入互联网时代,特别是近年来移动端产品的井喷式增长,几乎所有的互联网公司都希望将自己的产品曝光于大众视野之中,成为用户手中热门的产品。在产品设计阶段的尾端——触及用户的时候,运营人员需要通过交互的方法将产品的价值和内容传递给用户,但是不同的策略产生的效果是不尽相同的,所以借用体现社会存在理论(embodied social presence theory,ESP)来研究什么样的策略才能够将产品带给用户并使用户成为产品忠实的粉丝。

体现社会存在理论的演变历程如图4-14所示。

图 4-14　体现社会存在理论的演变历程

体现社会存在理论的雏形可以追溯到1956年艾萨克·阿西莫夫的小说《赤裸的太阳》。小说中人与机器之间的荒诞社会问题引出了关于体现社会存在理论的主要观点和主要论点——人们应当被鼓励,用一种积极的、探索性的态度来与其他社会成员进行交流,体现出应有的社会和存在价值。

社会存在最初用来评估社会环境下大众对社交媒体的选择,是电信学家Christie作为"人际交往中的其他人的突出程度及其随之而来的人际关系的凸显性"(Williams & Christie,1976)。当时,社会存在理论被定义为"互动中对方的显著程度"。

社交媒体网络是个人和群体交流和分享经验的社会虚拟环境,在技术的发展中社会存在感和自我之间的关系在不断地被探讨。体现社会存在理论是从电信的使用演变而来的,它概述了个人如何将社会媒体作为一种形式、行为或感官体验，来投射某种形式的智慧并且被社会接受（Tu，2000）。

社会存在随着互联网媒介的发展已被视为个人在其在线环境中代表自己的方式。这是一枚个人印章，表明个人可以并且愿意与其在线社区中的其他人互动和联系。社会存在定义了参与者彼此之间的关系，从而影响他们有效沟通的能力（Kehrwald，2008）。

4.4.2 理论内容

体现社会存在理论诞生于通信技术兴起的时代，并随着通信技术和互联网技术的发展而不断地得到发展，解决了虚拟世界中社交活动开展的联结问题——以一定的方式将互联网这个虚拟空间的沟通对象连接起来，尽可能地模拟现实世界的沟通环境，使双方的存在感得到提升。这也常用来研究在由通信设备构成的虚拟环境中，个人对虚拟个体、虚拟环境的依赖感。

在体现社会存在理论发展的过程之中，活动理论是其发展的重要理论奠基者，我们先来探讨一下活动理论的基本内容与关键的要素，以及体现社会存在理论的相关理论。

◎ **1. 体现社会存在理论的要素——存在** ------------------------------------

存在的概念已在若干学科、与人际和组织沟通有关的各种背景下，以及在协作和决策的小组和组织研究中实现了应用并逐渐被丰富（其中包括：媒体丰富理论、社会存在理论、媒体同步理论、超特性化理论）。因此，存在的作用和相关概念是研究性审查小组和组织沟通的重要组成部分。

那么社会存在是什么意思呢？我们知道，自20世纪以来，技术的革新使用户可以通过虚拟的网络产生交互，节省了大量的时间成本、财力成本和精力，特别是到了21世纪，更多的手机应用出现，更多的社会活动能够在网上进行。但是随着时间的变化，人们发现很多时候通过这些手机应用并不能很好地完成某种社会活动，但同样依旧存在很大一部分的优秀手机App能够很好地奏效，特别是在社交领域和在线教育领域。

无论是存在还是社会共存，它们共同的一个特征是在同一空间下，无论是实际空间还是虚拟空间，产生密集交互的用户能够获得社会的存在感，进而采用更加积极的态度和方式进行交互。位置与存在的概念是非常密切的，并能够促使我们对虚拟环境产生影响。事实上，对虚拟世界环境的解构突出显示了相对于其他媒体的两个独特特性：1）共享虚拟空间的可用性，其中参与者化身、对象、动作能够在同一空间内产生更高层次的关联（例如，用户通过交互能够获得更好的存在感，进而对虚拟的对象产生依赖）；2）有选择的时态持久性（即当用户离开虚拟区域设置时，位置和对象保持不变）。

要理解存在和ESP理论，必须充分理解那些影响虚拟世界用户的因素。在此基础上，详细阐述ESP：伦巴第和迪顿整理并提出了定义的六种存在要素如表4–8所示，借助存在的形式我们可以来探究社会存在这种复杂情感的原因，以及应该如何运用某种形式的存在要素来赋予某个产品体现社会存在的能力。

表4-8　存在的类型

存在的类型	存在情况说明
信息传递的可信度	任何给定媒体有能力传输参与者认为的信息并用于解释信息的程度。人们趋向于相信虚拟空间的信息并对真实世界产生影响，ESP奏效
信息的保真度	传播媒介创造图像和其他感官输入的程度，相对于目标人、地点或事物来说，它们具有高保真度，这是沟通的焦点
传递（运输）机制	媒体可以给用户一种感觉，即他们被传送到别处（即"你在那里"）或将一个地方或对象带到用户的位置（即"它在这里"），也就是说用户已经进入虚拟空间之中了
心理沉浸程度	无论是物理沉浸（浸入感官器官，如头部安装显示和耳机）还是心理沉浸（即一个在空间内，创造一种感觉），都能直接反映体现社会存在理论奏效
媒介中的社会存在者	当观察者把一个虚拟物品作为一个社会成员对待时，不管那个成员是否能回应或者是被其他人控制，观察者便已经对某个虚拟物品产生了依赖
智能交互的计算机产品	当人们和不像人类成员的无生命物体产生类似交流、交互等拟人化的沟通时，体现社会存在原理就已经开始发挥作用

◎ **2. 六种存在形式的特征**

（1）信息传递的可信度。以通信研究中使用的存在为例，几乎所有的使用者会在通信的过程中不断地核实信息，作为一个侧重于媒体传递社会线索的结构，任何特定媒体都有能力传播参与者用来感知和处理他人在交际交易中能够反映社会线索的信息。一般而言，这些理论假定一个媒介有能力传送这些线索，因此它们被用来预测任何特定媒介的使用将具有一定的准确性，并能够预测到结果的并集。

媒体丰富理论和社会存在理论这两种理论代表了这一观点——许多沟通的中心，明确的是ESP的概念社会行为和线索等要素，而媒体有一个特定的能力，传递某些类型的信息是有关确定一个阈值能力，使ESP具有传递信息的能力。

（2）信息的保真度（准确度）。信息的保真度与传播媒介创造的图像和其他感官输入的程度有关，它具有相对于通信重点目标的高保真度。换言之，媒介是否产生了或者传递了真实环境的事物。这种信息的高保真度的概念是多维的，主要在于理想和感性现实主义之间的区别。理想现实主义指的是沟通内容的合理性，而感性现实主义指的是意象对通信内容的准确表示程度，在满足用户传递信息的合理性以及传递通道是准确的情况下，存在理论便实现了自己的价值。

（3）传递（运输）机制。传递（运输）机制强调的是一种心理感受，与使用某一媒介的用户可以被传输的机制有关，媒体可以给用户一种感觉，即他们被传输到别处，将一个位置或对象带到用户的位置，或者一个用户可以被带到另一个用户被传送到的"地方"，但实际上是他们共享一个空间并一直共存。例如，高清电视和其他产品能够使你感同身受。

（4）心理沉浸程度（在一个空间里）。沉浸空间与存在的分类传播媒介的环境等有关。浸入可以指物理沉浸（将感官器官浸入物理设备）或心理沉浸（创造一个在空间内的感觉）。目前，心理沉浸通常是创建VR环境的目标（例如洞穴和头部安装显示器），让用户能够通过屏幕电视、

VR 设备等身处于虚拟世界。但生理沉浸并不需要创造心理共存感。事实上，根据物理浸入的程度和用户的特性，个人的存在感都会发生不同程度的变化。

换句话说，心理沉浸是很重要的，用户只有对某一个物品或环境产生了心理沉浸的感受，才真正地对其产生了依赖感。

（5）媒介中的社会存在者。当用户在电视上或在电子游戏中以计算机产生的角色与新闻播放器进行交谈时，他们的行为方式表明，他们感觉到某种程度的社会存在与产生刺激的媒介。人们经常把自己感知到的东西当作有生命的物体，即使是与人类形态几乎没有相似之处的物体，就好像他们是真实的人一样。当这个现象发生时，说明用户真正进入了由电视或者游戏构成的世界中。

（6）智能交互的计算机产品。随着人工智能的发展，通过人工智能来和用户进行交流的互联网产品越来越多，用户往往会将人类的行为方式扩展到这些产品上。换言之，当访问虚拟空间时，用户与对象进行交互，并感知其存在。不管这个人是否真实存在，或者是不是虚拟的对象，哪怕是计算程序，用户也会感知一种存在。

◎ 3. 体现社会存在理论的基本内容

ESP 理论认为，身体是沟通的纽带，体现的表征为将用户的共同活动和沟通行为吸引到更高层次的认知参与来影响用户的感知。在此过程中，用户参与一个循环，将注意力集中在虚拟和真实自我、另一个社交角色的虚拟和真实自我以及交互上。

ESP 理论认为，当社会行为者体验这种更高层次的体现互动时，他们更有效地编码、传达、解码个人和集体的交际行为。ESP 理论的一个核心原则是，虚拟世界的人类化身作为社会行为者的体现形式，是沟通的纽带。在虚拟环境中，所有口头和非语言的通信行为都通过用户的表现进行过滤。

ESP 理论认为，在虚拟环境中的交际行为是建立在体现自我的意识之上的，通过共享在特定的语境中实现，它在一定程度上是由与共享空间相关的符号意义所定义的。因此，将焦点转移到这些身体表征（自我和其他的化身）和它们作为沟通工具的用途上，我们可以揭露虚拟世界的价值来实现组织目标。

4.4.3　基本原理

◎ 1. 核心思想

体现社会存在理论是许多新媒介效应理论的基础，增加的社会存在可以使人更好地感知在虚拟世界中建立的良好存在感，而媒体的社会影响主要是由它为用户提供的社交存在程度决定的。社交存在意味着沟通者对交互伙伴存在的意识，这对于人类了解和思考其他人，包括他们的特征、品质和内在状态的过程非常重要。因此，增加的社会存在能促进更好的人类感知，以此加强联系，增加共存感。

◎ 2. ESP理论运作机理

（1）建立空间的概念。在通信技术之中,社会存在感建立于空间之上,空间创造了一个语境,即基于位置的特征、联想和装备的环境,比作为一个物理位置的位置概念具有更丰富的感性和态度影响。这个通信中的虚拟空间具有两个特点:①共享虚拟空间的可用性,其中对象、化身、动作和较高级别关联;②选择性时态持久性,这个空间并不会在通信中消失,而是长久地出现在下一次的虚拟交互中。

空间很大程度上影响了人们对于虚拟环境的交互,学者研究在沉浸式和虚拟环境中的存在的时候,发现了与地方空间有关概念关联紧密的应用场景,如神经病学、环境心理学、地理和其他领域。

地方的一个重要观点是地方的概念标识。地方认同与一个人的联想感有关。Relph建议个人将物理组件与发生的活动和意义相关联起来并开发一个位置标识。

第一个组件(物理设置)与空间中的对象相关联。因此,一个人的身份认同意味着个人将其他两个地方的身份–活动的组成部分联系起来,并形成一个地方。位置标识在考虑社会存在的过程中很有用,因为它强调了从用户的角度来看,感知存在的地方代表的不仅仅是空间;相反,它是在形成社会存在整个过程中的对象和空间。

图4-15　地方三要素:环境、自我和其他参与者

古斯塔夫森在Relph的基础上,定义了意义与地方的关联。古斯塔夫森确定了使地方变得有意义的三个因素:环境、自我和其他参与者。如图4-15所示。

这个模型是早期作者完成的工作的核心框架,用于理解地方如何以及为何不仅仅与物理(或虚拟)接近度相关——人类个体在空间中为地点、物体、历史和背景特征以及其他人赋予意义。比如说,家庭的亲人、舒适的气氛、自由的感觉和美味的饭菜等共同构成了家这个地点的整体感觉。

因此,为了理解体现社会存在,我们必须了解导致虚拟世界的用户感知和理解地方的各种因素。下面我们将阐述空间营造成功之后,如何在虚拟空间内部同其他参与者进行交互,主要包括三个方面的内容:如何建立起存在感与共存感、如何在虚拟空间中和别人共存交互、如何与其他参与者一起参与到交互活动之中去。

（2）利用存在的要素来培养存在感。存在感是社交媒体都密切关注的重点,在不同领域中使用存在理论意义是不同的,对于使用媒体的用户而言,他们并没有将通信渠道中难以把控的情感错觉混为一谈。存在的形成过程很复杂,包括的环节很多,但是由于各种原因,存在的概念被笼统地合并在一起。并且该过程有可能受到许多背景因素的影响而造成错觉偏差,这种错觉可以以多种方式表现出来。

此外,存在的感觉与影响存在的要素不是直接的因果关系;相反,用户体验存在感知的各种"级别",在体现社会存在的模型中有六种存在类型:第一,在传播研究中,存在结构侧重于媒体对社会线索的传递。也就是说,媒体在多大程度上具有传输用户感知并用于解释消息的能力。媒体丰富理论与社会存在理论代表了这种观点。第二，媒介是否创造了相对于作为交流焦点的目标人物、地点或事物具有高保真度的感官输入的程度（即它是否是真实的表现）。第三，媒体可以通过向用户提供他们被传送到其他地方（即"你在那里"）的感觉，通过将一个或多个地方带到用户的位置来充当传输机制，或将一个用户带到另一个用户的"地点"（即共存）。第四，媒体可以将用户浸入通过频道表示的空间内。这里的浸入可以指物理浸入或心理沉浸。第五，用户可以将媒体中的角色视为社交角色，而不管该角色是否能够响演员控制。第六，存在的最后分类解决了人们以社会健全的方式对待与演员不相似的无生命物体的倾向。

存在是一个多维度的概念，涵盖各种文献。我们的重点将主要放在身体、物体和行动上，以实现对存在的心理感知。重要的是要注意，这些存在定义不要求用户与其他人或计算机代理实体进行活动。当一个人进入一个虚拟空间，与该空间中的物体相互作用，并获得在那里的感知时，用户就会产生一种存在感。因此，无论存在感知的来源如何，观察者都将这些关联和意义分配给他们的经验。

（3）将虚拟空间的用户聚合，产生社会效应。人的社会存在感是建立在社会交互之上的，如果没有了社会交互的群体，那么社会存在也就不复存在，因此社会群体之间的共存引发了人们对于共存概念更多的探讨。

共存是与存在相关的概念的自然延伸，媒体通常用于通信。实际上，与存在相关的许多概念涉及定义人们如何在其他人的情境中感知存在。但是，存在和共存是由截然不同的组件组成的，共存有两种不同的交互环境。首先，共存可以指在物理上接近。同时，共存可以指在技术媒介环境中与另一个人在一起，以及在该背景下感知的团结感。基于此，他设计了一个关于演员之间共存的实验，首先他定义了一种基于演员物理搭配程度（即共存模式）和他们彼此感知程度（即共存感）的共存类型。与存在的构造一样，关于共存的一个重要问题是它为什么会发生？

在考虑存在时，研究人员建议用户在使用计算机与虚拟对象交互时不要直接对机器和对面的人的真实性产生怀疑，而是通过实际的判断来进行真伪的判断。除非有足够的证据表明对方行为是假的，否则人类似乎倾向于接受对象是真人，并认为由于这种感受到的真实性，媒体这种虚拟的世界被认为是真实的。

实验过程中分为两个不同的小组：A组参与两种环境（虚拟人物和实际存在对象）下的对象的沟通工作，B组仅参与与虚拟社会行动者的沟通。实验结果是，AB两组都在沟通之中获得了存在感并且感觉到对方的存在，这也就是说，当用户体验环境中的存在时，用户也感觉到"面具背后的人"的存在，存在对共存的感知。

而在这个实验之中，许多不同的因素是科学家不能直接控制的，存在和共存的感知将由许多因素共同决定而发生变化。例如，用户对于真实性的怀疑、物理沉浸的程度、媒体的质量和保真度、虚拟对象和演员的外观和真实感、用户的物理环境等。每一个因素，在进一步提高虚拟世界交互的过程中的存在感都非常重要。

复盘整个实验，我们发现当用户体验虚拟世界中的交互过程时，在交互中涉及三个主体：用户的客观物理主体，虚拟主体和身体模式。

前两个主体很容易理解，但是身体模式是什么呢？在讨论身体的概念时，我们需要引入信息学家Biocca的观点——用户对自己在虚拟世界中的表现的看法。Biocca指出，当一个人沉浸在虚拟环境中时会发生两件事：第一，"用户身体的心理模型（身体图式或身体图像）可能受到物理与虚拟身体的几何和拓扑的映射的影响"。第二，"虚拟身体可能具有与用户身体不同的社会意义（即社交角色）"。因此，虚拟世界的自己能够在该虚拟世界对现实世界的自己中产生感知。

除此之外，第四个主体有时是用户与虚拟环境交互的一部分，也就是说，在观察者（或一组观察者）的思想中创建的用户的身体模式。因此，存在实施例的客观分量（如何体现一个人在虚拟空间的形象）和主观分量（如何感知其他人处于虚拟空间的形象）。

（4）促使用户在虚拟空间中产生类似社会的交互行为。虚拟环境交互的复杂性是难以想象的，存在理论不足以提供解释虚拟环境影响因素的完整描述。虽然我们可以清楚地知道对描述影响存在感的建立的各种因素是有价值的，但它未能证明与体现存在和共存相关的交互的丰富性、深度和多维特征。

为了弄清楚复杂在哪里，信息管理学界又引用了活动理论，活动理论提供一个有用的框架来解决这些开放性问题，特别是理解交互和身体的虚拟存在的时候，将其作为虚拟环境中的一个工具来使用，相关的活动理论将交互和身体的虚拟存在理解为：通过背景、工具和符号的集体运用，驱动社会中活动的前进与发展。

该理论从个人心理过程的历史和文化视角发展到包含实践社区及其在环境内和环境的复杂互动。个人与社会之间的联系是这一理论的核心：只有在社区的背景下，通过参与活动，个人才能认识到自己。个人参与有意识的思考和行动，共同培养了意识觉醒的发展，从而检验了自己的思想。正是在这个过程中，我们才认识到现实既是客观的（即没有个体存在），又是社会建构的（即个体内）。通过参与活动、掌握工具和符号来实现意识，后两者的创建是为了反映他人的经验，积累和保存社会知识，并加强社区的活动系统。

通过使用工具和符号，不仅可以改变个人的心理过程和外部行为，还可以锻炼他们在虚拟世界的适应能力。通过实验强调了人类将焦点从个人转移到社会中的作用，即个体通过定义规则和分工来协商他们在社会环境中的实践。无论使用何种媒介，我们都会利用我们自己对现实的内部和外部的信息对消息进行编码。此外，信息的接收者参与认知行为，试图通过文化、工具和符号背景调解其解释的镜头来获得意义。推导意义的过程在理解期间发生在每个个体内，并且由社会背景中存在的外部线索塑造。

4.4.4 应用与启发

◎ 1. 应用

VR虚拟世界的现实应用

VR是由美国VPL公司创建人拉尼尔在20世纪80年代初提出的。其具体内涵是：综合利用计算机图形系统和各种现实及控制等接口设备，在计算机上生成的、可交互的三位环境中提供沉浸感觉的技术。VR技术是一种可以创建和体验虚拟世界的计算机仿真系统的技术。它利用计算机生成一种模拟环境，利用多源信息融合的交互式三维动态视景和实体行为的系统仿真使用户沉浸到该环境中。

传统上，教育技术一直关乎更快速地传播和评估老内容的方式；而VR是一种全新的学习方式，这种转变将会大大推动人类的发展。无疑地，VR技术在影视、生活、教育和医疗等领域都给市场带来了惊叹的体验。但是在这个过程中，VR应用的成功与否取决于VR虚拟的实际学习效果，我们知道教育和社交的复杂性是建立在交互的过程之上的，如果缺乏交互，学习的反馈、谈论、头脑风暴等将不复存在，这会很大程度上降低实际的效果。那究竟用什么样的策略我们才能驱动VR世界的交互，增加用户的存在感呢？

麻省理工学院媒体实验室2017年发表了一篇关于ESP理论在VR交互方面的应用的文章《调查社会存在和在空间尺度虚拟现实中与体现化身的沟通》，文章设计了实验，用来探讨虚拟环境（见图4-16）中通过虚拟化身的交流是否能够达到体现ESP理论的特征，并且是否会产生强烈的社会责任感。

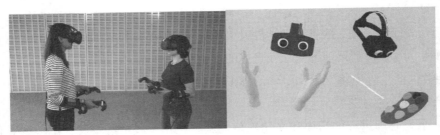

图4-16　同一时间，相同地点的交互

实验假设：我们的系统允许两个用户在房间规模的VR（即六度自由跟踪头部和两个手持控制器）在同一时间、同一空间的控制变量中，我们的研究实验目标是：

（1）建立这种多用户交互的基本可行性和实用性；

（2）在这一背景下研究行为的实验方法；

（3）提供与相似性、差异、优势和缺点与面对面相比；

（4）探讨徒手画在3D中用于交际互动的情况；

（5）提出今后的研究方向。

我们选择使用最小的化身，以避免使我们的结果复杂的效果与选择的身体表征。

结果显示：首先，不需要手动擦除虚拟白板，因此减少了在VR与面对面中执行等效任务所需的时间和精力。接下来，VR中的主体的透明性最小化了虚拟白板的遮挡——绘图播放器可以站在棋盘的正前方，而不会阻止猜测播放器看到绘图。其次，对参与者的观察中报告了心理上的好处，即掩蔽身体可以有利于集中注意力，减少协作互动中的社交焦虑。所有这些都可以被看作"编程"虚拟视觉环境的优点，它通过立即改变其属性的方式，在非物理世界中只需要一点时间和精力。

实验人员表示游戏视频与虚拟现实的显著区别值得注意。参加者发现VR观察结果同样的实验，在提供新的洞察力方面有显著的改善。这不仅为研究人员从参与者那里获得高度微妙的质量反馈提供了线索，而且得出了有效的建议：对VR活动的观察可以在学习或训练的背景下使用——利用反思性的能力来审议他们自己的表现，在某种程度上明显优于视频。

结论：同样的时间内，虚拟现实中的相同位置的相互作用已毫不怀疑地显示为一种实用的沟通和协作媒介,它带有一种社会存在感,足以用于各种非语言的交流方式。如果面部姿势、躯干或腿部动作与交际任务特别相关,那么我们构建的最小系统需要扩展以某种方式来训练这些内容,然后才能应用于系统来解决交互中的问题。

复盘整个头戴式VR产品设计的实验过程,可以发现在以计算机为通信空间的虚拟现实增强的沟通(VR)设计中,社会存在感是非常必要的,用户只有在亲身同产品、其他用户产生交互行为之后才能够产生对产品的依赖感和共存感。推而广之,在产品设计上线之后,通过一定的手段来触及用户并使用户爱上产品,主要源于两个方面:

(1)通过激励机制来触发用户使用产品,产生第一手的交互,例如红包引流。

(2)激励用户在使用产品的过程中,以平台的规则来促使用户在产品内的虚拟空间中与其他人产生交互行为,例如:Facebook在用户第一次使用的时候,引导用户关注15个好友。

通过这两个简单的措施初步使用户产生共存感,利用共存感来使用户不断地发掘产品内部的深层次内容,进而放大在这个虚拟空间之中的存在感,成为平台的忠实用户。

◎ **2. 启发**

自由化、弹性制工作现在成了高新企业的标配,也反映一个公司组织和治理能力的强弱。作为企业管理者,必须弄清楚一个事实,在这种工作制下怎么使员工有效地在虚拟网络中完成相应的任务,并且在虚拟会议中发挥出应有的效果。传统的顾虑在于员工在虚拟世界中难以有良好的社会体验感,由此缺乏参与感与动力。体现社会存在理论为虚拟世界的人性化交互提出了良好可行的设计准则,通过虚拟空间的建立,使用户在空间内部同其他社会成员进行交互,并参与到社交或相应的活动中去,进而获得良好的存在感,通过这样良性的反馈,使交互更加正向有序,是企业内部的沟通和工作良好完成的基础。

但是我们也不能忽略,互联网到了这个阶段,发展的速度已不再是从0到1,而是从10到100再到1000,这就要求企业或社交产品的设计充分匹配互联网发展,这一点在ESP理论的活动构建、空间打造上尤为突出,不确定的用户需求给相应的设计增加了难度。未来面临社交方式的不确定性,我们应该从用户的心理出发来进行设计的匹配,不同技术涉及的交互方式不同,但是共同的特征是作用于心里,来源于同一空间内的可感知,不管是虚拟空间还是现实空间,这是体现社会存在理论所有的设计原则。

4.5 满足期望,使用户满意度爆棚——期望确认理论

4.5.1 研究背景

期望确认理论(expectation confirmation theory,ECT)产生于营销学领域,1980年由Oliver提出,经过营销案例不断检验,ECT理论的实用性较强。诞生之初,ECT理论是为了研究消费者满意度,将消费者购买某一产品前的期望和购买产品后的绩效表现进行比较,来判断是否对产品或者服务感到满意,进而判断是否愿意下次购买或者使用的二次消费问题。此后,该理论被广泛

运用于评估消费者满意度和产品再次购买等一般性的营销服务。

期望确认理论在互联网时代仍然具有一席之地，特别在步入移动互联网时代之后，期望确认理论得到了更加广泛的应用。在移动互联网时代，个人移动端的产品成为互联网的霸主，同时移动端产品的兴起也促使竞争更加激烈，市场上通常针对某一需求的产品可能会有几种甚至几十种产品出现，其中大多数存在同质化竞争或依托先发优势获得用户等现象。在这样的大背景下，"以用户为中心"得到了互联网行业的推崇，成了大小厂商进行产品设计的一个原则。当然"以用户为中心"并不是指以用户的话作为整个设计开发的依据，而是指在产品的整个生命周期过程中充分地挖掘用户需求，满足用户需求进而使用户产生满意感。期望确认理论在市场化阶段具有良好的示范效应，通过产品的某些特性，"以用户为中心"充分地满足用户的需求，进而将其转化为产品的忠实用户。

4.5.2　理论内容

◎ 1. 期望确认理论定义

在过去探讨消费者行为的时候，期望确认理论被广泛用来评估消费者的满意度与购后行为（如再次购买或是抱怨等）以及一般性的服务营销。许多学者在许多领域验证了期望确认理论中对再次购买产品及相关的继续服务使用意愿，如汽车和摄影器材的复购率等。在ECT中期望与确认的关系为负向关系，表示当消费者的期望过高，而实际绩效未超过预期，则确认的程度就越低，并间接影响消费者的满意度。反之，原先的期望较低，而实际绩效较高，则提高确认的程度，同时也间接提高满意度。

ECT理论中消费者的再次购买意愿过程如下：消费者会对欲购买的产品或服务，形成一个购买前的期望，该期望会影响消费者对产品的态度和购买倾向。购买后，消费者会根据实际使用经验，对产品的绩效产生认知。当产品绩效超过期望时，产生正面确认；当产品绩效等于期望时，产生确认；若期望超过绩效时，则产生负面不确认。接着，消费者的购买前期望与购买后的确认或不确认将影响消费者的满意程度。最后，消费者的满意程度，会影响消费者是否再次使用的意愿，消费的满意度愈高，继续使用的意愿亦会愈高。消费者愿意再次购买产品或持续使用服务，对于产品或服务提供厂商而言，是成功的一项关键因素。

◎ 2. 基本理论体系

由ECT架构（见图4-17）可知，继续购买意愿是由满意度影响的，而满意度是由期望、绩效及确认等因素影响的。分别说明如下：

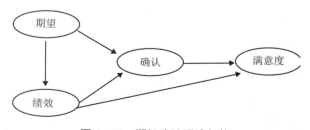

图4-17　期望确认理论架构

（1）期望。期望是影响满意度的因素之一，因为期望能够为消费者形成有关产品或服务评价的判断提供参考标准。所谓的期望，是建立在顾客之前的购买经验或亲朋好友的转述或营销人员提供的信息与承诺事项的基础上的，是顾客对产品或服务将会发生之情况的预测。

通常来说，消费者在第一次购买前，会先针对想要购买的产品或服务，做外部资料的搜集，如销售人员的介绍、参考媒体数据或是亲朋好友的口碑等。但若是再次购买，则除了前述的外部资料的搜集外，另外会加上自己前次购买使用的经验，消费者在消费前所搜集的数据愈完整，对于产品或服务的期望就会愈高。因此，初期阶段的初次使用决策来自于间接经验，相较于来自于直接使用经验的持续使用决策是有所不同的。

（2）绩效。绩效为一种比较的标准，消费者以此来与期望相比较，用来评量确认程度。亦即购买之后，顾客会以所知觉的产品绩效与之前的期望做比较，产生正向或负向的确认，进而影响顾客的满意程度。产品绩效的认知对消费者的满意程度有直接影响，后续的研究亦显示，绩效表现与消费者满意度之间是正向的关系。绩效可以区分为下列三类：①公平绩效来自于公平理论，表示个人的成本、投资与预期报酬的绩效规范标准。②理想产品绩效起源于顾客的偏好和选择的理想点上，表示顾客想象中的最佳产品绩效。③预期产品绩效起源于预期理论，表示某产品最可能发生的绩效。

（3）确认。确认是影响满意度的重要因素。确认是由实际绩效（performance）表现和预期（expectation）的差距而来的，由合并期望与绩效所共同决定的。确认的概念化可分成三种：客观确认、推论确认、知觉确认。

客观确认是预期与产品绩效间的客观性差异，亦即客观的绩效表现与预期间的差异，客观的绩效表现通常被研究者视为已存在；推论确认是由预期与绩效表现的差距而来，所以推论确认是研究者从消费者购前与购后的反应中推论而得，其计算概念可以是整体绩效水平，或是某一特定产品属性的绩效水平；知觉确认是以消费者主观去评估绩效表现与比较基准的差异，此评估的直接感受，其中包括了心理因素，其测量问题常是绩效表现与预期接受的程度。

三种概念化的确认水平，在ECT理论中都不足以准确地量化某一产品或服务的好坏，确认与绩效之间的关系来源于主观的确认，这在用户方面当然是最省力最便捷的做法。

（4）满意度。满意度是一种概括的心理状态，发生于情感围绕于不确认的期望和消费者之前有关消费经验的感觉。从社会及应用心理学的角度来看，Oliver认为的满意是初始标准与来自于初始参考点所知觉、差距的函数。易言之，满意度被视为期望水平与确认的知觉函数。满意度来自于购买产品前所拥有的固定预期的效值与使用之后产生的实际绩效的差距，当这个差距较大且是正向时，满意度经常被视为购后行为之中介变项，连接了购前选择产品信念到购后选择之认知架构、消费者沟通及再次购买的意愿。

◎ **3. 相关理论——技术采用模型**

1989年，技术采用模型（technology acceptance model，简称TAM）是Davis运用理性行为理论研究用户对信息系统接受度和满意度时所提出的一个模型，提出技术采用模型最初的目的是对计算机广泛接受的决定性因素做一个解释说明。

技术采用模型提出了两个主要的决定因素：①感知的有用性（perceived usefulness），反映一个人认为使用一个具体的系统对他工作业绩提高的程度；②感知的易用性（perceived ease of use），反映一个人认为使用一个具体的系统的容易程度。

技术采用模型是用户感知产品或者服务过程中的具体补充，我们通过观察ECT模型的原理图可以发现一个问题，那就是由感知质量到确认程度的过程中，难以量化感知的结果，所有的评价都是来自用户单方面的情感，这样对于产品的改进没有任何的意义。因此，在现阶段互联网应用中我们可以将TAM和ECT理论结合起来，使感知质量环节具有多个评价的维度，利于产品后期的改进。

4.5.3 基本原理

◎ 1. 核心思想

从消费者购买某一产品的角度来看，消费者对于这次购物是否满意主要经历四个过程：①消费者在购买产品或者服务之前，对其产生了固有的一种期望。②在实际的消费体验之后，消费者对该产品或者服务的实际绩效会有一个新的认识；③消费者将认知绩效与购买前的固有期望相比较，会得到三种结果（期望正向不确认，认知绩效大于期望；期望确认，认知绩效等于期望；期望负向不确认，认知绩效小于期望）；④消费者进行比较后影响其满意度，进而影响其持续使用或再购买的意愿和可能性。以手机App为例，在下载前，用户对于这款App的使用体验和能够解决的问题有一个期望，如果使用过程中能够符合甚至大于预期，那么用户很有可能继续使用；反之，极有可能卸载该App。

◎ 2. ECT理论运作机理（见图4-18）

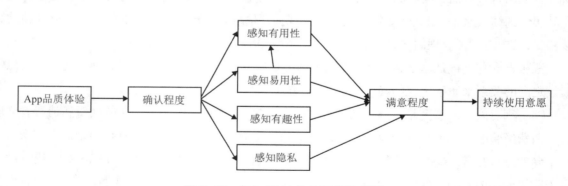

图 4-18　加入 TAM 的 ECT 理论模型

多年来，国内互联网网站得到了良好的发展机会，国内的移动端App也日渐火热，人们面临的选择也越来越多，用户留存、持续使用的意愿成了大小互联网公司关注的最重要的问题。借鉴Bhattacherjee（2001）的思路，我们将TAM理论与ECT理论结合进行相关分析，针对App等产品来讲，产品品质体验影响确认程度的大小是我们研究的问题。

产品品质体验结合TAM理论可以分为四个方面的内容：感知有用性（PU）是指用户对使用某种系统能提升工作绩效的相信程度；感知易用性（PEU）是用户对操作该系统容易程度的感

知;感知有趣性（PE），即用户从完成某项任务的涉入中所获得内在的全面感觉，能以不可见的方式影响着用户进行某项活动;感知隐私（PP）是指线上企业收集用户信息并不适当地使用的可能性。

根据中南财经政法大学教授宁昌会的实验，发现确认程度对感知易用性、感知有用性、感知有趣性具有显著的正向影响效应，而对感知隐私的影响并不显著。感知易用性显著影响感知有用性，这表明App是否易用对是否有用具有重要的意义，一款App首先必须让用户感觉容易上手使用，在使用的过程中才能感知其是否有用。感知易用性是从期望到确认中最重要的一环，它是在用户已经有了一定的心理预期之后的最显著的特征，它使用户快速地了解到产品是如何使用的、如何来达到自己的使用目的，可以说是产品体验的基础，为后续用户的心理感受奠定了基础。

感知有用性是期望的核心，很大程度上由感知易用性决定。随着App等产品的渗入，我们的工作、学习和生活效率都随之得到了很大的提升，人们逐渐地对其产生了强烈的依赖。这也就说明了，感知隐私虽然每个人都在强调，而且明显地知道某些产品侵犯了隐私，但是也保持默认的状态并在持续使用之中，因为人们确实没有更好的替代品。

感知有趣性是在感知易用性和感知有用性上的升华，最明显的特征是人们逐渐开始关注产品的新颖性。另外也会在人人使用而自己不使用时，产生在人群中觉得自己不够时尚或者有些落伍的感觉。在满足感知有用性的前提之下，感知有趣性是产品体验和满意程度的加分项;但是如果并没有满足感知有用性，感知有趣性的绩效非常低，甚至不复存在，不会为人所关注。

4.5.4　应用与总结

◎ 1. 应用案例

线上健身App

伴随"互联网+"纳入国家战略体系，如今手机移动互联使用已经实现大面积覆盖，手机网民超越PC端保持第一终端地位。2014年《国务院关于加快发展体育产业促进体育消费的若干意见》（国发［2014］46号）的出台将"互联网+体育"思维引入全民健身领域，以解决社会资源体育运动等问题。与移动互联发展速度相对应的是App的爆炸性增长，在促进全民健身、体育、移动互联、智能手机相结合的背景下，运动类App的发展有巨大潜力，在众多运动类App中用户持续使用情况是一个重要问题，我们借助ECT理论来分析一下:一个好的运动产品是如何建立自己的用户壁垒的。

目前运动类App主要分为教练类、场馆类、跑步类、运动社交四大类，但是本质上主要和三方面有关:第一是预约类，包括了健身课程预约、私人教练预约、跑步预约等，这些本质上都是通过手机上的App平台以媒介的形式进行沟通交流，是一种信息的传递和共享。通过这种功能，用户可以将自己的运动信息以及锻炼后的效果分享到兴趣圈子，通过社交的方式增加运动的趣味性，如图4-19所示。

第二是运动的基本记录功能，用户可以利用App记录的数据来统计监测自己的健身状况和能量的消耗等信息。该功能能否准确地记录、记录得是否齐全、数据响应是否快速等是用户核心使用要点，这些是用户感知易用性以及实用性的基础，直接决定了用户的满意度和正向确认程度。

第三是虚拟社区的氛围，虚拟社区是IS理论中虚拟空间的延伸，虚拟社区中如果各个用户都能够相互支持、相互鼓励的话，用户能够产生相当大的存在感，比如：运动App中的兴趣圈子、同城好友预约锻炼的功能能够增加用户在虚拟社区的黏性，进一步加强用户的沉浸感并具有更好的持续使用情况。

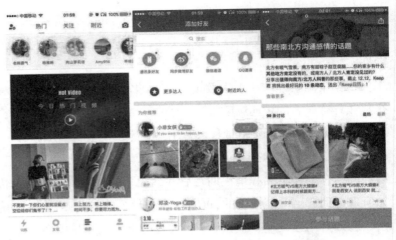

图 4-19　运动产品 keep 的"动态"功能截图

结合ECT理论和运动App的实际体验情况，可以发现市场上的运动App是如何来吸引并留存用户的：首先，用户通过运动App的记录和预约功能来满足自己的使用期望，其中如果记录和预约功能能够做到全面准确的话，用户的感知易用性和感知实用性会得到大大的提升；然后，运动App的同城预约和社区打卡能够增加相当部分的用户体验，通过提升用户的存在感来使用户获得感知有趣性，使用户的使用黏性进一步增强；最后，如果运动App能够基于统计数据和已有的运动方式，做出更全面的身体状况分析和更加个性化的课程或运动方式推荐，则会进一步增加用户的感知实用性，使用户正向确认增加更多并实现用户满意度的提升。

◎ 2. 总结

市场推广阶段，是每个产品能够通过市场检验的关键阶段。在市场推广的过程中，结合TAM的ECT理论模型对App提供商具有重要的指导意义。第一，发现App用户在体验之后进行绩效对比时主要基于感知易用性等4个方面，App提供商在设计时要重点突出自己App在这4个方面的属性，尤其是感知易用性和感知实用性要更为重视，使自己的产品或服务在这4个方面具有独特性和竞争性，从而提升用户的正向不确定，也就是使用户期望得到满足，最终使用户拥有持续使用的意愿。第二，在后续满意度的影响因素中，感知有趣性也是重要的一环，如今市场竞争十分恶劣，App凭借自己独特的感知有趣性更容易撕开市场的口子、占领更多的市场份额。因此，App营销者必须重视其产品或服务的易用性，因为没有易用性，用户是无法感知其他特征和属性的。

4.6　让产品满足用户预期——前景理论

4.6.1　理论背景

亚里士多德时期，学者认为人是理性的动物，其行为是由理性驱使的，正常的人具有合理的推理能力，掌握了规范化的理智和决策原则。这些理性的决策原则表现在人们的思想和行动上。"经济人"的概念也佐证了这一点——人类为个人利益所驱使，会基于所掌握的信息做出全面的权衡,做出最优的抉择。而实际上,人类心理学是比较复杂的领域,在复杂社会环境中,一个人不可能获得所有必要的信息来做出合理的决定,相反,人只能具有有限的理性。在人们做出决策的过程中是有偏差的、有风险的,这就是学者在对人的行为进行观察后所建立和发展前景理论的依据。

在信息爆炸的互联网时代,用户面对海量的信息、产品,做出决策的过程中自然伴随着无数选择。其中,互联网普遍存在信息不对称、不透明的情况,用户在挑选产品的过程中无法统筹所有信息进行决策,通常会发现一款产品并没有达到自己的预期,从而导致用户体验大打折扣。在产品开发流程的市场化阶段,运营人员需要在产品面向市场的过程中进行推广,通过不断改善产品质量和服务来提升用户满意度,在激烈的竞争市场中占据一席之地。为此,我们通过前景理论对人的行为进行了描述,帮助互联网商家对产品和服务进行优化,在用户使用新产品时尽可能减少出现产品与自己预期效果不同的现象。

4.6.2 理论内容

◉ **1. 基本内容**

通常用户在决策后存在超出预期值的收获或者低于预期值的损失两种结果,对于用户而言是具有一定风险的,前景理论则是建立在此风险条件下对用户决策行为做出描述的模型。用户的决策过程分为两个阶段:随机事件的发生以及人对相关信息的收集、整理为第一阶段(编辑阶段),评估与决策为第二阶段(评价阶段)。

(1)编辑阶段。为了评估决策的需要,在编辑阶段,用户通常在第一阶段对事件进行预处理,包括信息的整合、简化。但是不同的整合、简化方法会得到不同的事件及其组合,直接导致的结果就是用户最终对同一个问题有不同的决策行为。前景理论用价值函数和主观概率的权重函数对信息予以判断。价值函数表明了用户对待风险的认识偏好程度,权重函数描述未来前景中单个事件的概率p的变化对总体效用的影响。

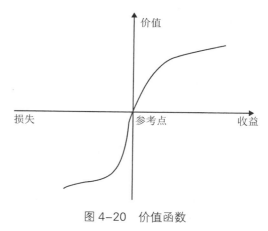

图 4-20 价值函数

① 价值函数。用户在对产品或服务进行评价时,通常要寻找一个参照点,该点的位置取决于决策者的主观印象,当选择的对比参考不同时,相同的事物也会得到不同的结果。图4-20所示的价值函数表示决策者主观感受的价值,X轴表示财富水平与该参考点的偏离,而不是绝对的财富水平。

价值函数在收益的定义域中是凸函数(递增,导数小于零)。用具体的事例可以表示为:同样是为用户节省5元,20元降到15元用户感受到获利的价值大于105元降到100元;在亏损的定义域中是凹函数(递减,导数大于零)。当亏损发生时,这一性质依然成立。此外,函数在损失区域比在受益区域更加陡峭,这表明通常情况下人们对损失比对收益更加敏感。

综上可以看出,用户在能保证得到一定好处时往往是小心翼翼,不愿冒风险;而在面对损失

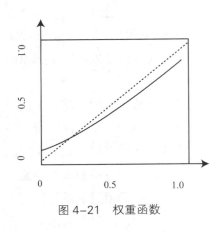

图 4-21　权重函数

时会很不甘心，愿意冒险。而且，用户在这两种不同情境之中态度也是不同的，损失时的痛苦感要大大超过获利时的快乐感。

②权重函数。前景理论以不确定事件的概率为主观效用权数。图4-21所示的权数曲线X轴是事件会发生的概率（即产品真正提供用户想要的服务），Y轴是用户的主观权数（即用户的满意度或用户选择的意愿），是一条斜率大于0，小于1的曲线。曲线基本一直在Y=X直线下方，表示除了极低概率事件外，权重函数数值通常比相应的概率低。用户有对极低概率事件的高估倾向，这是保险和赌博的原因和吸引力所在，因为它们都是以较小的相对固定成本换取可能性非常小，但潜在收益十分巨大的财富。

（2）评价阶段。在上述的编辑阶段中，用户选定了参考点，根据参考点位置，预判是损失还是收益。此外，用户考虑所有可能的备选策略以及考虑这些备选策略的所有可能结果（即备选策略发生的概率和可能产生的价值）。在评价阶段，用户对编辑阶段所得出的相对简化结果进行评估，最终做出选择决策。

综上可以看出，用户主要受到两个因素影响：首先是主观价值（参考点）；其次是用户对事件是否真实发生的概率估计。

◎ 2. 基本思想

其实前景理论作为一个描述性模型，是缺乏严格的理论与数学推导的。学者通过对心理实验的分析，发现用户在决策时会将个人的价值感受因素融入决策中。对于互联网用户平台来说，前景理论阐释用户可能会怎么做，那么产品开发人员则可以利用用户的这些心理特性来提高用户满意度。

（1）损失规避。面对相等数额的损失与收益，用户往往更加厌恶损失，反而冲淡了获得收益的喜悦。用直白的话来说，就是"白捡的100元所带来的快乐，难以抵消丢失100元所带来的痛苦"。

比如在电商平台，商家看中用户朋友圈汇聚的巨大流量，因此一直致力于提高微信的加粉率。很多商家往往想到通过告诉用户加微信返现，或者可以享受折扣来抢占流量，提高效益，而用户却无动于衷。这时候，如果反其道而行，告知用户，平台最近经常会出现降价促销活动，加微信XXX，降价会有通知，如果买了则返差价，不然就买贵了。此时用户往往会比较在意自己"买贵了"这个事实，从而添加商家微信。

这个现象就可以用损失规避效应解释。虽然无论是福利还是降价返现，最终用户都能得到优惠，但是人们对"失"比对"得"敏感。想到会浪费本不该失去的金额，这种隐患带来的危机感超过了能得到产品折扣的快乐感。

（2）捐赠效应。捐赠效应是指，如果用户拥有一件产品，那么相比于没有这件产品，用户倾向于给予更高的评价。比如现在视频平台都会通过一些活动赠送还没有购买过会员的用户VIP一个月免费试用期，快到期时平台将会提醒用户付费续会员（见图4-22）。经过一个月免费试用期后，用户享受过免广告和看VIP视频的福利后会感觉离不开会员，这便放大这个"会员"的好处，从而踏入视频网站给用户挖的坑——"沉迷会员，从而续费"。平台利用捐赠效应使得用户不愿意归还"属于自己的东西"，在提升用户满意度的同时在市场化方面也提高了产品销售量。

（3）参照依赖。用户在做出决策的过程中都会有下意识的比较行为，这个过程中会选择参照点，宏观上来说产品在行业中竞品的地位也是用户经过参照对比出来的。所谓损失和获得，一定是相对于参照点而言的。巧妙地选择参照点，会让用户觉得自己面临的风险降低了。产品市场化的营销过程中经常有所体现。比如一款健身线上产品推出99元的月卡（图4-23），用户可以无限次健身（不在一家门店），假设用户一个月健身8次，平均一次十元出头，以一次十元的价格拆分看起来高昂的健身费用，享受到专业的团课和器材，用户接受度上升了。另一方面，99元——吃一次火锅都不够的价格，拿来健身，有了进食和减肥的对比，让用户有了愧疚感和紧迫感。总而言之，用户在进行决策时往往都是犹豫、纠结的，此时产品突破用户购买欲望阈值的营销是成功而有效的。

图 4-22 腾讯 VIP 自动续费管理

图 4-23 健身月卡

4.6.3 应用与启发

◎ **1. 理论应用**

随着国民经济的发展，旅游逐渐成为人们的刚需。鉴于线上旅游平台存在信息不对称问题，用户通常也处于非完全信息状态下，用户往往难以享受到性价比最高，最合心意的旅游体验，也就是此过程存在风险，用户容易遭受损失。在使用在线旅游平台过程中，对于用户来说，要从千千万万的旅游地点中筛选出最想去的旅游目的地是最基本、最重要的一环，同样也具有很大的成本。

携程是一个综合性旅游服务平台,提供酒店、机票、商旅、团购等度假产品服务,拥有完备的旅游景点库资源和种类丰富的游记推荐(见图4-24)。在用户没有明确旅行目的地的情况下,携程为了保证用户能选择到最满意的出行目的地,从影响用户选择旅游目的地的多方面因素进行标签筛选,包括个人喜好、假期长短、经费预算、安全因素、出行方式、饮食住宿以及时间段等。为了帮助用户对旅游目的地进行选择,降低用户的决策风险,从而提高用户体验,前景理论给出了思路和方法。

前面提到,通常用户在做决策时隐含着某种参照,比如国庆期间旅游者会参考去年去的一个人非常多的景区,留下了很深的阴影,其对决策方案预期结果的评价和判断也是以某种参考标准为依据的,而参考标准的选取直接影响决策结果。

因此,在考虑前景理论对用户目的地决策影响的过程中,首先要恰当地选择参考点,只有综合分析获得理想的参考点后才能进行前景值的计算与评价。在做多方案选择时,参考点保持不变。就旅游目的地的选择问题,参考点应是用户期望获得的旅游体验,以此为依据,同时参考已有的经历和体验,通过建立模型和数据分析来获得具体指标。携程社区记录了全球数十万个城市旅游目的地经典,累计大量用户出行交通、出行购物体验、支付费用等数据,较为精准地掌握用户的参照标准。在前景理论框架下,用户目的地选择决策模型如图4-25所示。

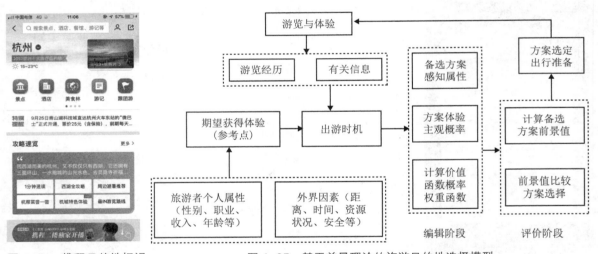

图 4-24　携程目的地标识　　　　图 4-25　基于前景理论的旅游目的地选择模型

在本模型中,用户首先基于个人属性(性别、职业、收入、年龄等)以及外界因素(距离、时间、资源状况、安全等)进行评估,为旅游目的地选择确定一个期望的参考点,以此作为进行目的地选择的依据。当确认了出游时机以后,将前景理论应用于旅游目的地选择问题。编辑阶段,旅游用户依据搜集到的相关信息或者自身的游览经历对各地的目的地的预期游览体验做出预测,以此得到不同目的地的体验概率分布,之后对其进行整合处理。评价阶段,用户依据自身实际情况,拟定预期体验值来作为参照点,而后将编辑过的结果利用价值函数与概率权重进行分析,最终求出目的地前景价值。

选取以下要素(q_i)指标作为依据:旅游交通(q_1)、旅游安全舒适性(q_2)、旅游购物体验(q_3)、资源及环境的吸引力(q_4)、旅游者支付的费用(q_5)和用户的个人主观目的(q_6)。假设可以选择的目的地有4个,分别为a1、a2、a3、a4,旅游者需要从中选择一个作为旅游目的地。同时根据旅游者以往的旅游经验及生活体验,选择一个曾经去过的目的地a0作为参考标准,即在前景理论中作为参考点。根据要素重要程度,计算要素qi的权重,通过前景值计算公式获得各个备选方案的前景值V6。具体流程如图4-26所示。

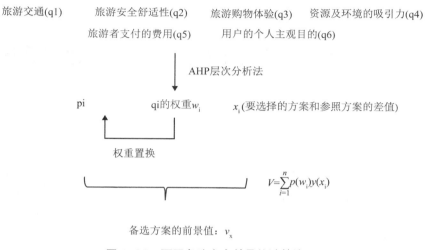

图4-26 不同备选方案前景值计算流程

按照前景值大小进行排序,将最有前景值的方案作为最终决策方案。值得注意的是,用户做出抉择后会不断地在携程上留下相应数据比如旅游体验反馈、浏览记录等,这将方便后续平台为其推荐目的地提供参考依据。

用户目的地选择直接影响用户预期游览体验,准确把握用户目的地决策过程有利于旅游者合理选择目的地,实现用户旅游需求。另一方面,在市场化阶段,携程抓住用户对旅游目的地的心理预期,提供更加精确、符合用户心意的产品和服务,这就需要通过使用前景理论来做出预期决策判断和完善后续更多参考点。对于携程来说,平台积累了很多有不同需求的消费者选择目的地或者旅游产品的数据记录。平台基于大数据分析可以对已经标签化的用户推荐旅游目的地集合,并通过该用户在结束后给予的信息反馈不断更新完善平台预估的参考点,不断靠近用户的心理预期值,保证用户拥有一个风险度最低的出行计划。

◎ 2. 理论启发

前景理论主要将心理学融入经济学里,考虑心理因素对人的行为决策的影响。在前景理论中,前景是基本的研究单位,个体都是通过对前景的预判从而产生决策行为的。决策者并不能按照预期效用所假设的那样进行理性分析,而是综合当时的心理想法或者个人偏好进行主观的判断。

就前景理论本身来讲,它有一定限制——缺乏相对严格的理论和数据推导,仅仅阐述用户可能会怎么样,只对用户表现出的行为进行描述,却没有告诉人们该如何做。但它的一个核心概念"参照"却时刻体现在产品开发中。①组合别的产品来突出自身的优势:在一个新产品快速切入市场的营销推广场景中,很多情况下往往借着同领域其他产品推向市场,用户出于规避风险的心理,会选择接受自己更加熟悉的产品,这时候巧借用户的参照心理,可以让产品优势更加突出或者隐藏缺陷。②优化自身来达到用户预期参照来满足消费者:在日新月异快速发展的互联网时代,产品开发者需要维持着产品高效迭代,每个用户都有其特定的参考预期,在实现个性化的同时还能降低用户风险,提供足够多的数据样本并结合用户信息反馈,实现数据闭环,来不断逼近用户真正想要的产品和服务。

4.7 基于用户行为探讨产品销售技巧——行为决策理论

4.7.1 理论背景

◎ 1. 研究背景

由于互联网的发展,市场上的产品或服务非常丰富但同质化现象严重,用户在面临大量可供选择的产品或服务时往往需要经过多重的考虑后做出最终决策。用户购买的过程就是一个决策的过程,了解用户是如何做出决策的,就能够在产品市场化的阶段,根据用户决策行为特征制订销售方案。行为决策理论(behavioral decision theory)是从组织行为学的角度探讨决策过程的理论,也是目前较为主流的解释用户决策的理论,因此本节将基于用户行为来探讨产品销售技巧。

在行为决策理论还没出现前,理性决策理论占据主导地位,它把人看作具有完全理性的"理性人"或"经济人",认为决策主体在决策时,会遵循最优化原则选择决策方案。但实际情况是,理性决策理论忽视了非经济因素在决策中的作用,如决策主体本身的情绪、认知局限等对决策的影响,因而在实际应用过程中往往难以解释大多数的非理性决策行为(具体区别如图4-27所示)。为此,越来越多的学者开始基于实际的调查和实验,提出了各种方法去研究决策主体在实际决策过程中的行为,行为决策理论就是针对理性决策理论的不足之处以及它难以解决的问题而发展起来的。

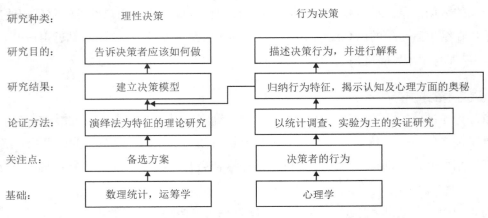

图 4-27 理性决策研究与行为决策研究的区别

◎ 2. 问题的提出

理性决策理论将人是完全理性的作为分析问题的出发点，忽视了非理性因素在决策中的作用，因而无法解释各种非理性行为。

在此基础上，完全理性的经济人模式有两个问题存在：其一，人不可能是完全理性的，人们很难对每一个方案可能会产生的结果都完全正确地了解和预测；相反，在人们缺乏能够做出判断所依据的信息时，一定程度上会根据主观的判断来进行决策。其二，决策过程中是不可能将所有的方案——列出的，首先人们的能力也是有限的，其次决策是有一定的成本限制的，因此，人们所做的决策不一定是从所有方案中找寻最好的，而是寻找已知方案中相对满意的。

因此，行为决策理论在产品市场化阶段中要解决的问题有：

（1）通过实际访谈和调查，了解用户在判断和选择方案的过程中所受到影响的各种因素，从而了解理性决策理论所没有考虑到的行为变量有哪些。

（2）用户如何在受到理性因素和非理性的情感因素的影响下选择决策方案，即形成行为决策模型，继而根据行为决策模型来决定产品市场化阶段中的销售方案。

4.7.2 理论内容

◎ 1. 产生基础

行为决策理论不再是把人看作具有完全理性的"理性人"，而更多的像是"管理人"。这种"管理人"具备的最核心的特征就是用相对满意的方案来代替最优化方案的准则。

同时，行为决策理论的研究有三个特点：

（1）出发点是决策者的行为，以实际调查为依据，归纳出决策者在不同的环境中做出决策时所受到的外部环境的影响。

（2）行为决策理论的基础是认知心理学，其主要关注决策主体在决策时的心理解释。

（3）研究决策者在决策过程中所受到的心理因素影响，再进一步提取出决策过程中的行为变量，从而对理性决策理论所提出的模型进行进一步的改善。

◎ 2. 理论的发展

行为决策理论研究以决策者的行为为出发点，从认知心理学的角度出发，采用调查、访谈等实证研究方法，研究决策者实际调查过程中的决策行为并加以解释。在研究的初期以描述性和解释性的研究为主，但在发展过程中，行为决策理论不仅开始对决策进行描述和解释，还提取出决策过程中的行为变量，从而对理性决策理论所提出的模型进行进一步的改善，真正为实际的决策提供一定的指导。

（1）发展阶段。从主观期望效用理论到前景理论，行为决策理论发展可以分为以下三个阶段，表4-9罗列了三个发展阶段的主要研究内容和方向，以及主要的理论成果。

表4-9　理论成果

时间	主要研究方向	主要研究内容	主要成果
20世纪50年代至70年代中期	判断和选择的信息处理过程的研究阶段	该时期的研究集中在明确理性决策理论的不足上	阿莱斯悖论和埃尔斯伯格悖论、主观期望效用理论、有限理性假设
20世纪70年代中期到80年代中后期	与理性决策模型对照研究阶段	解释人们实际决策行为与理性决策理论所推出的结论有偏差的原因，并且再次指出传统的理性决策理论的不足之处	启发式偏见理论与前景理论
20世纪80年代中后期开始至今	行为变量嵌入理性决策模型阶段	不再是对传统理性决策理论的挑战，而是概括行为特征，提取行为变量，然后将其融入原有的理性决策的模型之中	前景理论相关模型、行为资产定价模型、行为组合模型

① 判断和选择的信息处理过程的研究阶段。行为决策理论的初步发展阶段，其主要的研究内容是探讨人们在实际决策时是如何判断和选择的，所谓的判断就是人们是如何估计某一方案的发生概率的，其过程是如何的；选择就是人们在面对多个可行的方案的情况下，是如何做出选择的。我们将判断和选择的过程比作信息处理的过程，信息处理需要有信息收集、处理、输出、获取四大过程。在实证研究中，研究者了解到人们的实际决策行为与理性决策理论所推出的结论往往具有一定的偏差，从而指出了理性决策理论的不足之处。

② 与理性决策模型对照研究阶段。在这段时期，行为决策理论的应用范围开始变广，且其研究对象不再只是决策过程中的判断和选择过程，而是进一步增加了情报阶段和实施阶段。

这一阶段主要采用实验、访谈等实证研究方法。研究内容主要是：解释人们实际决策行为与理性决策理论所推出的结论有偏差的原因，并且再次指出传统的理性决策理论的不足之处。

③ 行为变量嵌入理性决策模型阶段。以描述性和解释性研究为主要内容的行为决策只是规范性研究的先行阶段，行为决策理论的研究不应只局限于解释，更重要的是为实际决策提供指导意见。因此，这一阶段也是行为决策理论走向成熟的标志。

这一阶段的研究主要分为三步：首先，明确该领域在传统理性决策理论的基础上所提出的模型；其次，根据所提出模型得出的结论与实际应用中的偏差，了解其中所能影响决策结果的行为特征；最后，提取行为变量，融入原有模型中得到新的决策模型。在实际应用过程中再不断完善该模型。

行为决策的研究重点不再是对传统理性决策理论的挑战，而是概括行为特征，提取行为变量，然后将其融入原有的理性决策的模型之中。这样得到的决策模型不仅考虑到了客观的备选方案，而且包含了决策主体的心理因素等，模型更为普适且适用于实际应用。

（2）理论的演变。在各个阶段，由于主要研究方向和内容的不同，行为决策理论在发展过程中也产生了许多观点，行为决策理论的种类较多，不同学者阐述问题的角度也各不相同。其中具有代表性的理论包括以下几种,这里将按照出现的先后顺序来分别阐述。

①主观期望效用理论。在期望效用理论的基础上,萨维奇提出了主观期望效用的概念。他认为人与人之间是有差异的,不同的人对于事物发生概率的估计是有差别的,也就是说行为选择的产生概率具有一定的主观性,是具有个人偏好的。个人偏好的不同导致期望效用发生变化,从而影响人们的行为决策。在这一理论的基础上,爱德华兹最早介绍了主观期望效用最大化模型,即在明确每一个方案的期望效用后,选择方案的依据是期望效用最大化准则。

②有限理性假设。有限理性假设是由著名的美国管理学家西蒙所提出的,该理论的主要内容是:决策主体往往是处于一个有限理性的状态下而不是完全理性的,决策主体在做出决策和处理信息的时候,信息的不确定性和风险的未知性都将对决策主体做出理性的决策加以一定的限制,因而决策主体最终的决策行为与基于传统的理性决策理论所采取的效用最大化而做出的决策会有一定的偏差。因此,在实际应用中,人们的决策其实不是以最优化为准则,而是以满意度为准则,是人们在有限信息的基础上做出的决策。而同样的信息掌握在不同的决策主体手上,最终所得出的决策行为也是不同的,因为它还会受到个人偏好等心理因素以及社会习俗等环境因素的影响。

③启发式偏见理论与前景理论。受前面的研究学者的影响,心理学家卡尼曼和行为学家阿莫斯·特沃斯基提出了启发式偏见理论和前景理论。启发式偏见理论,即人们在面对复杂或模糊的事物的时候,经常会发生启发式认知偏差,主要包括了代表性启发、可得性启发与锚定效应。三者的区别只是偏差发生概率和幅度的大小不同。

其中,代表性启发是指人们忽略事物的基本特征,而根据描述的特征去对事物进行分类。例如赌徒效应,在比大小的赌局中,当连续10次开"小",赌徒会增加自己在"大"上的下注,但事实上,每次的"大""小"概率都是一样的50%,赌徒之所以这样做就是其忽略了基本特征,而遵从自身的心理判断。可得性启发是指人们会根据自己的感觉或幻觉做出判断,但所得的结论与事实会发生一定偏差的现象。锚定效应很好理解,就是因为过往信息的干扰,思维开始定式,所谓的"一朝被蛇咬,十年怕井绳"就是反映了这样的认知偏差。

前景理论的主要观点是人们在决策的时候,在面临获利的时候是风险规避的,但在面临损失的时候是风险喜好的。而且人们对损失比对获利更敏感,损失时候的痛苦感要大大超过获利时候的快乐感,最后大多数人对于得失的判断往往是根据参考点决定的。

简言之,人在获利时,不愿冒风险;而在面临损失时,人人都成了冒险家。人们对损失的痛苦比对获利所带来的喜悦更敏感,而损失和获利是相对于参照点而言的,改变评价事物时的参照点,就会改变对风险的态度。

综上所述,虽然在行为决策理论的发展过程中,衍生出了很多其他相关理论,但追本溯源,其主要的内容可以概括为以下六点:

①通常情况下,人的理性是介于完全理性和非理性之间的。

②决策者在做出决策之前,容易出现认知偏差,使得其所做出的决策不完全是理性的。

③在风险型决策中,决策者对待风险的态度起着更为重要的作用。决策者在面临获利的时候,往往厌恶风险,倾向于接受风险较小的方案;而在面临损失的时候,倾向于选择具有风险的方案。

④对备选方案的评价是需要一定的参照点的，相对于不同的参照点，对事物的评价将会发生一定的变化。

⑤由于受到资源和决策时间的限制，决策者只能尽可能了解备选方案的情况，而难以全部了解，因此其决策是相对理性的。

⑥决策者在决策中往往只求满意的结果。

4.7.3 行为决策理论与产品营销

营销，顾名思义就是切合用户以及众多商家的需求，从而让用户深刻了解该产品进而购买的过程。由于在现实生活中，用户的购买行为往往是介于完全理性和非理性之间的。因此，从心理学角度来看，用户的购买过程就好比是一个行为决策的过程，如何根据用户购买过程中的行为决策特征来决定营销策略，这成为许多学者的研究方向。最终，在行为决策理论的基础上，产生了大量的产品营销理论。根据前文所讲述的行为决策理论的基本内容，可以简单对应于如下相关的产品营销理论。

◎ 1. 诱饵效应与交易效用

行为决策理论内容中提到，大多数人对于得失的判断往往是根据参考点决定的，如果参考点不同，用户的决策行为就可能有所变化。

在产品营销理论中，诱饵效应与交易效用的成功均是由于参考点的变化。

（1）诱饵效应。所谓的诱饵效应，就是指在人们根据对比做出选择的时候，为了让消费者做出有利于商家利益的选择，营销人员便会安排一些诱人的"诱饵"，从而引导消费者做出"正中商家下怀"的决策。

下面就有个案例可以很好地反映营销人员是如何较好应用这一理论的。

在20世纪30年代，威康斯·索诺马公司信心满满地发布了自己的首款烤面包机，但这并没有点燃消费者的购买热情，反而令他们陷入了选择困境。此时消费者的心态是这样的：

家用烤面包机是什么玩意儿？它是好还是坏？我们真的需要家用烤面包机吗？有钱为什么不买旁边的那台新款咖啡机？

面对糟糕的销售业绩，公司只好请来了一家营销调研公司。经过一番研究，营销调研公司并没有要求威康斯·索诺马公司改进产品、控制成本、压低价格，而是要求他们再推出一款新产品，不仅个头更大，而且价格还要高出50%，新面包机一经上市，老型号面包机的销售状况便马上得到了改善，消费者再也不必面对选择困境，此时消费者是这样想的：我也许不太懂烤面包机，但我知道选小的肯定比大的好。

新型号的烤面包机提供了一个参考点，或者说成了一个"诱饵"，使得原先的型号似乎更值得购买。

这就是由于消费者在购买决策的过程中，出现了一个新的参考点，而这一参考点让消费者产生购买原有产品更为有利的想法。

（2）交易效用。交易效用就是指商品的参考价格和商品的实际价格之间的差额的效果。这种差额的存在就会使得人们经常做出欠理性的购买决策。

假设这样的一个场景:炎热的夏天,你躺在海滩上,最想做的事情就是喝上一杯冰凉的啤酒。在你做白日梦想着那杯自己最喜爱的啤酒时,你的同伴要去附近的电话亭打一个电话,正好可以帮你看看附近的小杂货店有没有啤酒卖。他要你给他一个你愿意出的最高价钱,如果啤酒价格在你出的价格之内,他就帮你买回来,高于这个价格他就先不买了。那么你最多舍得花多少钱在这个小杂货店买一杯啤酒呢?他让一组人回答这份问卷,最后统计出的平均价格是1.50美元。然后他把这个问卷中"附近的小杂货店"改成"附近的一家高级度假酒店",把新的问卷给另外一组人做,让他们出一个最高价钱。你知道做了小小的改动之后结果有什么变化吗?改动后统计出的平均价格是2.65美元。同样是在海滩喝一杯买来的冰啤酒,从酒店买和从杂货店买来的相同的啤酒是没有差异的,既不会因为在酒店买而享受到酒店里优雅舒适的环境,也不会因为杂货店的简陋而有任何损失,但为什么从酒店里购买的话人们就愿意支付更高的价钱呢?

一般来说,人们总会很宽容地对待酒店里商品的高价,在商品对人们的实际价值相同的情况下,人们愿意为其支付的价格更高些。换句话说,如果最后你的朋友帮你买回了啤酒,并告诉你是花了2美元从酒店里买来的,你一定会很高兴,因为你不仅享受到了美味的啤酒,还买到了便宜货,比你的心理价位节省了0.65美元,获得了很大的交易效用。但是如果你的朋友说是从杂货店买来的,你就会感觉花了2美元是吃亏了,虽然喝到了啤酒,心里却是不怎么高兴,因为此时你的交易效用是负的。可见,对于同样的啤酒,正是由于交易效用在作怪,而引起人们不同的消费感受。

可见,人们在消费时,决策可能会受到一些无关的参考点的影响,不同的环境下,用户的参考点即参考价格是有所不同的,如何提高用户的参考价格就显得格外重要。

◎ 2. 损失厌恶

人们的购买决策大多数是具有选择且有一定风险的。"行为决策理论"讲述到,在风险型决策中,决策者对待风险的态度起着更为重要的作用。决策者在面临获利的时候,往往厌恶风险,倾向于接受风险较小的方案;而在面临损失的时候,倾向于选择具有风险的方案。而且人们对损失比对获利更敏感,损失时候的痛苦感要大大超过获利时候的快乐感。

图4-28为前景理论的核心内容价值函数的曲线图。它是定义在以相对于某个参考点为拐点的获利和损失上的"S"形函数,可以看出第三象限的损失的斜率相比于第一象限的收益的斜率要高很多。这也就说明,用更少的损失创造的痛苦会抵消更多收益获得的快乐。

那么损失厌恶又是什么?举个案例,美国加州大学研究人员假扮电力公司员工做过一项调查,他们告诉一组用户通过能源节约每天能节约50美分,另一组用户则被告知如果不采取新技术而造成能源浪费,每天将损失50美分。结果采用节约用电的住户,后者比前者多出三倍。在该案例中损失与收益都

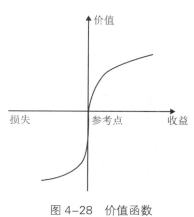

图4-28 价值函数

是相同的,但是以损失为诱因的说法却能增加三倍的说服力,这种心理暗示就是损失厌恶。

在产品营销理论中,对应于行为决策理论,损失厌恶就是指人们面对类似数量的收益和损失时,认为损失更加令他们难以忍受。同量的损失带来的负效用,为同量收益的正效用的2.5倍。因此,在营销的过程中,营销人员不应该强调产品能够给用户带来多大的好处,而是不使用该产品将会造成多大的损失,这也是如今痛点文案非常受广告媒体欢迎的原因。

再看一组试验,其对比了一个选择:

（1）你有100%的机会获得3000元,

（2）你有80%的机会获得4000元,20%的机会一无所获。

你觉得用户更倾向于选项1还是2?

试验证明,大多数的人还是会愿意从感觉上去评估,他们宁愿选择无风险地获得3000元,也不会选择有80%的机会获得4000元,但事实上,根据概率算法,选项2会更为划算,因为选项1的收获均值为100%×3000=3000元,而选项2的收获均值为80%×4000=3200元。

但人们损失厌恶的心理,决定了其在决策中选择不易损失的行为。

◎ 3. 如何运用

前文所讲述的为基于行为决策理论的部分营销技巧,那么一款新产品该如何设计营销方式呢? 先来看用户的决策框架（见图4-29）:

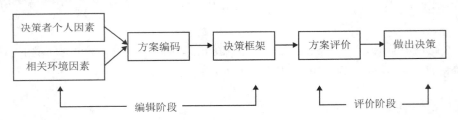

图4-29　决策框架

图4-29为前景理论中的决策框架,其将人的决策过程分为两个阶段,即编辑阶段和评价阶段。编辑阶段的主要作用就是收集和整理信息,并进行相应的预处理,得到所有的方案即前景。第二阶段就是对每一个编辑过的前景加以估值并做出选择,然后选择最好的前景。

因此,对于平台来说,设计销售方式就是围绕决策者个人因素和相关环境因素来进行设计。个人因素方面包括文化、社会、个体、心理因素。除去必须考虑的文化和社会因素,下文主要是依据个体和心理因素方面的考虑来进行探讨。

在个体因素的分析过程中,要关注平台所面向的目标人群的特征,根据不同的人群能够分析其生活方式、自我认知和人物性格等。心理因素是指导消费者个体行为的最为关键的因素,因此营销过程中需要明确一些如动机、直觉、逆反心理、信念、态度等影响消费者行为的特征因素。而相关的环境因素主要针对线下营销,这里不说明。

那么一款新产品如何设计营销方式呢? 从行为决策理论来看,主要考虑以下两个方面:

第一,个体因素也间接决定消费心理因素。

由于平台所针对的用户人群不同,其个体因素也就不同,而由于个体因素也会间接影响到消费心理因素,因此平台对用户人群的分析尤为重要。例如如果你针对的人群是母婴,这类人群对于产品的绿色健康和安全更为看重,因此对于产品的成本等信息都是非常重视,且消费更为理性。这时候的营销就切忌夸大虚无产品,让母亲觉得放心可靠才是最为重要的。

第二,巧妙运用产品营销理论。

前面所讲述的是由于个体因素的不同所导致的产品营销方式的不同,但根据巴纳姆效应,虽然每一位用户的行为、心理千差万别,但是他们一定都遵循一些共同的笼统思想。例如前面所讲述的诱饵效应、交易效用及损失厌恶,都是基于人们普适性的心理因素所产生的营销理论,可以解释大量的用户消费行为。企业可根据用户消费行为再去有针对性地设计产品中的营销方式如价格设定、促销活动等。

综上所述,现在的产品不再是"酒香不怕巷子深"的销售方式,而是"贤良淑德的女子也愁嫁"的年代,一款产品的成功不仅取决于产品本身,也离不开产品的营销。而一个优秀的产品营销人员不仅需要密切了解产品针对人群的特性,还要掌握大量普适性的营销理论,再结合产品的核心卖点,才能基于用户行为来更高效地进行产品销售。

4.7.4 应用与启发

◎ **1.应用案例**

用户黏性是怎么建立的

移动应用生态系统在过去10年间蓬勃发展,现在IOS系统的应用商店中有超过200万款应用,安卓系统则有逾300万款应用。但与此同时,用户只会打开自己手机上安装的三分之一的应用,并且会定期卸载它们。因此,如何让产品成为不被卸载的那一个,成为产品公司需要思考的问题;简而言之,就是如何将用户黏性最大化,降低企业用户量损失。

行为决策理论中讲到,在风险型决策中,人们对损失比对获利更敏感,损失时候的痛苦感要大大超过获利时候的快乐感,因此人们都是倾向于损失厌恶的。而这样的用户心理反映在产品的营销上,就是要让用户在产品上有一定的沉没成本,让用户在产品上有难以割舍的东西,从而使其离开产品就会有较高的损失。而由于损失厌恶的心理存在,产品将在更大程度上留住用户,这也就决定了产品的用户黏性。

那么,如何让用户在产品上有一定的沉没成本?主要有以下3种方式(见图4-30)。

图 4-30　让产品有沉没成本的方式

(1)让用户付出。所谓的付出,既可以是时间,也可以是金钱等。

举一个最为简单的例子,大多数的产品在收费前都会有个免费试用的阶段,比如说Office(办公软件),在支持正版的前提下,你试用30天后就会习惯使用该产品来办公,进而产生依赖,使你抛弃Office的难度增大,因此付费比例自然增高。再例如会员政策的建立,当你在某个产品上购买了会员,由于会员有一定的优惠,当你需要去使用此类产品时,你首先会想到的是你购买了会员的产品,因为你已经有了一定的付出。

(2)让用户拥有自己的内容。当用户在产品上有了一定的内容(不仅仅是文章,也包括照片、粉丝量等),最能体现这一点的就是社交产品,就像2018年一度火爆的子弹短信。许多人唱衰其发展的主要原因就是子弹短信虽然方便,但是我的朋友都不在这儿,一款社交产品却没有好友这点可想而知有多致命,因此像"子弹短信能颠覆微信"这一观点几乎不成立。

与之相似的例如短视频平台、内容付费平台,大量的KOL(关键意见领袖)不愿意离开或者转移阵地的主要原因就是其在该平台已经拥有大量的粉丝。这也是为什么平台会非常看重KOL的培养。

(3)付出不同,特权不同。在同样有一定付出的情况下,也要根据付出给予不同特权,付出越多,特权越多,沉没成本也就越高,用户黏性也就相应越高。因此基本上有会员制的平台都会设置不同的会员门槛,例如你的芝麻信用分达到了650,就可以免押金使用"哈罗"等单车。

因此,让用户在平台上感受到付出带来的特权,其对产品的黏性也就会越大。

综上所述,除了在产品运营过程中以不断推出的新奇活动来留住老用户,在产品市场化阶段的前期也可以通过产品开发设计中的一些技巧来让用户快速对产品产生黏性。

◎ 2. 启发

(1)理论的不足之处:

①大多数应用仍处于解释和描述阶段。几乎所有的行业都有涉及决策这一环节,现在行为决策理论的研究几乎已经扩展到各个领域。由于行为决策理论的研究是以人的理性介于理性与非理性之间为基础的,以决策者的行为特征为出发点,从心理学的角度出发,研究决策者在实际决策过程中是怎样决策的,其目前应用的难点已经不再是对于人们的决策行为特征的解释和描述,而是如何提取出行为变量,并将其转换为一个能够量化的变量,从而改善已有的决策模型。前景理论所提出的模型是行为决策理论在应用方面很大的一个进步方向,但同样,不同的应用方向所考虑的变量也大不相同,所要考虑的行为变量也难以全部提炼出。因此行为决策理论所得出的模型想要应用在更多的领域中仍然存在许多的困难。

②行为决策理论具有一定的局限性。在理论产生基础中也有讲到,该理论的产生基础是管理人不考虑一切可能的复杂情况,只考虑与问题有关的特定情况。这就说明行为决策理论未能全面反映管理活动的规律性,在实际运用中,会缺乏对一般的管理关系和环节的分析。其从本质上来说还是管理决策理论,而未包括根据生产、销售资本运营等企业组织的工作内容而进行的业务(或经营)决策内容。

(2)理论的发展:

①考虑文化差异,决策理论的"本土化"和实用性。在行为决策理论发展的第二阶段,学者们研究行为决策就开始广泛采用实验、观察、访谈等实证研究方法。目前来看,国外对行为决策的实证研究主要以西方各国人员为测试对象,进行的文化背景差异比较也仅涉及东南亚的某些国家,这些研究对文化差异所引起的表述方式的差异的研究并没有深入。

现在无论是国内还是国外，对我国的"决策人"的决策行为的理性化程度进行基于实验或统计数据的定量分析，以及对这种由文化差异引起的决策行为的差异加以比较的研究相对较为匮乏。但事实上，我国的"决策人"的决策行为与西方国家参加实验的"决策人"的决策行为肯定存在某种差异。而这种差异对实际决策分析方式与后果无疑会有重要影响。

未来在我国，将会越来越多地用自然科学的实证方法定量研究我国的决策人在决策过程中的行为方式。在理论上，基于自然科学实证方法和建立在实验证据基础上的行为决策理论可以拓展决策理论的研究范围，促进规范性决策理论研究工作的深化，并使决策的描述性理论与规范性理论归一化，提高决策理论在我国的适用性。即有助于决策理论的"本土化"和实用性，形成跨文化差异的行为决策理论。

②考虑与时代共同发展，结合计算机技术。计算实验是探寻和发现复杂系统规律的一种新的分析实验方法，是社会科学研究的有效方法之一。

近年来，也有许多智能控制技术被大量用来解决协同决策问题。我们也可以利用计算实验的方法，对人们的行为决策做出模拟仿真，对比真实的决策行为，从而归纳总结出人们行为决策的潜在规律。

例如，在未来的研究中，我们完全可以利用现代智能技术，如神经网络、蚁群算法、遗传算法等多种启发式算法相互交叉、融合，从而生成新的算法，为行为决策研究提供新的工具。

4.8　如何让产品价值更有效地实现推广——信号理论

4.8.1　理论背景

◎ 1. 研究背景

在产品推广过程中，由于平台和用户之间存在信息不对称问题，平台的价值并不能很明确地传达给用户。随着产品竞争的加剧，同质化产品的网络营销推广变得越来越困难，如何突破产品同质化局限，创建差异化的产品竞争优势，是产品市场化营销和推广的重点和难点。因此，本节将基于信号理论，讲述平台市场化过程中如何能够找到让用户认识、使用产品的关键信号，从而让产品的推广和营销更加有价值。

信号理论起源于20世纪70年代关于逆向选择问题的研究。1970年，乔治·阿克罗夫在《柠檬市场：质量不确定性与市场机制》一文中以二手车市场为例，说明在市场交易中买卖双方存在信息不对称问题。买方仅仅知道交易商品的质量分布，而不知道其确切质量，最终将会导致劣质商品在市场中交易而优质商品退出市场的结果。这开创了逆向选择研究的先河。之后，迈克尔·斯彭斯1972年在《劳动力市场信号发送：劳动力市场的信息结构及相关现象》一文中以劳动力市场为例提出了解决逆向选择的方法，斯彭斯因此成为信号发送理论的奠基人。

◎ 2. 问题的提出

由于信息不对称，生活中多了许多的不确定性。同时，信息不对称也可能会导致市场的低效率。例如在新产品市场化过程当中，由于难以及时准确地传达让用户认识、使用产品的关键信号，从而使产品的推广效率变得低下。信号理论就是用来研究如何才能够有效解决这种信息不对称影响之下的逆向选择问题。

4.8.2 理论内容

迈克尔·斯彭斯于1972年在《劳动力市场信号发送：劳动力市场的信息结构及相关现象》一文中，以劳动力市场为例提出了解决逆向选择的方法。在竞争性的劳动力市场中，存在着信息不对称问题，即劳动者对自身拥有的才能了解得比雇主多，为处于信息优势的一方。这时，具有较高才能的劳动者可以通过采用某些有成本的行为（接受教育）进行信号发送，以显示自己的能力比其他劳动者强。而雇主通过观察劳动者所接受教育的情况，可以对具有不同才能的劳动者进行甄别，从而解决了劳动力市场的逆向选择问题。斯彭斯因此成为信号发送理论的奠基人。

斯彭斯的研究引发出另外一个问题，即处于信息劣势的一方（委托方）是否可以通过某些有成本的行为对产品质量进行甄别？针对这个问题，迈克尔·罗斯查尔德和约瑟夫·斯蒂格利茨1976年发表了一篇题为《竞争性保险市场均衡：关于不完全信息经济学的探讨》的文章，文章以健康保险市场为例，讨论了处于信息劣势的行为主体如何进行市场调整来改善市场效率，消除逆向选择。两位作者的研究显示，保险公司（信息劣势方）可以通过信息甄别，给它的客户（信息优势方）设立有效的激励机制以显示他们的风险状况。其中信息甄别是指保险公司通过提供一系列的差别保险合同来实行高风险高保费、低风险低保费。从而对投保人的风险程度进行甄别，以提高市场效率。

综上，整个信号理论可以划分为信号发送（传递）理论和信号甄别理论。

信号发送就是市场上由于信息较多的一方主动提供信息给信息较少的一方，从而形成市场交易机会的行为。信号甄别就是指市场上处于信息劣势的一方（委托方），可以通过信息甄别的方式，给具有信息优势的一方（代理方）提供有效的激励机制，以诱使他们显示其真实信息。

信息甄别与信息发送都是用来解决逆向选择问题的，但解决问题的主体不同，信息甄别的主体是信息劣势方，即信息劣势方去主动收集信息，发出甄别不同类型信息优势方的信号，而信号发送的主体是信息优势方，即信息优势方主动提供信息，发出证明自己商品质量的信号。

◎ 1. 信号发送理论

信号发送理论就是研究市场上具有信息优势的个体如何能够将信息"信号"可信地传递给在信息上处于劣势的个体，从而避免与逆向选择相关的一些问题发生的理论。这里的信号要求经济主体采取观察得到且具有代价的措施以使其他经济主体相信他们的能力，或相信他们的产品的价值和质量。

因此，在产品市场化的过程中，信号理论常被用于解释处于信息劣势方的用户如何利用市场信号来评估产品或服务的质量。对于平台来说，正确地使用更多种的信号（如品牌、广告等）能够增加信号的总体影响力,进而减少用户的搜寻成本。

（1）产生基础。该理论的初步研究成果由探究劳动力市场得来。在大多数劳动力市场上,潜在雇员是难以被雇主第一时间了解其自身生产能力的,因此雇主是否雇佣一个人的决策是处于不确定情况下的。而潜在雇员表现出来的信息决定了其未来所拥有的工资以及市场上的工作分配情况。在这些信息中,有些特性是不变的,例如种族和性别;而有些是可变的,例如教育是个人能够以时间和金钱作为成本投资的。该理论将看得见的不变特性作为指标,把个人可以控制的看得见的特性叫作信号。

潜在雇员被雇佣后,会在某一时期被雇主得知他的生产能力。根据以前市场的经验,加入各种各样的信号和指标组合,员工的生产能力会被雇主进行条件概率的评定。在任何时间点上,潜在的雇佣者会被雇主进行主观评价,而这种评价是由新资料对应的这些生产能力的条件概率分布决定的。因此,从某个方面讲,在决定雇主信念变化的条件概率分布中,信号和指标都被看作是一种参数。

再从互联网市场的角度考虑,由于市场上的竞争激烈、同质化现象严重,平台就相当于劳动力市场中的雇员,用户就相当于雇主,平台在产品推广过程中会选择通过发送独特的信号来吸引用户,用户也会在使用产品后对平台的实际感受进行评价。从某一方面讲,决定用户是否使用平台的条件概率分布中,信号就是其参数。

（2）理论内容。在互联网市场中,信号发送的参与方有两者,一个是用户,另一个是平台。信号发送的过程主要涉及两个方面:一是平台发送信号,用户根据自己信念变化的条件概率分布来决定是否使用平台;二是在发展过程中,用户会根据反馈得到的信息来调整自己信念变化的条件概率分布。

①平台发送信号。该理论假定用户是风险中性的。对于面临的每一个信号和指标组合,他对具有这些可见特性的人都有一个期望的边际产品,这就是用户决定使用该平台的概率。因此,潜在的平台就面临一个给定的平台价值,而制定这张表的依据就是信号和指标。

平台在推广过程中无法影响自身的指标,但可以改变信号,因此,信号也就潜在地由平台来控制。诚然,调整信号可能是有成本的,如想要自己在推广过程中的吸引力更大,就会加入更多的福利或者优惠,这些成本就被称作信号成本。在这种信号传递即推广过程中,平台选择的推广方案就是要尽可能使得用户获取价值和推广成本之间的差最大,而使自身产品的推广显得更有价值。

同时,某个特征对于某些类型的产品的推广可能可以作为信号,但对于其他产品的推广而言则可能不能作为信号。信号发送成本从广义上理解,除了直接的金钱成本外,还包括精神上的和其他成本,比如时间成本。

②信息反馈与均衡定义。随着时间的推移,通过使用产品后了解到产品的真正价值,得到新的市场信息后,用户就会调整他认为对自己真正有价值的平台所需要具备的要素和考虑占比,然后重新决定是否继续留在该平台或者选择其他平台。如图4-31所示,左侧反映的是一般的劳动力市场上的反馈系统,对应的右侧则是互联网市场上就用户是否使用产品的反馈过程。

当新的平台连续不断地涌入市场时,可以想象围绕这个反馈系统存在不断的循环。用户修改他们的信念变化的条件概率分布,随着信号选择,有关的平台也在不断调整行为,在使用平台后,

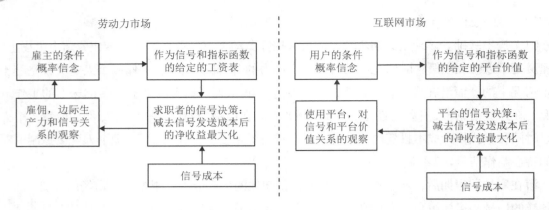

图 4-31 信息反馈的过程

用户又再次得到新的资料。因此,每个循环产生了下一轮循环。

均衡是自我更新的循环中的一组成分。均衡可以看作以下要素的组合:产生给定平台价值的用户信念、平台的信号发送决策、使用以及一段时间后与最初信念一致的新的市场数据。

例如, 在互联网少儿英语市场中存在着诸多的产品,从用户的角度来考虑可以划分为两类:一类是兴趣性,一类是备考性。用户在一开始通过接收平台推广中传达出来的信号后决定使用产品,过了一段时间后发现平台其实是兴趣性的,而自己学习英语更想要的是准备考试,因此用户选择离开平台,也了解了平台在一开始的推广过程中传达出的信号其实更偏向兴趣性。因此在今后的选择中,看到相类似的信号,用户选择就会更加明确。如果平台在一开始传达信号的时候就能够明确表明平台的类型,也许会吸引更多同类型用户,提高平台留存率。

◎ 2. 信号甄别理论

产品在大部分互联网市场中进行推广时,由于信息劣势一方是用户,信息优势一方是平台,且在交易过程中,是由信息优势一方主动提交自己的信号给信息劣势一方,这时,信息劣势一方可根据信号发送理论来决定与信息优势一方的交易是否达成。但是, 在不同的市场中,信息优势一方并不总是主动提交信息,相反,市场中还存在着信息劣势一方先主动去收集信息,这时候就需要考虑处于信息劣势的一方(委托方)是否可以通过某些有成本的行为对产品质量进行甄别,信号甄别理论也就应运而生。信号甄别是市场交易中信息劣势一方为了减弱非对称信息对自己的不利影响,通过信息甄别的方式,给具有信息优势的一方提供有效的激励机制,以诱使他们显示其真实信息。

(1)产生基础。信号甄别理论在互联网中最明显的体现就是互联网金融行业。对于在选择该行业的新产品来讲,如何推广得更高效、更有价值就更为困难了。作为大部分以营利为目的的公司,金融平台的推广价值不仅需要考虑前期的实际推广成本,也需要考虑到推广后吸引而来的用户对平台是否有价值。换句话说,金融平台需要吸引来的用户要求比其他平台有了更大的限制。

以互联网借贷平台为例,吸引来的用户在平台上购买借贷的时候,平台是信息劣势一方,而客户则是信息优势一方。这时信号虽然仍由信息优势一方提交给信息劣势一方,但这种行为不再是主动的。而是信息劣势一方即借贷平台需要通过被称为"筛选"的方式给予信息优势一方即用户有效激励,以使其被动地披露有关自身风险状况的信息,从而使得信息劣势一方即借贷平台能够根据信息来对客户进行分类,为后续的投保方案的定制提供一定的帮助。

因此,对于此类平台,如何在推广中通过信号甄别的方式来获取对平台有价值的用户,从而提高产品的推广价值,在产品市场化过程中显得至关重要。

（2）理论内容。以互联网上的合同交易市场如互联网借贷平台为例,在平台吸引到用户后,用户选择在平台上进行交易,该过程可以分为以下几个步骤:

①用户提交对交易合同的需求。一个人购买交易合同从而改变其收益随着自然状态而变化,那么一个合同的效用水平与合同生效的概率和合同生效时的收益有关。那么个人提交对合同的需求或者说从可以选择的所有合同集合中选择一项地可依据的支撑要素,就是尽可能保证合同对于此人的效用水平必须是大于零且尽可能地最大化。

②平台明确关于合同生效概率的信息。在这里,假设用户知道自己合同生效的概率而平台并不知道。由于用户除了合同生效的概率方面其他方面都是无差异的,这个假设的作用就在于使得平台不能根据它潜在客户的特征进行区别对待,只能以其合同生效的概率作为依据。

平台可以通过用户的市场行为来判断它们各自的合同生效概率。假定其他方面都相同,那些具有高合同生效概率的用户对于合同的需求将要大于具有相对较低合同生效概率的用户。平台希望掌握用户的特征,从而决定为该用户提供什么样的条款以使得客户愿意接受合同。

③平台合同的供给。这里假设平台是风险中性的,并且它们只关心期望的利润。平台从一份合同中获得的回报为一个随机变量,那么一份出售给具有一定合同生效概率的用户的合同对平台的价值就与合同本身的成本和合同生效概率相关。即使用户不是追求期望利润最大化,在一个组织良好的竞争性市场上它们也会像利润最大化者那样做决策。

综上,可以看出此类平台在吸引到用户后需要经过一定的筛选来将平台的交易风险降低,那么如何应用信号甄别理论,将平台风险前置,提高平台的推广价值,就显得尤为重要。如果使得用户以某种方式做出市场决策,通过该方式他们不但将自己的特征暴露了出来,而且做出了当他们特征为大家所共知时平台希望用户所做的决策。例如,保险公司通过提供一系列的差别保险合同来实行高风险高保费、低风险低保费,从而了解投保人的事故风险程度。

4.8.3 基本原理

◎ 1. 信号发送模型

（1）信号发送理论简单模型。互联网市场的用户因对平台给予的价值不了解,由此结合阿克洛夫模型设定了一个与平均价格同样性质的区分点,依次区分高价值平台和低价值平台,如表4-10所示。

表4-10 信号发送理论简单模型

平台类别	边际价值	平台数量比例	平台获得有利信号所需成本
1	1	q_1	$c_1=y$
2	2	$1-q_1$	$c_2=y/2$

在用户明确各平台价值的条件下，平台选择对其有利的信号，如图4-32所示。

在图4-32中，横轴表示平台拥有的有利信号y，纵轴表示使用平台的可能值W。同时，由于在同等信号水平上，低价值平台的成本高于高价值平台的成本，即更为优秀的平台能够散发的信号更多，推广成本也相对更低。因而c_1的斜率高于c_2。用户面对预期水平为$y*$以上

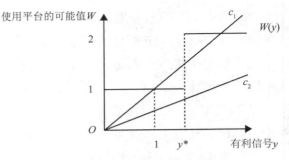

图 4-32　信号发送理论简单模型

（即$y>y*$）的平台的价值均为2，那么，用户使用该平台的可能值也为2。在$y*$以下（即$y<y*$）的平台，对于用户的价值均为1，用户使用该平台的可能值为1。

同样，在图4-32中，c_1和c_2分别表示低价值和高价值平台获得信号的成本。对于高价值雇员，获得y水平的有利信号，假设其需要支付的成本为y。由于价值越高平台越优质，获取同等信号相对不太费力，所支付的成本越低，因此，对于高价值平台来说，获得y水平的信号，需要支付的成本为$c/2$。在达到用户的预先估计区分点$y*$后，平台选择最优的信号水平，以求自身的收益最大化，即使用平台推广后获取到用户价值扣除推广成本后的收益最大，在图中表示为使用平台的可能值线$W(y)$与成本线的差距最大化。

显然，对于低价值的平台来说，在有利信号为0的点，平台推广后获取到的用户价值与推广成本差距最大，所以它选择$y=0$的信号水平。相似地，对于高价值平台来说，在信号水平为$y*$的点，平台推广后获取到的用户价值与推广成本后收益最大，所以高价值的平台选择发送$y=y*$的信号。

（2）信号发送理论一般模型。信号发送理论一般模型有三个基本假设条件：

①假设高价值能力即较为优质的平台所需的推广成本相对较低。

②互联网市场是完全竞争的，因此在均衡情况下，企业的预期利润为零。

③平台的有利信号仅仅代表信号的价值，并不影响平台价值。

通常情况下，雇主信念模型如表4-11所示。

表 4-11　一般化的雇主信念模型

平台类别	边际价值	平台数量比例	平台获得有利信号所需成本
1	1	q_1	a_1y
2	2	$1-q_1$	a_2y

假设第一组的信号成本给定为a_1y，第二组是a_2y。前人的计算结果中，得到在$q_1>a_2/a_1$的情况下存在一个信号发送均衡，它使第二组的处境比无信号发送时更好。第二组"少数"要小到什么数量才有可能从信号发送中受益，这要取决于两组信号发送边际成本的比率。

◎ 2. 信号甄别模型 --

在合同交易市场中，存在购买合同的用户和制定合同并出售的平台。用户从合同中直接获取的收益是财富。

在购买合同时，假定用户面临两种可能的自然状态：合同生效或不生效，分别用 $\theta=2$ 和 $\theta=1$ 表示。生效状态下用户的财富可定义为 W_2，不生效状态下用户的财富定义为 W_1（$W_1>W_2$），合同生效和不生效的概率分别为 p 和 $1-p$，$0<p<1$。

先从用户需求的角度分析，假定用户的效用函数为 $U(W)$，它满足 $U^I>0$ 和 $U^*<0$。如果不签订合同，用户在两种可能的自然状态下的收入的期望效用可以表示为 $\hat{V}(p,W_1,W_2)=EU(W)=(1-p)U(W_1)+pU(W_2)$；如果签订合同，用户的期望效用则用 $V(p,\alpha)=\hat{V}(p,W_1-\alpha_1,W_2+\alpha_2)=(1-p)U(W_1-\alpha_1)+pU(W_2+\alpha_2)$。

其中 α_1 是用户向平台缴纳的签订费用，$\alpha_2=\hat{a}_2-\alpha_1$，$\hat{a}_2$ 是合同生效后平台对用户的给付金额。向量 $\alpha=(\alpha_1,\alpha_2)$ 完整地描述了一个交易合同，用户会从提供给他的所有合同中选择一个能最大化 $V(p,\alpha)$ 的合同，但由于用户总是可以选择不签订合同，所以保险公司提供的合同必须满足用户的参与约束条件，即 $V(p,\alpha)>V(p,0)=\hat{V}(p,W_1,W_2)$。

再从平台供给的角度分析，前面也讲到，假定平台为风险中性者。当合同 α 被销售给合同生效概率为 p 的用户时，平台获取的预期利润可以表示为 $\pi(p,\alpha)=(1-p)\alpha_1-p\alpha_2$。

下面结合图4-33进行分析。假设交易市场由两种类型的用户构成：高风险者和低风险者，p^H 和 p^L 分别表示这两种类型用户的合同生效概率，$p^H>p^L$。如图4-33所示，点 E 代表不购买合同时的财富状态，曲线 U^H 和 U^L 分别表示高风险者和低风险者的无差异曲线，平台提供合同给高风险者和低风险者的零预期利润线分别是过点 H 和 L 的直线 EH 和 EL，它们的斜率分别为 $-\dfrac{1-p^H}{p^H}$ 和 $-\dfrac{1-p^L}{p^L}$，$p^H>p^L$，所以对高风险合同的零利润线的斜率（的绝对值）要小于对低风险合同的零利润线的斜率。

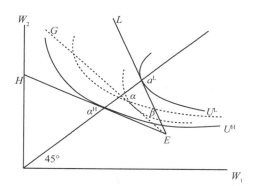

图 4-33 不存在混同均衡

作为参照，首先考虑对称信息下的最优合同。事实上，如果平台知道用户的真实风险类别，两种类型的用户分别有自身最优合同，其中高风险者的最优合同为图中的 α^H，低风险者的最优合同为图中的 α^L。

α^L 和 α^H 分别是完全信息条件下低风险者和高风险者的最优合同，此时两者都获得了完全保障。然而在信息不对称的情况下，α 是平台提供的混同合同，即为所有用户提供相同的合同，若存在另一份合同 β，由于它提高了低风险者的效用等级，会使低风险者转向它，所以 α 构不成均衡，也就是说在信息不对称的情况下，不存在混同均衡。

在图4-34中，在信息不对称的条件下，合同 β 会使两类用户都偏好它。为了不使提供给低风险者的合同比 α^H 对高风险者来说更具吸引力，只有合同（α^H，α^L）才是低风险者和高风险者并存的竞争性保险市场上唯一可能的均衡，即若均衡存在，分离均衡是唯一可能的均衡。

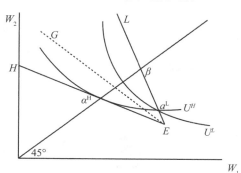

图 4-34 分离均衡的唯一性

4.8.4 应用与启发

◉ **1. 应用案例** --

瓜子二手车的广告与定价

传统的二手车交易其实是以差价为中心的"柠檬市场",所谓的"柠檬市场"就是指市场中信息不对称、价格不透明,将导致劣币驱逐良币,造成市场效率低下甚至萎缩。由于传统二手车交易中的二手车商普遍经营规模较小且零散化交易,这也严重阻碍了行业的规模化发展,而缺乏规模效益的二手车商,更加依赖于通过单车交易赚取差价,压价买入、抬价卖出等方式充斥于各地二手车交易市场中,单车收售价差甚至超过25%。加之调表车、泡水车等混杂在普通车辆中以次充好,普通用户难以辨别车辆的品质与价值,优质产品缺乏价格竞争力,行业也就因此陷入"价格低—质量差—购买意愿差"的恶性循环。

随着互联网时代的到来,很多人一度认为互联网将打破二手车价格不透明的信息屏障,带来二手车行业的繁荣增长,越来越多的二手车电商平台开始成立。多渠道、高频次的广告投放,明星代言的光环效应,朗朗上口的广告语,都使人人车、瓜子等二手车电商平台尽人皆知。从目前来看,瓜子二手车也算是其中发展较好的平台。

瓜子二手车的广告中,更是直抓用户痛点,提出"没有中间商赚差价,卖家多卖钱,买家少花钱",通过发送明确的C2C模式的信号,让用户可以直观地了解到平台对自身的价值,从而提高了前期产品的推广价值。

如图4-35所示,在平台吸引到用户后,瓜子二手车采用了C2C的交易模式,借助买卖双方透明可见的模式一定程度上实现了价格透明化。但尽管剥离了中间环节,买卖双方仍然存在对价格认知不同的信息不对称的现象,从而导致讨价还价的冗余流程。这时候瓜子二手车平台依据信号理论,凭借C2C模式积累了大量完整交易记录以及卖家、买家、车辆的数据信息,成为信息优势的一方,而卖家和买家则成为信息劣势一方。平台会主动提供信息给买家和卖家等信息较少的一方,即为两者提供较为精准的定价,从而形成市场交易机会,这就是所谓的信号发送的行为。而由于平台处于信息优势一方,卖家和买家对于平台的信任也会随之提高,同时平台在这一过程中会产生一定的成本,因此也会根据自身利益的最大化来决定信息的发送。

图 4-35　瓜子二手车的信号发送

可以看出,瓜子二手车通过前期的推广将用户积累起来,为后期的精准定价服务提供了一定的基础,再通过进一步差异化自身产品与其他产品,从而在后期的推广中能够向用户传达更多种的信号,增强信号的总体影响力。

◎ 2.启发

（1）理论的不足之处。

①实际应用仍需考虑大量外生因素。不管是信号发送模型还是信号甄别模型，都过于简单化，在实际应用过程中，都仍需要考虑大量的外生因素。例如，最初的信号甄别模型主要针对保险行业，但其假设事故发生概率是外生变量，从而排除了保险市场上道德风险的存在；假设事故发生后的损失规模是确定的；假设投保方有相同的风险偏好且这种偏好是投保方和保险公司的共同知识。但实际情况是，道德风险在保险市场普遍存在，且它与逆向选择相互交织、相互影响，甚至会加重逆向选择的程度；损失数额小到几十元、大到上亿元都有可能；投保方的风险偏好具有多样性，且属于投保人私有信息。某位学者对美国一保险公司的车险市场数据进行分析，甚至得出了保险市场不存在逆向选择的结论。所以，事实上，在实际运用过程中，信号理论往往还需要考虑其他因素，甚至需要与其他理论相结合，做出更符合现实状况的扩展和修正。

②信号理论具有一定的局限性。在产品市场尚处于发展初期时，由于消费者对市场熟悉程度较低，市场上产品的性价比不稳定，价格和质量仍是消费数量的主要变量。此时卖方可以基于信号理论来向消费者传达其产品的物美价廉，从而促使消费者购买，这时候的信号理论仍是适用的。而随着市场的成熟，市场竞争使得产品的性价比趋于稳定，这时影响消费者决策的是消费者偏好，信号理论将不再适用。

（2）理论的未来发展。

①研究信号理论与动态环境的关系。几乎所有的理论都是在一定的情境下成立的，一旦超出了这些边界条件，理论就可能不再有解释力。西方理论基于一系列假设和逻辑，这些假设和逻辑可能不适合于中国的文化和制度环境。信号理论涉及的不同主体，由于来自不同行业、不同文化背景等，这些情境因素是否会影响信号理论实际的过程还有待探究。例如，从文化背景角度看，中国等受儒家思想影响的国家，人们视谦逊为美德，这种思想是否会影响信号的发送和甄别？从制度角度分析，鉴于中国正处于经济转型时期，尚存在制度不完善、法制不健全等问题。信号传递理论在招聘模型、企业社会责任等方面的研究，大多都是基于西方情境，但是否同样适合中国情境？与上述正式制度相对应的非正式制度是否也会调节信号的作用？从动态演变角度观察，信号传递理论是否会随着时间的推移而发生演变等问题，学术界还很少考虑到。因此，未来学者在研究的时候可能需要注意情境因素的权变影响。此外，目前研究大多是处于静态环境下，但是随着经济全球化的发展，企业和个人都处于高速发展、不断变动的环境中。

②信号理论在其他领域的应用扩展。信息不对称的问题随处都可能存在，而目前信号理论的应用大多集中在金融学、会计学和人力资源管理等方面。信号理论作为能够解决信息不对称问题的有力的理论依据，给不同领域的学者都提供了新的理论视角，未来学者可以从更多的学科视角来进行探究，信号理论也能够在更多的领域得到应用，发挥其应有的价值。

第5章

产品研发全流程
管理

5.1 合理选择媒介以提高组织效率——媒体同步性理论

5.1.1 理论背景

沟通行为是普遍存在于生物界的互动现象，贯穿于新产品开发流程始终，这一行为在人类社会的交往中表现出了功能性和复杂性。随着通信技术和互联网技术的飞速发展，现代网络环境为人际沟通、团队协作提供了更多的可用媒体，比如从传统的面对面沟通、电话到如今的电子邮件、网络会议、即时通信、异步通信等。更好地了解沟通媒体的特点和作用可以帮助管理者有效提升组织沟通绩效，对新产品开发过程中项目管理水平和运营能力的提升具有重要意义。

以此为目的的媒体理论（media theory）也在近年成了管理信息系统领域研究的一个重要方向，从媒体理论出现至今，比较具有代表性的理论有三个，分别是：媒体丰富度理论（media richness theory，MRT）、媒体同步性理论（media synchronicity theory，MST）以及媒体自然性理论（media naturalness theory，MNT）。三者对于媒体客观性和特点研究的角度各有不同。

美国的组织研究学者Daft于1984年正式提出媒体丰富度理论。其中"媒体丰富度"的定义为：信息媒体在组织间传递信息和知识时能够减少模糊性的潜质。在特定的沟通任务中，只有选择具有相应丰富度的媒体才能达到经济、有效的沟通效果，这就是媒体丰富度理论。沟通任务本身存在的复杂性，使得在组织内传播的信息具有不确定和模糊的特点。同时因为媒体本身也存在着信息负载能力的客观差异，因而不同的媒体具有不同的媒体丰富度。

MRT的提出使得媒体理论的研究逐渐增多，然而许多学者对理论创建初期的研究视角提出了疑问。一些学者认为MRT中所提出的代表媒体丰富度的几个方面并不能将媒体特点很好地表达，因为并没有哪个媒体在各个维度上都体现了最优值，所以难以确定最高丰富度的概念。同时由于媒体配置和使用的影响，媒体会体现出不同水平的传播能力，所以，在不同的情境或者条件下，媒体特征的重要性也会有所区别，对媒体进行绝对化分级的做法是不实际的。

1999年AlanR.Dennis等人提出的媒体同步性理论很好地弥补了媒体丰富度理论的缺陷，媒体理论进入一个新的阶段。媒体同步性理论用解析的视角看待任务，认为一项任务所需要的沟通过程与媒体能力之间的匹配决定沟通绩效，而不是整体任务本身。

5.1.2 理论内容

◎ 1. 媒体同步性理论基础

（1）媒体丰富度理论。根据媒体丰富度理论作者的观点，媒体同步性理论是完全区别于媒体丰富度理论的全新理论体系，但业界学者也有观点认为其是对MRT的延伸及扩展。美国的组织研究学者Daft于1984年正式提出的媒体丰富度理论，认为在特定的沟通任务中，应该选择具有相应丰富度的媒体才能达到经济、有效的沟通效果，并将"媒体丰富度"定义为：信息媒体在组织间传递信息和知识时能够减少模糊性的潜质。随后该理论成为解决沟通内容模糊性问题最有影响力的理论,用以作为提高组织绩效的重要参考理论之一。

信息丰富度这一概念的明确提出是Daft等人在解释组织如何满足信息量的需要和减少信息的不确定性的研究背景下完成的。沟通任务本身存在复杂性,使得在组织内传播的信息具有"不确定性"(信息的缺乏——不确定性导致组织无法做出最优决策)和"模糊性"(缺乏对问题的清晰理解——模糊性导致组织无法知道问题所在,因而不知道如何去解决问题)的特点。同时因为媒体本身也存在着信息负载能力的客观差异,因而不同的沟通媒体具有不同的媒体丰富度。

MRT中默认了两个主要的假设,就是人们希望减少这种沟通中存在的不确定性和模糊性,另外通常在组织中使用数量相当的媒体,对于特定的任务来说,具有比其他媒体更好的效果。根据Daft和Lengel的观点,一种沟通媒体的媒体丰富度体现在四个方面,包括:提供快速反馈(instant feedback)的能力、传播多种暗示(multiple cues)的能力(包括肢体语言和语调等)、运用自然语言(language variety)的能力和传达个人感观(personal focus)的能力。根据这四种特性,Daft和Lengel给出了一份媒体丰富度的等级(如表5-1所示)。

表 5-1　媒体丰富度等级

媒介类型	丰富度	正式程度	使用感官	使用语言	反馈速度
面对面	最高 ↑ 最低	非正式	视觉,听觉	身体语言,自然语言	即时
视频会议		非正式	视觉,听觉	身体语言,自然语言	即时
电话		非正式	听觉	自然语言	即时
即时通信		非正式	视觉,听觉	自然语言	即时
电子邮件		正式	视觉,听觉	自然语言	快速
EDI(电子数据交换)		正式	受限视觉	自然语言	快速
普通邮件		正式	受限视觉	自然语言	很慢
数字文本		正式	受限视觉	数字语言	慢

媒体丰富度理论将面对面(face-to-face,FTF)沟通列为最丰富的载体——因为面对面沟通的反馈速度最快,所表达的信息可以被实时修正,能够传递语言、非语言(如手势、语气、音调、表情)等多重线索,且不会如电子沟通那样受到技术因素(如带宽、硬件可靠性)的制约和影响。其次依次为电话、电子邮件、信件、个人书面文本(附件或备忘录)、正式文本(文件或公告)、传单及布告以及正式数字文本(数据)。

(2)媒体同步性理论。1984年媒体丰富度理论提出后,一些学者认为MRT中所提出的代表媒体丰富度的几个方面并不能将媒体特点很好地表达,尤其是对于媒体与使用者任务结合的研究层面来讲,MRT显得解释力不足。

AlanR.Dennis等人在1999年首次提出了媒体同步性理论,弥补了MRT理论的不足。该理论中所提出的"媒体同步性"概念是指媒体为使用者个体在同一活动、同一时间一起工作时所能提供同步性支持能力的程度。其修正并扩展了MRT描述媒体的四个特征,将其发展为五个特征(如表5-2中的相关特征对比)。

表 5-2　基于 MST 的媒体相关特征

沟通媒介	反馈速度	符号多样性	平行度	预演性	可再加工度
面对面沟通	高	低－高	低	低	低
视频会议	中－高	低－高	低	低	低
电话	中	低	低	低	低
书写邮件	低	低－中	高	高	高
声讯邮件	低	低	低	低－中	高
电子邮件	低－中	低－高	中	高	高
网络电话	中	低－中	中	低－中	低－中
异步群组软件	低	低－高	高	高	高
同步群组软件	低－中	低－高	高	中－高	高

①反馈速度（immediacyoffeed-back），即媒体能够让使用者对收到的信息给予反馈的迅速程度，其反映了媒体能够支持快速双向沟通的能力；②符号集（symbolvariety），即信息能够被传播的方式的数量，对应于 Daft 提出的暗示和使用语言的多样性；③平行度（parallelism），即可以同时有效进行对话的数量。虽然当对话数量增加的时候，监控和协调其间的关系会变得越来越困难，但是，许多电子化的媒体仍然可以有效地提高平行度；④预演性（rehearsability），即媒体能够让发送信息者在发出之前对信息进行微调或对过程进行预演的能力，这能够使信息表达更加准确得体；⑤可再加工度（reprocessability），即能够对沟通内容所传递的信息进行再次检查或者加工的能力，其反映了对于沟通信息的可修改性。媒体同步性理论认为沟通行为主要包括两种进程：信息传递过程（conveyance of information）和信息处理过程（convergenceon meaning）。

媒体同步性理论将沟通任务过程进行了重新定义和阐释（如图 5-1 所示），并认为沟通任务过程能够影响最终的沟通绩效；另外，MST 还加入了可能会对这一匹配起作用的选用因素，例

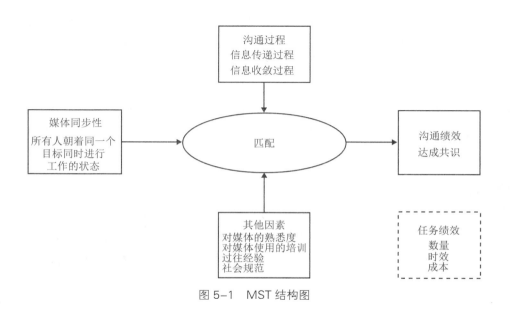

图 5-1　MST 结构图

系统分析 与设计

如对媒体的熟悉程度、培训、社会规范以及过往经验。修改后的MST还应用了时间–交互–绩效（time-interaction and performance，TIP）理论，用以理解沟通过程需求随成员关系发展的变化，以及随时间变化，小组对沟通过程需求的改变。

5.1.3 基本原理

◎ 1. 媒体同步性理论模型

先前的媒体理论都注意到了任务类型对绩效影响的重要性，并将任务整体作为变量。然而由此展开的实证研究常常得到不一致的结论。MST用解析的视角看待任务，认为一项任务所需要的沟通过程与媒体能力之间的匹配决定着沟通绩效，而不是整体任务本身。因此，媒体同步性理论模型（如图5-2所示）将沟通绩效作为因变量，以高匹配度为目标，在不同的沟通过程中需要不同程度的媒体同步性支持来达到最好的感知匹配，而良好的感知匹配直接对沟通绩效产生影响。同时，一些其他因素对感知匹配起到一定的影响作用，这些因素包括团队中的社会规范和个人使用沟通媒体的经验。

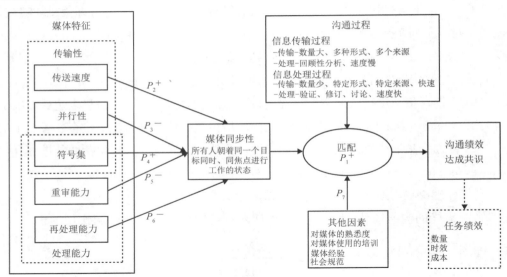

图 5-2　媒体同步性理论模型

在MST模型中，媒体同步性、沟通过程及其他可能影响因素的匹配效果会直接影响沟通绩效，继而影响组织的任务绩效。其中媒体同步性可用五个特征来衡量，与媒介的传送速度呈正相关，与媒介的并行能力呈负相关，与媒介的信号集呈正相关，与媒介的可编排性呈负相关，与媒介的可重复处理性呈负相关。下文将详细描述各因素在模型中如何起作用。

◎ 2. 运作原理

对于不同的沟通媒体，其支持个体达到同步性状态的能力是不同的。将沟通媒体使得个体达到同步性状态能力水平定义为媒体的同步性，进一步定义了五种媒体能力来描述沟通工具支持同步性的能力。下面将对这五种媒体能力以及五种媒体能力各自与媒体同步性之间的关系进行详细说明。

（1）传输速度。媒体的传输速度指的是媒体将消息传送至接收者的速度。具有较高传输速度的媒体在发送消息时可以达到即时的效果，信息传递时间被大大缩短，对信息的反馈也能更快送达。在更迅速的传输速度支持下，个体间的沟通可以达到连续不断的效果，更有助于增进协作和快速反馈。具有较高传输速度的沟通媒体既促进了协作行为，也使得人们之间存在共同关注的焦点，因而更好地支持媒体的同步性。

（2）并行性。并行性指的是媒体允许来自多个发送者的信号同时通过媒体传送的程度。例如，传统的电话通信仅允许有限数量的传输同时进行，限制了单位时间内的信息传送量。并行性的存在使得人们可以在任何时候向任何人发送消息，而不用等待频道空闲。由于媒体的并行能力，多向沟通成为可能，在同一时间内每个人都可能成为对话的发起者和接收者。这些同时进行的沟通内容极可能混杂在一起，因此降低了交互过程中讨论的一致性，并进一步影响了使用者们建立起共同关注点的能力。由此，较高的并行能力由于妨碍了共同焦点的形成，降低了媒体的同步性。

（3）符号集。符号集是指一种媒体提供的允许消息在沟通中被编码的方式。这里说的符号集类似于媒体丰富度理论中的线索多样性如肢体语言、表情、语气、语调。媒体的符号集从两方面对其同步性产生影响。一方面，使用符号集对消息进行编码、解码所花费的时间和精力可能会增加生产成本和过程延迟成本。在使用某些符号集编码、解码时，需要花费更多的时间，继而会影响到整个信息传输和加工效率。因此，能提供自然化符号集肢体、视觉、语音的媒体比自然程度较差的文字符号集的媒体具有更高的同步性。另一方面，使用某种符号集比其他符号集能够更精确地对有些信息进行编码、解码。一些书写的或数字符号格式在表达同样的信息时所强调的方面有很大区别，由此使用不同的符号集得到的结果也可能不同，例如运用图形可以更好地表达空间信息，而表格更适合传达符号信息。当所使用的符号集和需要传递的信息类型相匹配的时候，人们能够更有效且快速地对信息进行编码、解码，进而使沟通效率得到提高。媒体所提供的符号集本身并没有优劣之分，但是如果媒体不能提供所需要的特定符号集就会对沟通产生不利影响。因此，如果媒体具备更适合信息内容表达需要的符号集，那么其对应的信息传输和信息处理速度能力将大大提高，从而具备更高的支持同步性的能力。

（4）重审能力。重审能力用于描述媒体使得发送方在发出消息前对信息在编码过程中进行预演或调整的程度。提供重审功能的媒体，可以让发送方对所要发送的消息仔细斟酌、修改，以确保表达精确，因此改善了后续的信息处理过程。虽然这种重审能力对那些有过共同经历或者已经建立起共有心智模型的人们来说显得并不重要，他们可以直接使用已达成的沟通协议进行沟通，但对于新集合到一起的工作组，或者需要传达的信息很复杂的时候，重审能力就显得很重要。由于发送方将用更长的时间编写消息，重审会为消息发送带来一定延迟，所产生的这些延迟虽然不是由媒体本身引起的，却会破坏协作行为的形成，特别在要求迅速反应的情形下。因此，重审能力有损共同关注的形成，有较强可编排性的媒体支持同步性的能力较弱。

（5）再处理能力。再处理能力是指媒体能使已发送消息被重新加工、检查的程度。无论是在沟通过程中还是在事后，媒体支持的再处理能力使接收方有更多时间对消息进行加工处理，这项功能既可以使人们对之前的会话内容进一步考虑，也可以帮助新参与者了解过去进行的活动。媒体的再处理能力对信息传输的影响体现在它使消息的发送方和接收方在沟通进行中,重新阅读和考虑先前的消息。如此人们在沟通活动中的关注点很可能被分散,进而影响到统一协作的建立。因此,再处理能力对共同关注的形成会产生消极影响,有较强再处理能力的媒体支持同步性的能力较弱。

◎ 3. 沟通过程

基于对传递和处理信息的不同需求,MST识别出两个基本沟通过程,信息让与过程(conveyance processes)和信息收敛过程(convergent processes),下面将对每个沟通过程进行详细阐述。

(1)信息让与过程。信息让与过程是指拥有尽可能多的新信息和相关信息的传递,使接收者得以构建和修正当前状况的心智模型。参与让与过程的个人将从多个信息来源获取大量的、多种形式的信息。这些信息对个人来说都是新信息,参与者们常需要花费必要的时间对这些信息进行分析处理,构建心智模型,因此信息处理过程较慢。这一过程的研究一致发现,在个人的释义过程中,首先将观察周围的许多信息源并收集各种形式的信息,进而将这些信息在头脑中加工,运用先前的相关知识将新信息仔细归类并得出结论。

(2)信息收敛过程。信息收敛过程是指对预处理信息的讨论,这些信息是每个人在头脑中加工过的关于某情形的解释而不是原始信息本身。该过程的目的在于对信息含义取得统一意见,也就是需要个体们取得共识并且一致同意他们已经获得这种共识(或者一致认为达成这种共识是不可能的)。为达成共识,收敛过程往往需要快速地、往复地在个体间传递预处理过的信息。从信息传递特点上看,该过程所传递的信息主要是个人对某一问题或事物的观点、看法,是经过个体加工过的,因此其总量较少并且形式较单一(主要是语言文字),信息主要来源于关注同一问题的一群人。从信息处理的特点上看,收敛过程中的信息处理体现在人们对彼此观点的评价和判断,确认他人观点中自己赞成和不赞成的部分,对原有认识进行调整,就不一致观点展开讨论直至达成统一意见。这一过程的信息处理比信息让与过程快,每个人处理的信息都是经过他人处理后的信息,对于其中赞成的内容就不需要很多处理,因此收敛过程中的信息处理范围比信息让与过程要少。

(3)沟通过程与媒体同步性。从以上对沟通过程和媒体同步性的详细分析可以看出,不同的沟通过程在信息传输、信息处理过程中的需求以至对媒体的同步性需求都有很大差别。一方面,信息让与过程集中于传递大量未经加工的原始信息,需要人们对这些信息进行实质性分析,这就意味着此时参与沟通的个体间对同时传递和处理信息的需求就会少很多。另一方面,信息收敛过程则更多关注传递经过高度提炼过的抽象信息和关于这些信息的讨论,因而此时沟通个体们将对高速的信息传递需求更强烈,并通过小量信息的快速传递建立起共同理解。这些特点都意味着信息收敛过程更需要高同步性的支持。综上,两个沟通过程的特点和对媒体同步性的需求总结如表5-3所示。

表5-3 沟通过程特点

沟通过程	信息传输特点	信息处理特点	媒体同步性需求
信息让与过程	数量大 多种形式 多个来源	回顾性分析 速度慢	较低
信息收敛过程	数量少 特定形式 特定来源 快速	验证 修订 讨论 速度快	较高

◎ **4. 感知的匹配**

匹配在很多管理研究的理论构建中都占据重要地位。无论是在组织管理、战略管理还是后来的研究领域，都涌现出许多以匹配为核心思想的理论。MST是研究IS中以匹配思想为核心的最新理论，然而MST并未对模型中匹配的含义进行详细解释。从前面对沟通过程和媒体同步性关系的论述中可以看出，沟通过程起着明显的调节作用，在MST中，媒体同步性对使用者的感知匹配受到沟通过程的调节影响：以信息传递过程为目的的沟通过程中，媒体同步性越高，感知匹配程度越低；在以信息收敛过程为目的的沟通过程中，媒体同步性越高，感知匹配程度越高。

◎ **5. 沟通绩效**

沟通被普遍定义为参与者们为达成共同理解，彼此创造并分享信息的过程。共同理解的建立要求参与者们不仅要理解自己拥有的信息，同时也要了解其他人是如何理解这些信息的。因此有效沟通的一项重要标志就是共同理解的建立，它既包括对信息本身的理解，也包括每个参与者给这些信息赋予的含义。另外，在共同理解的基础上，自由开放的沟通对有效沟通同样重要，这种自由的沟通环境对参与者们感知到沟通有效性有很大影响。

良好的感知匹配有助于人们更好地获取信息和处理信息。高度的感知匹配可以缩短任务需求与技术功能之间的鸿沟，由此成员得以更好地运用技术完成任务。尽管过去的研究中还没有感知匹配对沟通有效性影响的相关结论，但沟通作为任务过程的重要组成部分，同样会受到感知匹配的影响。

◎ **6. 其他因素**

（1）对媒体使用的培训。MST中认为对团队成员进行效果较好的媒体使用培训，将对感知匹配起积极作用。因为在实际职场生活中，团队成员中有业务生疏的新人的情况十分常见，团队对新人的媒体使用培训与否及培训效果决定了作为团队一员的新人的媒体熟悉度，进而影响团队的沟通效率，最终对团队的沟通绩效产生影响。

（2）对媒体的熟悉度。对媒体的熟悉度可以从沟通传递的理解和处理操作这两个不同方面影响感知匹配。不同的媒体都会产生相应的媒体文化。同时，对媒体的熟悉度可以在一定程度上加快操作的速度，从而提高及时性，影响匹配效果。

（3）社会规范。在实际工作中，对技术的使用并不总是自发的，团队中存在的社会因素也会影响个体决定是否使用某项技术，社会规范就是其中之一。社会规范是人们在社会或团队中形成的行动预期，是指个人根据从他人接收的信息来思考自己应该采取的行动。

（4）媒体经验。MST中认为媒体经验对感知匹配起积极作用。因为媒体经验正逐渐成为技术选择和采纳研究中很重要的影响因素，随着技术的发展和新媒体的不断产生，成员对沟通媒体的使用经验也应纳入使用影响因素。过去的一些研究已经验证了先前使用经验对技术的后期采纳有显著影响，在过去的媒体使用经历中感到成功的个体，在未来更倾向于对媒体的使用结果持积极预期，也更可能选择使用这些媒体。同时，不断增加的使用经验更能加强使用者使用该技术完成任务的信心，并影响对媒体的继续使用。

5.1.4 应用与启发

◎ 1. 应用案例

不同媒体和任务下虚拟团队信息共享与团队效力研究

随着信息技术的进步和全球化协作的加强，虚拟团队应运而生，并且得到学术界的广泛关注。在《不同媒介和任务条件下虚拟团队信息共享与团队效力研究》一文中，作者严茜基于媒体同步性理论，采用实验室研究方法，研究不同媒体和任务条件下虚拟团队信息共享与团队效率的差异与关系，并且探索沟通风格对团队过程的作用。沟通媒体和任务种类对过程满意度、信息共享总量及深度有显著的交互作用，即高同步性媒体会促进高的信息共享宽度和总量，但在信息共享宽度上，即时文本消息和面对面团队并无显著差异。另外，问题解决任务比观点产生任务产生更多的信息共享。媒体同步性显著预测了信息共享，但信息共享对团队绩效的预测作用会受到任务种类的影响。在观点产生任务中，信息共享宽度可以预测观点总质量、平均质量和好的观点数量，但是在问题解决任务中，信息共享对团队绩效的预测作用却并不显著。在沟通风格对团队过程的影响上，攻击性沟通风格和消极性沟通风格对信息共享与观点产生任务绩效之间的关系具有负向的调节作用，如图5-3所示。

通过数据分析和结果讨论，文章得到以下研究结论：①沟通媒体和任务种类对过程满意度、信

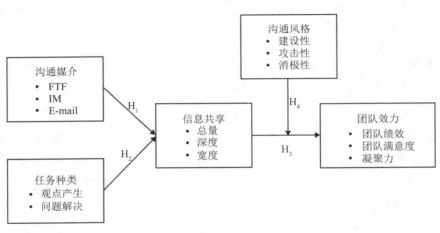

图 5-3 研究模型

息共享总量及深度有显著的交互作用,即高同步性媒体会促进高的信息共享宽度和总量。但在信息共享宽度上,不同团队并无显著差异。问题解决任务比观点产生任务拥有更多的信息共享。②高同步性媒体与问题解决任务或者低同步性媒体与观点产生任务的组合尽管不一定促使信息共享和团队绩效的提高,但一定会使团队达到高的满意度和凝聚力。③媒体同步性显著预测了信息共享,但信息共享对团队绩效的预测作用会受到任务种类的影响。在观点产生任务中,信息共享宽度可以预测观点总质量、平均质量和好的观点数量,但是在问题解决任务中,这种预测作用却并不显著。④攻击性沟通风格和消极性沟通风格对信息共享与观点产生任务绩效之间的关系具有调节作用。攻击性沟通风格或者消极性沟通风格水平越高,信息共享与观点产生任务绩效之间的关系越会被削弱。

◎ **2. 启发**

（1）理论的不足。MST是个很全面的模型,将任务和沟通媒体进行细化,并且考虑到选用因素可能产生的影响,但MST模型并没有对匹配概念进行系统讨论和定义。同时到目前为止,不论对初始的MST还是修改后的模型,都没有研究对其进行完整的验证。尤其是科技日新月异的今天,随着时代变迁,不同的理论视角也都面临着技术进步带来的解释能力下降和理论扩展的问题,这需要经历相关实证研究不断检验、修正的阶段来完成。

（2）启发。MST的诞生是媒体理论自身的发展,能够对许多未来的研究方向和现实问题的解决提供支持。同时MST理论对新产品开发具有重要意义,这包括:①通过MST理论为产品功能分析提供了一个全新视角,例如QQ为何在群聊中增加了回复指定信息的功能,以及为何微博启动广告采用动态的形式效果好于静态图片。②MST理论为新产品功能设计提供了全新的思路,在不同的沟通过程中选择最佳的媒体,使功能设计更精细,优化用户体验。③MST理论有助于团队在产品开发的各个环节根据不同的沟通需求选择最佳的沟通媒体,提高达到最佳沟通绩效的可能,加快产品开发的效率。

5.2 产品打造内部生态圈—— 一般系统理论

5.2.1 理论背景

在当今的竞争环境里,企业之间的竞争不再是单一产品、渠道、营销、供应链某个环节的竞争,而是由这些价值活动所构成的价值链之间的竞争,以及由价值链形成的生态圈与生态圈之间的系统竞争。下面将结合一般系统理论来介绍产品打造生态圈的重要性。

理论的起源:两千多年以前,古希腊思想家亚里士多德曾说:"整体大于各孤立部分之和。"就在那时,系统这个概念已经被人们意识到,但却没有一整套理论和方法来描述系统。直到20世纪40年代,美籍奥地利生物学家冯·贝塔朗菲最早提出了一般系统理论,其目标是在一般系统研究的范畴内揭示一般系统原理及规律,他强调真实的系统是与他所处的环境互通的,它们可以适应环境中的现状生成新的特性,从而促成持续的进化。一般系统理论不是将一个实体（如人体）简化为其各部分或元素（如器官或细胞）的性质，而是将重点放在连接它们成为一个整体的各部分之间的排列和关系上。因此，一般系统理论成了不同学科（物理、生物、技术、社会学等）的基础，为它们的统一提供了基础。

5.2.2　理论内容

（1）系统科学和数学系统论。系统科学和数学系统论着重对普适于多学科的一般系统原理和数学描绘进行研究与说明，即各门科学（如物理学、生物学、心理学和社会科学）中针对"系统"的科学探索和科学理论，以及适用于所有系统（或确定的分支系统）的原理性学说———一般系统论。

众所周知，要理解一个事物，不仅要知道它的要素，而且还要知道要素间的相互关系，例如细胞中各种酶的相互作用，许多有意识和无意识心理过程的相互作用，社会系统的结构和动力学等等。这就需要在我们的可观察宇宙中，探索各种系统的本来面目和特性。这也就是系统共同拥有的一般方面——对应性和同型性。

一般系统论就是对"整体"和"整体性"的科学探索，至今已经研究出处理系统的新的概念、模型和数学领域，如动态系统理论、控制论、自动机理论以及集合论、网络理论、图论等系统分析方法。

（2）系统工程。系统工程则是运用系统理论的基本原理，用一系列的数学方法（定量）和非数学的方法，对不同领域的"系统问题"加以分析、解决，它包括计算机和自调节机构等"硬件"以及新的理论成果和学科等"软件"。

现代的技术和社会已变得十分复杂，以至于传统的方式和手段不再满足需要，而整体论的方法或系统的方法和一般性或跨学科性则成为必要的东西。许多系统层次都需要科学的控制，如生态系统的失调造成紧迫的污染问题；社会经济系统中，国际政治关系和威慑关系中出现的严重问题等等。虽然还存在着科学理解能够到什么范围的问题，存在着科学控制的可行性和满意性能够达到什么程度的问题，但可以毫无疑问地说，这些都是"系统"问题，即众多"变量"的相互关系问题。这同样适用于工业、商业和军队中比较狭窄的对象。技术上的要求导致新概念和新学科的出现，其中一部分有很大的独创性并采用新的基本观念，如控制和信息理论、对策论、决策论、线路理论和排队论等。而且，一般的特征在于，这些观念和学科都是技术中特定的和具体的问题的产物，不过加以模型化、概念化和原理化而已。例如信息、反馈、控制、稳态以及线路理论等概念，远远超出专业的界限，带有跨学科的性质而独立于它们的专业认识。

（3）系统哲学。系统哲学则基本属于思辨层次的理论，它是用系统理论对传统的哲学命题，诸如本体论、认识论、价值论、人与世界的关系等进行新的说明，即由于引进系统这个新的科学范式（与经典科学那种分析的、机械的、单向因果的范式大不相同）而产生的思想和世界观的重新定向。和所有范围宽广的科学一样，一般系统理论也有它的"科学之后"的方面，即哲学的方面。

5.2.3 基本原理

◎ **1. 基本思想**

一般系统理论的基本思想就是把所研究和处理的对象，当作一个系统，分析系统的结构和功能，研究系统、要素、环境三者的相互关系和变动的规律性，并以系统观点看问题，世界上任何事物都可以看成是一个系统，系统是普遍存在的。大至渺茫的宇宙，小至微观的原子都是系统，整个世界就是系统的集合。

◎ **2. 理论观点**

一般系统理论的认识基础是对系统的本质属性（包括整体性、关联性、层次性、统一性）的根本认识，从而才能根据系统的本质属性达到系统最优化的目的。

（1）整体性。系统观点的第一个方面的内容就是整体性原理或者说联系原理。从哲学上说，所谓系统观点首先表达了这样一个基本思想：世界是关系的集合体，而非实物的集合体。虽然系统是由要素或子系统组成的，但系统的整体性能可以大于各要素的性能之和。因此在处理系统问题时要注意研究系统的结构与功能的关系，重视提高系统的整体功能。任何要素一旦离开系统整体，就不再具有它在系统中所能发挥的功能。

（2）关联性。关联性是指系统与其子系统之间、系统内部各子系统之间和系统与环境之间的相互作用、相互依存和相互关系。所谓相互作用主要指非线性作用，它是系统存在的内在根据，是构成系统全部特性的基础。与此同时，系统组分受到系统整体的约束和限制，其性质被屏蔽，独立性丧失。这种特性可称之为整体突现性原理，也称非加和性原理或非还原性原理。整体突现性来自于系统的非线性作用。

（3）层次性。系统结构的直接内容就是系统要素之间的联系方式。进一步来看，任何系统要素本身也同样是一个系统，要素作为系统构成原系统的子系统，子系统又必然为次子系统构成……如此，则形成了类似"……→次子系统→子系统→系统"这样的一种层次递进关系。因而，系统结构另一个方面的重要内容就是系统的层次结构。系统的结构特性可称之为等级层次原理，不同层次上的系统运动有其特殊性。在研究复杂系统时要从较大的系统出发，考虑到系统所处的上下左右关系。

（4）统一性。一般系统理论承认客观物质运动的层次性和各不同层次上系统运动的特殊性，这主要表现在不同层次上系统运动规律的统一性，不同层次上的系统运动都存在组织化的倾向，导致不同系统之间存在着系统同构。

5.2.4 应用与启发

◎ **1. 应用案例**

微信搭建的生态圈

下面将以微信搭建的生态圈为例，具体分析在微信生态圈这个系统中是如何实现1+1>2的。

随着公众号、小程序和微信支付的成熟，微信已然成为国内最大的移动互联网生态系统。此外，微信也是国内最大的移动流量平台之一，使用微信已成为用户的日常习惯，这也意味着微信汇聚着海量的社交流量。由图5-4可知,微信生态圈这整个系统由社交、电商、内容、工具、游戏等多个部分组成。那么各个部分又是如何相辅相成,协同发展的呢?

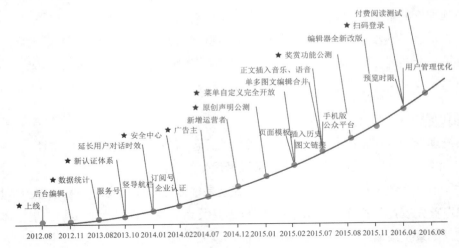

图 5-4　微信发展历程

《2017年微信经济数据报告》和《2017微信用户研究和商机洞察》数据显示,自2012年上线以来,截至2017年年底微信公众号已超过1000万个,其中活跃账号350万个,较2016年增长14%,月活跃粉丝数为7.97亿人,同比增长19%。微信公众号正是以订阅号、企业号、服务号的模式将用户与资讯、服务连接在一起。订阅号通过打赏、推广广告等方式进行流量变现,企业通过企业号、服务号发布官方信息并直接与用户沟通。由图5-5可知,微信公众号已形成广告推广、电商、内容付费、付费打赏等清晰的商业模式。

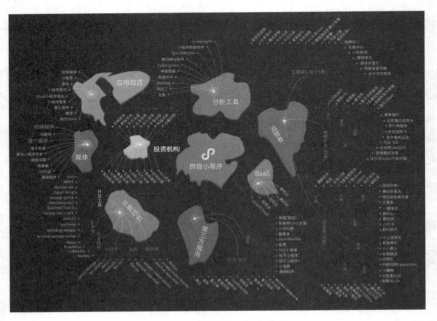

图 5-5　微信小程序生态圈

　　在此基础上，微信在2017年推出了小程序。凭借无须安装、触手可及、用完即走的优点以及小程序自带的社群属性，小程序迅速受到微信用户的关注，也进一步使得公众号运营方通过增加小程序关联促进两者相互引流，扩展公众号变现渠道。

　　与此同时，微信支付已深入渗透进用户生活，为生态圈奠定支付环节之外，也不断衍生外延业务。一方面，微信支付不断延伸线下支付场景：除大众点评、饿了么等O2O商户以及线下商超外，微信支付不断入驻出行工具、无人零售机器等新场景。另一方面，微信支付向B端深耕：微信支付可以为商户提供消费数据，帮助商户识别行业趋势，解读消费习惯，提升行业效率，从而促使企业进行精准营销。

　　正是在微信生态圈的多个部分共同运作下，围绕微信渠道开展营销、电商等商业活动的参与者越来越多，微信已进入既联结人与人，又联结人与服务的生态系统建设的轨道上来，并开始释放巨大的社交营销商业化潜力（图5-6为微信的"三浪叠加"模式，该模式扩大了社交的影响范围）。

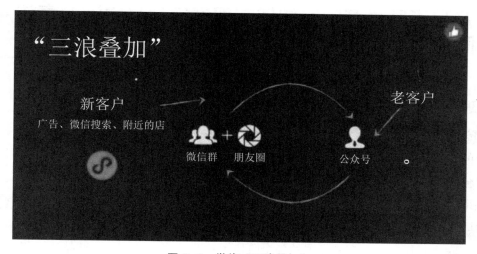

图 5-6　微信"三浪叠加"

　　拿社交电商来说，在电商平台向轻量化发展的背景下，微信社群提高电商裂变效率。相较传统电商App，轻量化电商平台用户活跃且黏性较强，商品链接直接以小程序形式在微信社群中传播，省去了复制代码或打开网页、再进入App的流程，极大幅度地提高了从传播到消费再到传播的裂变效率。而微信的熟人社交营销可信度天然高于其他营销形式，有助于商家实行拼团、社交立减金等强社交性质的促销手段，成熟公众号自媒体的推广则有助于商家加速覆盖低频长尾用户。当前已有95%的电商平台接入小程序，微信生态圈已成为传统电商平台倍加重视的新战场。

　　回归理论层面，体现整个微信生态圈的整体性的基础便是整个微信运营团队对于系统内各个子系统之间关联性的精准把控。在此基础上，微信生态圈整个系统都随着最高层次（决策层）的某一目标而调整各部分之间的层次性，从而优化系统以便达到目标。

2. 启发

接下来是针对整体性的一些启发。移动社交网络已经成为影响消费决策者的最大源头。如果把一个商家的营销渠道视作一个系统来看,对一个商家来说,经营社交流量不是说从其他渠道迁移到社交网络,而是该在电商平台经营的,还得在电商平台经营,该在门店经营的,还得在门店经营,但必须要冲到移动社区网络去影响自己的用户。那么具体要如何做呢?首先,可以从客户自身的社交关系入手,例如微信群和朋友圈;其次,可以从一些头部KOL入手,例如微博大V、公众号等,将这些顾客聚集起来并留下来;最后是商家自身的营销活动,从而推动顾客在他们的社交圈内分享,带来更多的新顾客,再用头部KOL等把新顾客沉淀下来,如此循环往复,就能获取越来越多的顾客。而整个营销系统就是在这三部分的共同协调下不断优化运作,吸引顾客,这也算是另类的1+1>2了。

5.3 产品不同发展阶段如何实现多行动者之间的高效网络协同——行动者网络理论

5.3.1 理论背景

1. 理论产生背景

传统的对于社会环境与科学实践者的研究往往过于独立,而行动者网络理论在批判继承了前人对于社会和科学者的研究后,提出了科学实践与其社会背景是在同一个过程中产生的,并不具有因果关系,它们相互建构、共同演进。即社会是由多个核心行动者引导,由多种异质行动者彼此联系,与其社会环境相互作用而形成的动态平衡存在。

而在互联网时代,一个产品发展的各个阶段也并非是完全独立的。产品环境与其不同发展阶段的不同参与方之间相互联系、相互作用,正如社会环境与科学实践者一般来说是不可分割的。文本立足于行动者网络理论,探究产品在市场化的不同发展阶段,其各参与方(即异质行动者)如何进行有效价值传递(即转译),从而构建高效运作的协同网络。

2. 理论发展历程

(1)从知识社会学到科学社会学。知识社会学指知识的形成是一种社会历史过程,它既能巩固现存的社会秩序,又能推动社会变迁,知识无法脱离社会现实存在,有其社会根源并且受到社会的制约。传统知识社会学过于强调社会层面,未渗透到科学认识层面,因此仍存在一定的局限。

在批判继承了知识社会学的研究成果的基础上,以莫顿为代表的研究学者提出了科学社会学,即强调科学知识是由体制目标所规定的普遍性标准产物,科学规范能够保证创造系统有效的知识,社会因素(如科学家的情感、信念、偏好,科学共同体的外部环境或科学活动面对的社会现实)均不会渗透到科学的认知层面,都不会决定性地影响科学知识的生产和评价过程。但科学社会学只对科学体制方面做了分析,并没有讨论科学知识本身的社会学。

(2)从科学社会学到行动者网络理论。鉴于最初的知识社会学和莫顿学派的保守性科学社会学研究的不足之处，拉图尔展开了新的研究视角，认为科学知识并不是由科学家发现的客观事实组成，也不是对外在自然界的客观反映和合理表述，而是由科学家在实验室制造出来再加上各种修辞手段整理出的并将其说成是普遍真理的知识。一切科学知识的内容归根结底是由社会、文化因素的参与作用形成的。这种研究思路或策略被称为科学社会建构论，也因此诞生了行动者网络理论。

5.3.2　理论内容

◎ 1. 理论内容

行动者网络理论研究了人与各类行动者之间相互作用以及形成的网络系统，认为科学实践与其社会背景是在同一个过程中产生，并不具有因果关系，它们相互建构、共同演进。它的基本思想是：一个网络系统是由多种异质成分彼此联系、相互作用而形成的网络动态过程。其基本方法论是追随行动者，即从各种异质的行动者中选择一个，通过追随行动者的方式，向其他参与方展示以此行动者为中心的网络建构过程。

行动者网络理论包括行动者、网络和转译三个主要要素。

（1）行动者。这里的行动者是广义的行动者，既可以指人类（单个个体或参与群体），也可以指非人的存在（环境因素、工具等），在信息系统中，即被认为是系统中所有的关系者。任何一方行动者最初都未被赋予特别的优先权。

（2）网络。网络是指人类行动者和非人类行动者以同等的身份作为某些节点，彼此联系形成的动态共生体。在信息系统中即由各参与方和相互作用共同形成的动态系统。

（3）转译。转译是连接行动者组成的网络之间的相互作用。行动者之间的相互作用依靠转译来完成，即行动者不断努力把其他行动者的问题和兴趣用自己的语言转换出来，在一个信息系统中，所有行动者都处于不断地转译和被转译之中。

◎ 2. 相似理论关联

行动者网络理论的产生并不是偶然的。从最初的知识社会学到莫顿学派研究的科学知识社会学，都促使拉图尔展开新的研究视角、运用新的研究方法对科学事实进行分析，从而历史发展推出了行动者网络理论。而拉图尔的行动者网络理论也并不是他一个人独创的成果，而是汇集了巴黎学派的优秀研究成果。尤其是卡龙的"行动者网络理论"和劳的"异质型网络理论"的工作，为拉图尔推出行动者网络理论奠定了重要的基础。

（1）卡龙的"行动者网络理论"。卡龙是巴黎学派的先驱人物之一，为行动者网络理论的提出做出了奠基性的工作。在卡龙所界定的行动者网络概念中，各行动者在结合为网络的同时也塑造了网络，打破了人类行动者与非人类行动者的区别。不管是人类还是非人类都被看作行动者网络中的要素。一个行动者网络中的行动者是网络中的异质参与要素，网络能够重新定义和转化其各个要素。

（2）劳的"异质型网络理论"。在劳的"异质型网络理论"中，劳确定了"异质型网络"这一核心概念，这一概念表明各社会组织、代理单位和机器都产生于网络，不仅仅指的是人类。劳认为网络内的行动者是平等的，任何人和物在决定社会变迁的特征时并不具有某种优势，网络理论的核心方法是关注行动者和组织间的转置和相互作用过程。网络是个动态的过程，其相对稳定是网络中的异质行动者相互作用、相互影响的结果。这些思想也成了拉图尔的行动者网络理论的重要思想来源。

◎ **3. 理论意义**

（1）将关系思维引入社会学的分析中。行动者网络理论颠覆了传统的社会认识观念，强调关系性的思维。在网络中将人与非人置于同等的地位，自然与社会不再是巍然屹立在认识论中的两极。要在人与非人、自然与社会的互生的关系中寻求社会的稳定点。

（2）将过程思维引入对科学系统的研究中。行动者网络理论描述的是一种动态的关系。科学是一连串的行动，是形成系统、制造结论的过程。强调我们对科学系统的研究必须以科学知识生产者的当下活动为出发点，或者说要跟踪科学行动者构造科学知识的动态过程。这种对科学研究的过程分析，连接了知识生产者（科学行动者）和生产成果（科学知识），无疑是人们理解科学事实的更先进的方法。

（3）将多行动者分析引入产品开发研究中。行动者网络理论证实了社会才是科学活动得以创造价值的系统，也将多行动者分析引入产品开发研究中，证实了互联网平台在多参与方共同作用下才得以创造价值和持续发展。这就提醒学者需要站在社会的大视域下，采用宏观与微观相结合的动态网络分析方法，充分调动网络中各种因素的积极性。

5.3.3 行动者网络理论构建方法

行动者网络理论构建方法核心是追随中心行动者构建起交互网络，即从各种异质的行动者中选择一个，通过追随行动者的方式，向其他参与方展示以此行动者为中心的网络建构过程。

那么一个行动者网络是如何构建起来的？

第一，我们需要一个脚本（scenario）：也就是告诉别人我们要建立一个什么样的网络，从而通过这样的一个脚本去吸引其他人类行动者或非人类行动者。

第二，我们需要对所要建立的这个网络进行问题界定（problematization）：也就是要确定特定的知识主张和目标，要使其他行动者接受问题的界定。

第三，招募成员（enrollment）：就是通过手段使其他行动者进入网络中。招募成员需要两部分工作，第一步是吸收行动者的参与，从而使他们加入网络的建构；第二步是监控他们的行为，以便使行动者行为可以预测。

第四，简化（simplification）和并置（juxtaposition）：简化是使被招募进这个网络中的行动者只为这个网络中所界定的问题服务，而抛弃其他的杂念。简化使被吸引的群体目标保持一致，有利于监控它们的行为。并置就是将网络中的所有元素系统地整合在一起，无论人类的还是非人类的行动者，都将变成网络中的一个链条，从而形成一个持久的整体。

最后，异质型工程（heterogenous engineering）：通过以上步骤，我们最终的结果就是形成了一个有特定的目的、动态的行动者网络。由于网络中的行动者是广义的，既可用来指人也可用来指非人的存在和力量,所以这个网络又被称为异质型工程。

5.3.4　应用与总结

◎ **1. 案例分析**

基于行动者网络理论的平台企业网络协同研究:以"饿了么"为例

（1）研究对象确定——"饿了么"。"饿了么"是目前中国最大的餐饮服务平台。2009年4月"饿了么"平台正式上线;2010年8月,"饿了么"为餐厅运营提供一体化解决方案,并建立行业新标准,推出超时赔付体系,开创手机网页订餐平台;2012年9月,"饿了么"推出在线支付功能和餐厅结算系统。可见,"饿了么"发展历程可以归纳为4个阶段:萌芽期、初创期、发展期和成熟期。萌芽期,"饿了么"与用户之间的关系呈现为传统的商家与消费者的关系。初创期,"饿了么"开放平台正式上线,推出O2O商业新模式,迅速开拓并占领市场。发展期,"饿了么"推出"蜂鸟"系统,逐步完成O2O闭环,促进平台功能丰富化,进一步扩大平台的使用范围。成熟期,"饿了么"定位满足新兴用户需求,拓展平台服务,着力完善系统配送供应链,通过引入餐饮、企业、用户、第三方服务提供商,开展一个由多行动者构成的高效网络。

（2）"饿了么"行动者网络构成。在"饿了么"不同阶段的行动者网络中,既需要人类行动者发挥主动行为的作用,又需要非人类行动者发挥行为支撑的作用,根据在行动者网络不同阶段的位置与作用的不同,可以将行动者分为核心行动者、主要行动者与共同行动者。而"饿了么"则一直担当核心行动者角色,并协同多方行动者进行"转译"。

在萌芽期与初创期,需求与供给无法匹配的问题要求"饿了么"必须吸引大量餐厅搭建、加入"饿了么"线上平台;在发展期,较低的客户满意度要求"饿了么"必须引入配套服务提供商;在成熟期,"饿了么"受限于服务能力低等系统性问题,必须开展与更多行动者的协同合作。而在解决不同阶段的"转译"问题时,"饿了么"一方面增强自身平台的用户使用友好度,另一方面也为其他行动者带来利益（例如,为餐厅增加了营业收入,方便了订餐用户的生活,为第三方支付平台增加并稳定了大量用户等）。可见,行动者网络构建需要明确行动者主体,在此基础上找出不同阶段行动者网络面临的主要问题,并由主行动者通过"转译链接"机制将各行动者集聚到一点上。

首先,确定行动者主体。平台企业开放发展的特性决定了其所嵌入的网络中的行动者是不断变化的,如图5-7所示,"饿了么"行动者网络中的行动者在企业发展的4个阶段是变化的,主要包括订餐用户、餐厅、第三方支付平台和人力资源等人类行动者,以及平台企业的物流供应链资源、文化资源、餐饮材料等非人类行动者。

其次,确定不同阶段行动者网络面临的问题。"饿了么"所嵌入的行动者网络面临的问题伴随平台企业发展的4个阶段而不断变化,问题主要存在于"饿了么"、餐厅和订餐用户三类主体,其问题演化的过程如图5-8所示。具体分析"饿了么"平台企业问题演化过程:"饿了么"针对用户外卖订餐的实际需要而成立;而伴随订餐用户与餐厅需求的多样化发展,较小的服务范围越来越难以适应市场需求,因而"饿了么"在初创期亟须搭建开放平台,实现多样化需求与供给的有效匹配;发展期,"饿了么"面临收入来源单一、运营成本高昂、客户满意度低的问题,因而希望通过引入外部配套服务提供商,拓展业务范围,实现营收多样化与长远发展,提升产业话语权;成

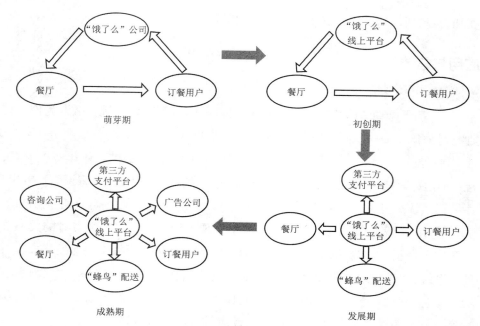

图 5-7　　"饿了么"行动者网络主体演化

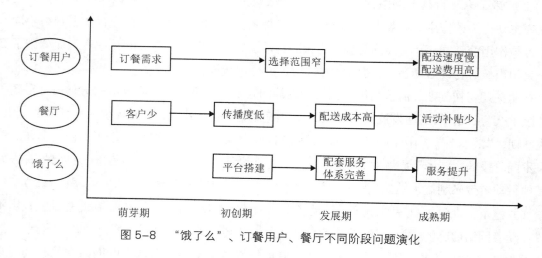

图 5-8　　"饿了么"、订餐用户、餐厅不同阶段问题演化

熟期,"饿了么"市场占有率不断提高,但客户体验差、配送时间长的问题制约平台进一步发展,因而从配送、包装、活动、客服等多方面出发,着力提高用户使用友好度成为"饿了么"面临的主要问题。

最后,确定行动者网络转译方式。行动者网络的发起者和核心行动者都是"饿了么",其根据行动者网络中其他行动者与自身面临的问题,确定转译方式。"饿了么"通过构建包含订餐用户、餐厅、配套服务供应商在内的行动者网络,让协同成为各行动者的障碍破除点与利益汇聚点,促使协同成为各行动者实现目标与获取利益的转译方式,积极引导网络外部行动者加入自己构建的网络系统中,并使得自己在此行动者网络中成为其他行动者不得不依赖的对象。如图 5-9 所示,"饿了么"将所有行动者的问题都聚集到转译节点,再通过自身核心行动者的主导作用调动各类资源汇聚于网络协同,从而使行动者发现共同协作的可获取收益,并积极参与网络治理。

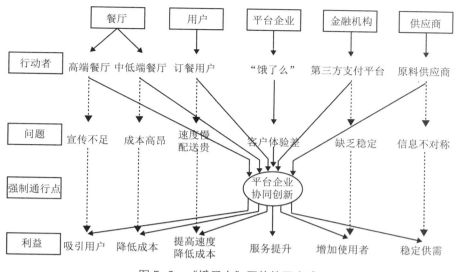

图 5-9 "饿了么"网络协同方式

（3）基于行动者网络视角的"饿了么"网络协同分析。以行动者网络理论来看，"饿了么"网络协同过程中的相关资源都可以是行动者：不论是订餐用户、餐厅、广告公司与咨询公司等人类行动者，还是"饿了么"平台、第三方支付平台与"蜂鸟"物流等非人类行动者，它们通过分享利益与客户信息，建立战略合作伙伴关系，彼此联结、互相渗透，使得分散的资源不断集中并运用于"饿了么"不同阶段的网络协同目标，最终促成网络协同的开展与成功。可见在不同发展阶段，"饿了么"协同各类行动者进行行为互动、构建合作网络、提高运作效率，从而实现新事物创造与服务能力提升的网络协同目标。在这里我们通过追踪"饿了么"平台企业在各发展阶段的行为，破译其所嵌入的行动者网络中的复杂互动与组合模式，研究行动者间网络协同的动机、行为与结果。

在"饿了么"萌芽期和初创期，为满足订餐用户外卖服务的需求以及餐厅提高销售的需求，"饿了么"搭建线上订餐平台，解决订餐用户与餐厅面临的问题。如图 5-10 所示，在此阶段，"饿了么"针对餐饮供需不匹配的现实问题，指出了订餐用户与餐厅——行动者网络中其他行动者利益的实现途径，即通过搭建订餐信息自由发布与反馈的平台——"饿了么"得以完成"问题化"过程。其次，经过全面的舆论宣传、地毯式用户拜访、巨额的红包补贴等活动，并通过线上平台的在线订餐及配送服务，"饿了么"帮助餐厅拓展了营收来源并降低了运作成本，还满足了订餐用户的外卖需求；同时通过线上平台的菜品发布与订餐信息反馈功能，"饿了么"为订餐用户提供了多样化的餐饮选择并降低了费用，还为餐厅实时收集、呈现了食客的消费评价，为餐厅改进服务提供了指导。因此，"饿了么"借助线上平台成功实现了网络协同"转译链接"中的权益化过程，使得"饿了么"的问题化主张——搭建线上平台成为其他行动者实现目标的转译。另外，由于订餐用户与餐厅天然具有买与卖的需求，因而"饿了么"在"摄入"过程只需要发挥平台的中介作用，进行订餐用户群体庞大的信息需求以及餐厅提供丰富菜品的信息传播工作，即可吸引其他行动者积极加入网络协同行动者网络。最后，"饿了么"通过天使投资、合作入股、利益分成等方式调动各类人力、物力资源，初步形成稳定的行动者网络，完成网络协同的"激活"步骤。

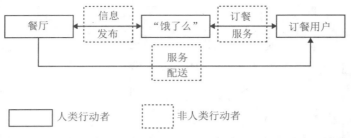

图 5-10　萌芽期和初创期"饿了么"开展网络协同的行动者网络关系

综上可知，在萌芽期与初创期，"饿了么"通过吸引大量餐厅与订餐用户加入、使用平台软件，解决了订餐用户与餐厅间买卖不匹配的问题；同时供需问题的解决也激励了餐厅提供更加丰富的餐饮服务，从而又提高了订餐用户反馈、分享消费体验的热情。供需互助的良性循环，最终帮助"饿了么"实现了协同各方力量以扩大平台规模的创新目标。

在"饿了么"发展期，其市场占有率迅速提高，但订餐用户选择范围小，餐厅自行配送成本高等问题，制约"饿了么"平台规模进一步扩大；同时，运营成本高，客户满意度低等问题也影响了"饿了么"平台在用户中的口碑，因而此阶段面临的问题是完善配套服务体系。如图 5-11 所示，"问题化"过程完成后，"饿了么"推出"蜂鸟"系统，实现外卖餐饮统一配送，打造"最后一公里"物流服务系统；同时，先后引入支付宝、微信支付、QQ钱包等第三方支付平台，方便订餐用户付款的同时也实现了伙伴关系的纵向延伸，"权益化"（帮助餐厅降低了配送成本，帮助第三方支付平台增加并稳定了大量新用户）使得配套服务提供商参与"饿了么"网络协同的意愿不断增强，"饿了么"通过利益分享固化了网络协同过程中的流动参与者。另外，为实现网络协同的行动者网络"摄入"，"饿了么"通过宣传其作为平台企业的新型商业模式不断吸引投资者注入资金，并通过新颖的校园外卖配送服务迅速在学生群体中抢占市场，从而征召如阿里巴巴、腾讯、京东、滴滴、红杉资本等配套服务提供商加入网络协同过程。最后，"饿了么"通过稀释股权的方式与其他行动者开展合作，建立战略伙伴关系，结成利益共同体，减少网络协同来自企业外部的阻力，进一步巩固前期形成的行动者网络。

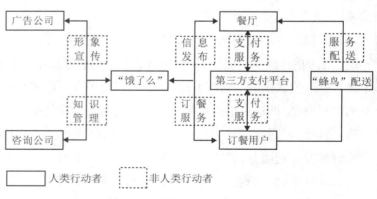

图 5-11　发展期"饿了么"开展的行动者网络协同方式

综上可知，在发展期，"饿了么"通过组建自营的"蜂鸟"配送团队，降低了餐厅的运营成本，从而吸引越来越多的餐厅入驻平台，进一步扩大了平台规模；而大量潜在的用户也纷纷吸引第三方支付平台主动对接"饿了么"平台，从而帮助"饿了么"改进订餐服务质量，并降低了"饿了么"平台运营的成本。因此，通过对内组建"蜂鸟"配送物流，对外引入配套服务供应商，"饿了么"实现了完善配套服务体系的网络协同目标。

在"饿了么"成熟期,平台功能不断丰富,平台使用范围进一步扩大,但面临客户体验差、配送时间长等新问题,因而此阶段,"饿了么"将用户友好度提升,即将服务提升作为网络协同的目标。在"权益化"步骤中,"饿了么"通过开放API接口鼓励配套服务供应商开发高耦合的软件系统,共享用户信息以深入挖掘潜在消费需求,运作零担物流以充分利用自身与合作企业的运输能力,引入大数据分析技术实现信息流通自由化,这些都为网络协同中的各行动者带来可观的利益。如图5-12所示,在成熟期,"饿了么"网络协同的行动者网络中"摄入"越来越多的行动者,庞大的用户群体与活跃用户吸引诸多广告公司通过"饿了么"线上应用和线下海报投放广告,同时"饿了么"年轻、方便、快速的服务文化也吸引着许多提供公共关系与商业模式管理的咨询公司,"摄入"过程不再需要"饿了么"投入过多资源。最后,"饿了么"通过全面接入虚拟支付实现了购买流程的电子化与标准化,通过物联网技术实现了配送过程的可监控化,并通过云计算技术实现了订单的可追踪化,提高了平台使用友好度;同时"饿了么"还为中小餐厅提供食材供应、团队咨询等服务,共享区域的消费者行为分析数据,从而激发了餐厅开发新菜品、提供新服务的热情;另外根据不同地区不同人群的价格敏感程度,制定差异化的补贴机制,这些都提高了行动者参与"饿了么"创新活动的积极性。

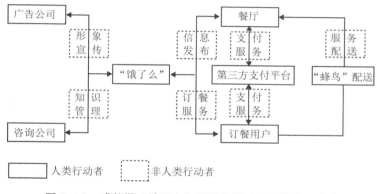

图 5-12 成熟期"饿了么"开展的行动者网络协同方式

综上可知,在成熟期,"饿了么"通过率先引入云计算等新兴技术吸引了广告公司与咨询公司的追捧,二者又积极为"饿了么"各种创新行为开展舆论宣传,从而形成了"价值共创、合作共赢"的双赢局面;而伴随平台规模的进一步扩大,"饿了么"又主动对接新的行动者,创新地推出"积分商场""免费流量"等跨界业务。通过将增强服务能力的重要性进一步提升,不断协同各类"人类"与"非人类"因素,"饿了么"实现了此阶段网络协同的目标——提升用户使用友好度。

"饿了么"作为行动者网络的核心行动者,是实现网络协同并提高创新绩效的关键,而实现网络协同的关键则在于"转译链接"过程中的"权益化"阶段。在网络协同的过程中,"饿了么"因为其平台企业的角色而具有主动行为的动力,但其他行动者仍遵从市场经济的原则,即有利可图才有行动的积极性。因而"饿了么"必须提高各行动者参与网络协同的可得利益,通过经济利益吸引技术行动者研发新技术,创造新产品,实现理论研究的实践化,同时通过信任、荣誉等非经济利益促使社会行动者与订餐用户奉献力量,实现分散资源的高效、集中利用。因此,平台企业开展网络协同需要平台企业构建高异质性的行动者网络，发挥"关节点"的领导作用，通过协同规则规范各行动者的转译，协同各行动者的创新行为，最终实现网络协同绩效的提升。

◎ 2. 总结（见表5-4）

表5-4　"饿了么"发展总结

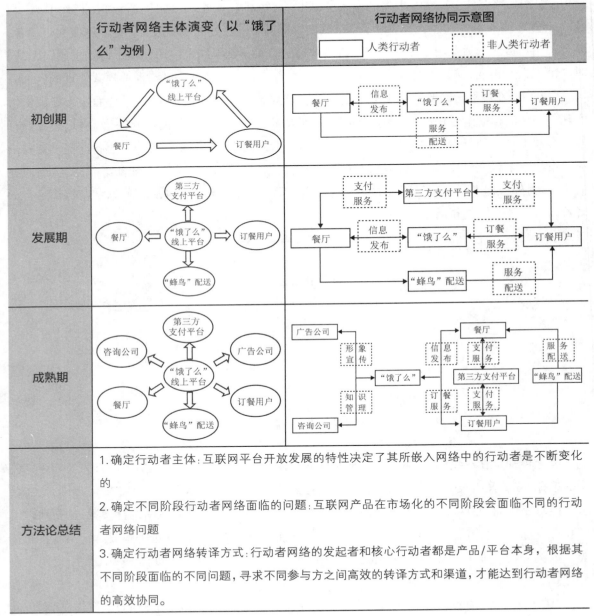

	行动者网络主体演变（以"饿了么"为例）	行动者网络协同示意图 □ 人类行动者　　┈ 非人类行动者	
初创期			
发展期			
成熟期			
方法论总结	1.确定行动者主体：互联网平台开放发展的特性决定了其所嵌入网络中的行动者是不断变化的 2.确定不同阶段行动者网络面临的问题：互联网产品在市场化的不同阶段会面临不同的行动者网络问题 3.确定行动者网络转译方式：行动者网络的发起者和核心行动者都是产品/平台本身，根据其不同阶段面临的不同问题，寻求不同参与方之间高效的转译方式和渠道，才能达到行动者网络的高效协同。		

5.4　如何在开发过程中进行整体把控——工作系统理论

5.4.1　理论背景

◎ 1. 理论的起源与演化

　　工作系统已在许多领域得到广泛应用，尤其是近年来在互联网产品的开发过程中常被应用。工作系统这个术语最早出现在1977年，Bostrom和Heinen在第一期的MIS季刊中发表的两篇文章中就用它来描述管理信息系统。后来Sumner和Ryan对它进行略微的修改以解释案例应用中的CASE问题。随后发展到社会技术系统的研究领域，Trist和Mumford在论文及学术会议中也偶尔使用这个术语，但没有对它进行详细的定义。而在实际的工作场景下，有人在工作系统方法中对工作系统进行了详细的定义，并将其作为基本的分析概念。直至2014年，旧金山大学的Steve Alter教授整合了过去几年内的工作系统理论的发展，在JAIS上发表了一篇详细的工作系统理论的论文，对其概念、框架等都有明确的定义。

◎ 2. 理论的目的

　　工作系统最早提出是用于建立一个完善的信息管理系统，以便快捷有效地传递信息。而工作系统理论在此基础上对其完善整合，试图通过将一个组织视为一个工作系统并将其优化的方法来解决组织整体效率不高的问题。随着互联网的兴起，互联网产品这一概念开始被人们熟知，这其中也包含着信息、资源等各种要素的流通，而工作系统理论在新产品开发的过程中也恰好可以被利用。

5.4.2　理论内容

　　通常开发一个新产品需要涉及人、物、信息、技术等多种要素，只有在开发阶段合理地将各要素进行配置，才能提高整体效率，尽快地完成开发，抢占市场。而工作系统理论所探究的正是对整个工作系统的统筹，下面将以开发新产品为背景，从工作系统的框架出发，详细地介绍整个工作系统的运作机制，从而更好地了解整个理论的内容。

◎ 1. 基础理论框架

　　图5-13所示的金字塔模型是用以描述整个工作系统框架的，其中，工作系统本身由最下方的梯形内部的四个元素组成，参与者在活动过程中将信息和技术加工集成为一个产品，提供给客户。在整个过程中，外部的环境、基础设施和策略会对整个工作系统运作造成一定影响。

　　（1）活动与过程。工作系统必须至少包含一个活动。其中，活动指的是正在执行的

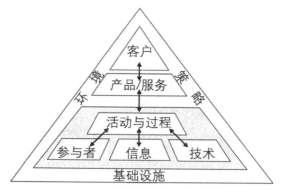

图 5-13　工作系统框架

工作，它可能不是一组明确指定的步骤。而只有它们的开始、顺序流和结束被定义得足够好才可以将其称为过程。在一个工作系统中，活动过程与其参与者、信息和技术的输入密切相关，从而决定输出的产品或服务。

（2）参与者。参与者是在工作系统中执行活动的人，包括用户和非用户。其中非用户主要指的是不使用计算机的重要参与者。区分用户和非用户的关键在于参与者是否在所在的工作系统中实际使用了技术。

（3）信息。所有的工作系统都使用或创建信息，这些信息在工作系统分析的内容中被表示为信息实体，在活动和过程中被使用、创建、捕获、传输、存储、检索、操作、更新、显示或删除。典型的信息实体包括订单、发票、保证、时间表、损益表、预订、病历、简历、工作描述和工作邀请。信息实体可以包含其他信息实体。例如，订单可以包含项目，文档可以包含章节。此外，工作系统中的信息包括由计算机捕获或表示的信息以及从未计算机化的其他信息，例如对话和口头承诺的内容以及工作系统参与者执行活动时使用的未记录信息。

（4）技术。几乎所有重要的工作系统都依靠技术来运作。技术包括工作系统参与者使用的和自动化代理使用的工具，也就是说，分为完全自动化的硬件和软件配置。这种区别至关重要，因为工作系统被分解为相继较小的子系统，其中一些子系统是完全自动化的。

（5）产品/服务。工作系统的存在是为了满足用户的需求而开发产品。忽略一个工作系统输出的产品或服务等于忽略它的有效性。其中，产品/服务包括信息、实物和为客户的利益而产生的行为。

（6）客户。客户是工作系统产品/服务的接受者，其目的不是在工作系统中执行活动。由于工作系统的存在是为客户提供产品/服务，因此对工作系统的分析应该考虑到客户是谁，他们想要什么，以及他们如何使用工作系统产生的任何东西。外部客户是企业客户的工作系统客户，而内部客户是企业雇佣的工作系统客户。工作系统的客户通常也是工作系统的参与者，尤其是在服务系统中。

（7）环境。环境包括工作系统运行所处的相关组织、文化、竞争、技术、监管和人口环境，其影响工作系统的有效性和效率。环境的组织方面包括涉众、政策和程序、组织历史和政治，所有这些都与许多工作系统的运行效率和有效性有关。工作系统环境中的因素可能直接或间接地影响其性能结果、期望水平、目标和变更需求。忽略环境中的重要因素的分析、设计、评估和研究工作可能会降低工作系统性能甚至导致系统故障。

（8）基础设施。基础设施包括相关的人力、信息和技术资源，这些资源由工作系统使用，但在一定条件下也可以与其他工作系统共享。从组织观点的角度来看，基础设施包括人类的基础设施、信息基础设施和技术基础设施，所有这些都可以构成基本工作系统，因此在分析任何一个工作系统时都应进行考虑。

（9）策略。与工作系统相关的策略包括企业策略、部门策略和工作系统策略。一般来说，三个层次的策略应该是一致的，工作系统策略应该支持部门和企业策略。但是大多数情况下，这三个层次的任何一个战略都没有明确说明，或者与现实或重要利益相关者的信念和理解不一致。

◉ **2. 小结**

综上所述,工作系统理论框架主要有九大要素,包括工作系统自身的活动与过程、参与者、信息和技术四大要素,工作系统的输出产品/服务以及工作系统的最终对象客户。除此之外,还有外部的环境、基础设施和策略。在整个产品开发过程中,参与者应该合理应用技术将信息以客户的需求为导向进行加工,同时对市场背景、上级、监管层等变动进行快速反应。

5.4.3 基本原理

下面将会具体阐述工作系统理论的核心思想以及在实际运用过程中的影响因素,来更详细地介绍工作系统理论。

◉ **1. 核心思想**

工作系统理论的核心思想是对于工作系统整个生命周期的调控。如图5-14所示,整个生命周期包括了启动、开发、实现以及操作和维护阶段。从整体来看,工作系统的生命周期是周而复始进行的,一个系统开发完成以后就不断地评价和积累问题,积累到一定程度就要重新进行系统启动,开始一个新的生命周期。一般来说,不管系统运行的好坏,每隔一定的时期也要进行新一轮的开发。

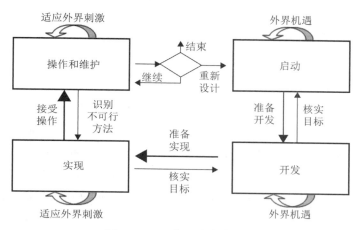

图 5-14 工作系统生命周期

系统的启动,也叫系统的调查与分析,是工作系统生命周期的第一个阶段。系统启动时期的任务包括确定工作系统必须完成的总目标,确定工程的可行性,导出实现工程目标应该采取的策略及系统必须完成的功能,估计完成该项工程需要的资源和成本,并且制定工程进度表。系统启动时期通常进一步划分成三个阶段,即问题的定义、可行性研究和需求分析。问题定义阶段的主要任务是确定所开发的工作系统要完成的目标是什么,如果不知道工作系统的目标就试图开发工作系统,显然是盲目的,只会白白浪费时间和金钱。可行性研究阶段的主要任务是分析达到信息系统的目标是否存在可行的办法。可行性研究的结果是工作系统的负责人做出是否继续进行这个工作系统的开发决定的重要依据。需求分析阶段的主要任务是确定目标系统必须具备哪些功能以及系统正常运行时应满足的性能指标。

系统开发是最重要的环节,主要目的就是为下一阶段的系统实施制定蓝图。其中包括系统总体设计和系统详细设计。系统总体设计是提供工作系统的概括的解决方案,主要内容包括信息系统的功能模块的划分,功能模块之间的层次结构和关系。而系统详细设计的任务是把系统总体设计的结果具体化。此外,整个阶段涉及创建或获取执行组织中变更所需的资源。例如,软件开发、软件获取、软件配置、新程序的创建、文档和培训材料的创建,以及为实现新版本的工作系统所需的任何其他资源的获取。

系统实现是搭建整个工作系统的最后一个阶段,而与大多数实现阶段的观点相反,在工作系统生命周期中,实现是指在组织中实施,而不是在计算机上实现算法。它的主要目的是将原来纸面上的、类似于设计图式的新系统的设计方案转换成可执行的工作系统。

系统操作与维护是系统投入正常运行之后一项长期而又艰巨的工作。这一时期的主要任务是使系统持久地满足用户的需要。具体地说,系统维护的任务包括:当系统在使用过程中发现错误时应该加以改正;当环境改变时应该修改系统以适应新的环境;当客户有新的需求时应该及时改进工作系统以满足客户的需求。

◎ 2. 要素和影响

(1)组件和交互。根据工作系统的系统特性,工作系统中的组件和交互应该保持一致,这意味着所有组件和交互都应该与工作系统的目标保持一致。组件和性能的不一致将会影响组件之间的交互,甚至要修改整个工作系统。

(2)客户主导。根据工作系统的定义,工作系统的存在是为了向客户提供产品/服务。因此,工作系统的绩效除了部分基于内部过程和活动的效率以及其他方面之外,也会受到内部或外部客户因产品/服务体验好坏而提出的客户评估的影响。

(3)时间发展。随时间发展而导致的任何变更都会影响整个工作系统发生改变。基于组织中积累的现实世界经验和大量公开和未公开的关于工作系统的描述,工作系统被假定为通过计划变更和突发变更的组合而随时间发展的。这些更改不仅涉及硬件和软件(面向IT的生命周期模型的主要焦点)中的更改,还涉及工作系统的所有其他组件。

◎ 3. 小结

从整个工作系统的生命周期图中可以看出整个工作系统在周而复始地运作中自主化地不断完善整个组织的结构,优化组织的效率。然而主要有三个要素会影响整个工作系统发生改变,从内部看主要是各个组件之间的矛盾,从外部看主要是客户的需求以及外界环境的改变。

5.4.4 应用与启发

下面将从实际案例中具体剖析工作系统理论在实际产品开发场景中的应用。

◎ 1. 应用案例

网易有钱的工作系统

网易有钱是网易推出的一款理财类产品,在设计整个工作系统时,产品团队对于影响工作系统理论的要素进行了很好的把控。图5-15是网易有钱的整个产品架构的设计逻辑,下面将从工作系统的影响因素方面来具体分析网易有钱的工作系统。

首先,对于影响整个工作系统的各个组件,网易有钱产品团队根据工作系统理论,在整个流程增加全链路埋点,来获取各个组件之间的流量占比以及客户的行为数据,然后通过建立策略模型了解每一步流程的点击率、跳失率、转化率。如果有某一模块内的转化率明显低于整个工作系统

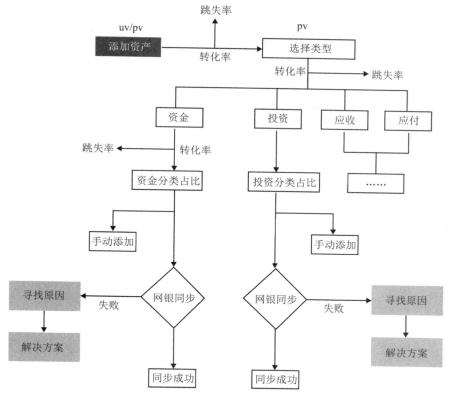

图 5-15 网易有钱产品架构

转化率的平均值，可以得出这一模块对于整个工作系统的协调来说是不一致的，产品团队一旦检测到这个信号，可以马上着手替换别的方案，从而通过及时更改组件的方法来提高各个组件之间的联系，最终提高整体效率。

其次，产品团队对于客户的体验进行了深刻的接触。这不仅仅是对用户需求进行考虑，还对用户在使用服务时的体验进行考虑。例如，产品团队建立了行为漏斗模型来了解关键行为是以什么样的形式发生的，每一步有多少留存。在此基础上，进一步建立单用户行为分析，来了解用户进入系统后进行了怎样的操作，具体过程又是如何。除此之外，产品团队还会不定期地邀请客户做访谈，来获取在整个工作系统操作流程中的体验，并结合获取到的客户行为数据来对整个工作系统进行评价修改。

最后，外部环境随时间的变化对整个产品团队的影响也是巨大的。作为一个金融类的产品，监管层的政策是第一号令，一旦政策发生了改变，工作系统需要根据政策及时反应，通过维护的方式改变整个工作系统的结构。此外，金融市场是最活跃的，随时间的波动也极为明显，这也需要整个工作系统时刻准备着，随市场进行更改。

◎ **2. 总结和启发**

初创的产品团队刚起步，一般产品比较单一，人员较少，基本上都是两三个人的小团队，甚至包括CEO在内一起奋斗。这个时候，一两个人搞定一个产品根本谈不上明确的分工，最多也只是按照功能模块来划分。

而随着产品业务的发展和团队的扩张，公司可能已经由一个产品发展为多个产品，具有很多条业务线。这个时候单纯按照功能模块来组织和进行人员安排已经不能满足实际需要，此时建立一个工作系统极为重要。

　　以工作系统理论的角度来看，应该按照平台或产品来划分组织。那么这样有什么好处呢？

　　（1）团队划分的界限更为明确，职责分明，团队易于管理和把控。

　　（2）组织形式也相对集中，团队成员归属感强，更利于培养责任心和主人翁意识。

　　（3）以产品划分团队，成员容易培养产品意识，且更具有产品整体感和排他性，易于开展项目。

　　总的来说，这样的方法可以使得整个产品团队内部运作更加有序，自主化调节能力也比较高。同时，工作系统的负责人可能还需要考虑到和平行工作系统之间的沟通，这样从整个公司的角度来看，各个组件之间的一致性才能维持，从而有利于公司整体的可持续发展和创新。

参考文献

[1] PAUL B L. Hedonic–motivation system adoption model（HMSAM）[EB/OL]. https://is.theorizeit.org/wiki/Hedonic–motivation_system_adoption_model_（HMSAM）, 2015–11–21.

[2] PAUL B L, JAMES E G, GREGORY D. Moody. Proposing the Multi–motive Information Systems Continuance Model（MISC）to Better Explain End–user System Evaluations and Continuance Intentions[J]. Journal of the Association for Information Systems, 2015, 16（7）:515–579.

[3] PAUL B L, JAMES G, NATHAN W.Taking 'Fun and Games' Seriously: Proposing the Hedonic–motivation System Adoption Model（HMSAM）[J]. Journal of the Association for Information Systems, 2013, 14（7）:617–671.

[4] 闫婷. 基于ARCS动机模型的信息检索课教学模式探索[J]. 江苏科技信息, 2018, 12:66–68.

[5] OLUYOMI OLUFEMI KABIAWU. Kellers Motivational Model[EB/OL]. https://is.theorizeit.org/wiki/Kellers_Motivational_Model, 2012–9–2.

[6] 高锡荣, 吴少飞, 谭宇.ARCS动机下在线头脑风暴创意激发模型研究[J].科技进步与对策, 2018, 35(4):118–125.

[7] 刘爽, 郑燕林, 阮士桂.ARCS模型视角下微课程的设计研究[J].中国电化教育, 2015, 2:51–56.

[8] 郭德俊, 汪玲, 李玲. ARCS动机设计模式[J]. 首都师范大学学报（社会科学版）, 1999, 5:91–97.

[9] LOWRY P B, GASKIN J E, MOODY, G D. Proposing the Multimotive Information Systems Continuance Model（Misc）to Better Explain End–User System Evaluations and Continuance Intentions [J]. Journal of the Association for Information Systems, 2015, 16（7）:515–579.

[10] 姜峰.社交网站持续使用行为意向的动机研究[D].上海：上海交通大学博士论文, 2015.

[11] VAN H, BORN M P, TARIS, HENK, V D. Ethnic and Gender Differences in Applicants' Decision–Making Processes: An Application of the Theory of Reasoned Action [J]. International Journal of Selection & Assessment, 2010, 14（2）:156–166.

[12] SHEPPARD, B H, HARTWICK J, WARSHAW, P R. The Theory of Reasoned Action: A Meta–Analysis of Past Research with Recommendations for Modifications and Future Research [J]. Journal of Consumer Research, 1988, 15（3）:325–343.

[13] 陈姝, 窦永香, 张青杰. 基于理性行为理论的微博用户转发行为影响因素研究[J]. 情报杂志, 2017（11）:151–156.

[14] 于丹, 董大海, 刘瑞明. 理性行为理论及其拓展研究的现状与展望[J]. 心理科学进展, 2008, 16（5）:796–802.

[15] TERRY W, FERNANDO F. Understanding Computers and Cognition: A New Foundation for Design [M]. Boston: Addison–Wesley Longman Publishing, 1987.

[16] 徐峰, 戚桂杰. 基于适应性结构理论的组织IT采纳研究[J].现代管理科学, 2015, 5:36–38.

[17] STEVEN A. Theory of Workarounds[J]. Communications of the Association for Information Systems, 2014, 34:1041–1066.

[18] SALVATORE M, FRED N, SALVATORE M. Moving the Work System Theory Forward[J]. Journal of the Association for Information Systems, 2014, 6（15）:346–360.

[19] 冯·贝塔朗菲.一般系统论:基础、发展和应用[M].北京:清华大学出版社,1987.

[20] 吴鸽,周晶,雷丽彩.行为决策理论综述[J].南京工业大学学报,2013, 12（3）:101–105.

[21] 邵希娟,杨建梅.行为决策及其理论研究的发展过程[J].科技管理研究,2006, 5:203–205.

[22] Colin C. Bounded Rationality in Individual Decision Making [J]. Experimental Economics, 1998, 1（2）:163–183.

[23] 黄胤强.基于行为决策理论的投资决策研究:发展及实践意义[J].时代经贸,2007, 5（85）:3–6.

[24] 岳嵚.决策行为研究与行为决策的实证分析[D].武汉:华中科技大学硕士论文,2003.

[25] 冯然.基于信号理论的同质化产品网络销售的实证研究[J].河南师范大学学报,2010, 37（5）:112–115.

[26] 黄曼慧,李礼,谢康.信号理论研究综述[J].广东商学院学报,2006, 5:35–38.

[27] SPENCE A M. Job Market Signaling[J]. Quart J Econ, 1973, 87（3）:355‒379.

[28] 袁沁.我国保险市场信息不对称问题研究———一种信息经济学角度的分析[D].长沙:湖南大学硕士论文,2003.

[29] WILSON C A. A Model of Insurance Markets with Incomplete Information[J]. J Economy Theory, 1977, 16(2):167–207

[30] 邓倩.交易成本的界定、测度与实证应用——基于会计学视角的研究[D].成都:西南财经大学博士论文,2009.

[31] 罗垚.科斯与威廉姆森的交易费用理论的比较分析[J].中国市场,2012, 36:48–49.

[32] 惠双民.交易成本经济学综述[J].经济学动态,2003, 2:73–74.

[33] ZAN H, HSINCHUN C, FEI G B. Expertise Visualization: An Implementation and Study Based on Cognitive Fit Theory[J]. Decision Support Systems, 2006, 42（3）:1549–1551.

[34] 蔡胜军."认知适合"理论与"接近—兼容"原则的整合[D].上海:华东师范大学硕士论文,2011.

[35] 代悦.以用户认知为导向的图标设计[J].设计,2014, 2:98–99.

[36] 闵庆飞,王建军,谢波.信息系统研究中的"匹配"理论综述[J].信息系统学报,2011（1）:77–88.

[37] 严茜.不同媒介和任务条件下虚拟团队信息共享与团队效力研究[D].长沙:中南大学硕士论文,2010.

[38] 谢波.基于媒体同步性理论的GVTs沟通绩效研究[D].大连:大连理工大学硕士论文,2010.

[39] 陈丽.对媒介技术主义理论的研究报告[D].武汉:华中师范大学硕士论文,2008.

[40] 张琪.媒介丰富理论研究综述[J].传播力研究,2017, 9:62–64.

[41] 辛琳.信息不对称理论研究[J].嘉兴学院学报,2001, 13（3）:36–40.

[42] 杨眉.信息不对称条件下的次品问题研究[D].哈尔滨:哈尔滨工程大学硕士论文,2004.

[43] 黄琪.信息不对称与市场效率的关系研究[D].济南:山东大学博士论文,2014.

[44] 顾景行.信息流通与信息不对称原理[J].图书馆学刊,2008, 30（3）:24–27.

[45] 李连友,罗帅.信息不对称与非逆向选择[J].经济学动态,2014, 5:125–132.

[46] 乔治·阿克洛夫.柠檬市场:质量的不确定性和市场机制[J].经济导刊,2001（6）:1–8.

[47] 宋艳玲,孟昭鹏,闫雅娟.从认知负荷视角探究翻转课堂——兼及翻转课堂的典型模式分析[J].远程教育杂志,2014, 1（1）:105–112.

[48] 陈巧芬.认知负荷理论及其发展[J].现代教育技术,2007, 9:16–19.

[49] 张彤,赵翠霞,郑锡宁.基于认知理论的多媒体教学界面设计研究[J].心理科学,2004, 06:1502–1505.

[50] 丁道群,罗扬眉.认知风格和信息呈现方式对学习者认知负荷的影响[J].心理学探新,2009, 3:37–40.

[51] GERMONPREZ M, HOVORKA D, GAL U. Secondary Design: A case of Behavioral Design Dcience Research [J]. Journal of the Association for Information Systems, 2011, 12（10）.

[52] GERMONPREZ M, KENDALL J E, KENDALL K E, Mathiassen L, Young B,Warner B. A theory of responsive design: A field Study of Corporate Engagement with Open Source Communities [J]. Information Systems Research, 2006, 28(1), 64–83.

[53] HEVNER A, MARCH S T, PARK J,RAM S. Design Science in Information Systems Research [J]. MIS quarterly, 2004, 28（1）, 75–105.

[54] 石莉萍. 关于前景理论的理论综述[J]. 财务与金融, 2014, 3:76–8.

[55] 王旭. 基于前景理论的B2C消费者行为决策模型研究[D]. 广州:华南理工大学博士论文, 2015.

[56] 陈静, 王一君, 杨之卓. 基于前景理论的信息搜索有限理性特征研究[J]. 图书情报工作, 2018, 62（1）:61–68.

[57] 赵树宽, 刘战礼, 迟远英. 基于前景理论的不确定条件下的风险决策和企业管理[J]. 科学学与科学技术管理, 2010, 31（3）:157–161.

[58] 袁峰, 刘玲, 邵祥理. 基于前景理论和VIKOR的互联网保险消费决策模型[J].保险研究, 2018, 3:67–75.

[59] VENKATESH, V, MORRIS, M G, DAVIS, G B, DAVIS F D. User Acceptance of Information Technology: Toward a Unified View [J]. MIS Quarterly, 27（3）:425–478.

[60] 李燕, 朱春奎. 政府网站公众使用行为研究——基于技术接受与使用整合理论的拓展分析[J]. 数字治理评论, 2017（2）:11–14.

[61] 朱红灿, 廖小巧. 基于UTAUT的公众政府信息获取网络渠道使用意愿模型研究[J]. 情报杂志, 2016（8）:204–206.

[62] STRAUB DETMAR, KARAHANNA, ELENA.Knowledge Worker Communications and Recipient Availability: Toward a Task Closure Explanation of Media Choice[J]. Organization Science, 1998, 9（2）:160–175.

[63] ROMANELLI E., TUSHMAN M.（1994）Organizational Transformation as Punctuated Equilibrium: An Empirical Test [J]. Academy of Management Journal, 37（5）:1141–1166.

[64] 於莉. 预算过程:从渐进主义到间断式平衡[J]. 武汉大学学报:哲学社会科学版, 2010, 16（6）:830–835.

[65] 蒋俊杰. 焦点事件冲击下我国公共政策的间断式变迁[J]. 上海行政学院学报, 2015, 16（2）:68–76.

[66] XIANHUI WANG, JAMES LAFFEY, WANLI XING,etc.Exploring embodied social presence of youth with Autism in 3D collaborative virtual learning environment:A case study[J]. Computers in Human Behavior, 2016,（55）:310–321.

[67] Xin. An Examination of a Theory of Embodied Social Presence in Virtual Worlds[J]. Decision Sciences, 2011, 42（2）:413–450.

[68] MENNECKE B E, TRIPLETT J L, HASSALL L M, et al. Embodied Social Presence Theory[C]// Hawaii International Conference on System Sciences. 2008.

[69] 赵毅. 商业模式价值重塑效应分析——基于行动者网络理论[J]. 价值工程, 2015, 18:252–253.

[70] 屠羽, 彭本红, 鲁倩. 基于行动者网络理论的平台企业协同创新研究——以"饿了么"为例[J]. 科学学与科学技术管理, 2018, 39（2）:76–79.

[71] 贺建芹, 李以明. 行动者网络理论:人类行动者能动性的解蔽[J]. 科技管理研究, 2014, 34（11）:242–243.

[72] 郭荣茂. 从科学的社会建构到科学的建构——评拉图尔的行动者网络理论转向[J]. 科学学研究, 2014, 32

（ 11 ）:1609–1610.

[73] PAUL R. CARLILE. Transferring, Translating, and Transforming:An Integrative Framework for Managing Knowledge Across Boundaries[J]. Organization Science, 2004, 5（15）:556–557.

[74] DEBBIE HARRISONA, THOMAS HOHOLMA, FRANS PRENKERTB. Industrial Marketing Management[J]. Industrial Marketing Management, 2018, 4（6）:3–4.

[75] ISTO HUVILA, THERESA DIRNDORFER ANDERSON, EVA HOURIHAN JANSEN.Boundary objects in information science research[J]. ASIS&T, 2014, 5（31）:2–3.

[76] 邓之宏, 钟利红, 秦军昌. 中国C2C市场电子服务质量、信任对顾客忠诚的影响——基于期望差异理论[J]. 信息系统学报, 2012（2）:31–51.

[77] 田剑, 仲培. 电子服务质量对顾客满意度影响的实证研究——以C2C模式为例[J]. 江苏科技大学学报（社会科学版）, 2012, 12（1）:83–88.

[78] VERHOEF P C, FRANSES P H, DONKERS B. Changing Perceptions and Changing Behavior in Customer Relationships[J]. Marketing Letters, 2002, 13（2）:121–134.

[79] 曾小平. 面向CRM的客户满意度理论研究[D]. 武汉:华中科技大学博士论文, 2004.

[80] 王莉, 丁香. 客户采购关注点对再制造产品购买意愿的影响研究——基于政府促进政策的调节效应研究[J]. 上海管理科学, 2014, 36（3）:95–101.

[81] BHARADWAJ N, NEVIN J R, WALLMAN J P. Explicating Hearing the Voice of the Customer as a Manifestation of Customer Focus and Assessing its Consequences[J]. Journal of Product Innovation Management, 2012, 29（6）:1012–1030.

[82] PHAN H P. Facilitating Students' Learning and Performance Outcome in Literacy: Capitalizing on Personal Self–efficacy Theory[J]. International Journal of Literacies, 2013, 20（1）:26–39.

[83] 程威, 徐丽丽, 涂洁. 整合感知价值到期望确认理论——以线上购买礼物为例[J]. 广东经济, 2017（2）:115–116.

[84] 樊轶. 基于期望确认理论模型的移动商务用户持续使用行为研究[J]. 现代经济信息, 2015（6）: 65–66.